职业教育大数据技术与应用专业系列教材

大数据平台搭建与运维

主　编　刘庆生　陈位妮

副主编　刘潇潇　魏　萌　刘洪海　刘　丹

参　编　范唐鹤　李江岱　季　丹　王　钰

王晶晶

机械工业出版社

本书以任务为载体，以实施过程为主线，将知识点穿插到任务实施过程中，知识体系的构建循序渐进、由易到难、由浅入深，符合普遍认知规律。

本书以Hadoop大数据平台为重点，主要内容包括预备知识、准备Hadoop环境、搭建Hadoop大数据平台、使用Java语言编写MapReduce程序、使用Python语言编写MapReduce程序、Hadoop系统的常见故障及应对和Hadoop系统运维。

本书适合作为各类职业院校大数据技术与应用等相关专业的教材，也可以作为大数据爱好者的自学参考用书。

为便于教学，本书配有电子资源，选择本书作为授课教材的教师可登录机械工业出版社教育服务网（www.cmpedu.com）免费注册后进行下载或联系编辑（010-88379194）咨询。本书还配有二维码，读者可直接扫描二维码观看微课视频，方便教学。

图书在版编目（CIP）数据

大数据平台搭建与运维 / 刘庆生，陈位妮主编. —北京：机械工业出版社，2021.4（2022.5重印）

职业教育大数据技术与应用专业系列教材

ISBN 978-7-111-67748-2

Ⅰ. ①大…　Ⅱ. ①刘…　②陈…　Ⅲ. ①数据处理软件—职业教育—教材
Ⅳ. ①TP274

中国版本图书馆CIP数据核字（2021）第043027号

机械工业出版社（北京市百万庄大街22号　邮政编码100037）
策划编辑：梁　伟　　责任编辑：梁　伟　李绍坤
责任校对：孙丽萍　　封面设计：鞠　杨
责任印制：刘　媛

涿州市般润文化传播有限公司印刷

2022年5月第1版第2次印刷
184mm×260mm・17印张・392千字
标准书号：ISBN 978-7-111-67748-2
定价：54.00元

电话服务　　网络服务

客服电话：010-88361066　　机　工　官　网：www.cmpbook.com
010-88379833　　机　工　官　博：weibo.com/cmp1952
010-68326294　　金　书　网：www.golden-book.com
封底无防伪标均为盗版　　机工教育服务网：www.cmpedu.com

前言 PREFACE

随着移动互联网、物联网、云计算技术的发展，数据呈现爆炸式增长的态势。我国也在“十三五”规划中提出实施国家大数据战略，旨在全面推进国内大数据技术的发展和应用，加快建设数据强国，推动数据资源开放共享，促进经济转型升级。

本书以 Hadoop 大数据平台为重点，采用项目式编写模式，全书共 7 个项目，包括预备知识、准备 Hadoop 环境、搭建 Hadoop 大数据平台、使用 Java 语言编写 MapReduce 程序、使用 Python 语言编写 MapReduce 程序、Hadoop 系统的常见故障及应对和 Hadoop 系统运维。内容涉及 Hadoop 伪分布模式、集群模式、高可用模式的搭建；使用 Python、Java 编写 MapReduce 应用程序；使用 ZooKeeper、Hive、Spark 等组件搭建大数据平台；使用 Ambari、Zabbix、Ansible 工具对大数据平台进行高效运维。

本书为校企合作“双元”编写。刘庆生、陈位妮担任主编，刘潇潇、魏萌、刘洪海、刘丹担任副主编，参加编写的还有范唐鹤、李江岱、季丹、王钰、王晶晶。其中，刘庆生编写了项目 2 和项目 3，陈位妮编写了项目 4、项目 5、项目 7 的任务 3～任务 8，刘潇潇编写了项目 1、项目 6 的任务 3～任务 5，魏萌编写了项目 7 的任务 1，刘洪海、刘丹编写了项目 7 的任务 2，范唐鹤、李江岱、季丹编写了项目 6 的任务 1，王钰、王晶晶编写了项目 6 的任务 2。北京西普阳光教育股份有限公司在本书的编写过程中提供了大量的技术支持和真实案例。

由于编者水平有限，书中难免出现疏漏和不足之处，敬请广大读者批评指正。

编　者

二维码索引

目录 CONTENTS

CONTENTS

Project 1

项目1
预备知识

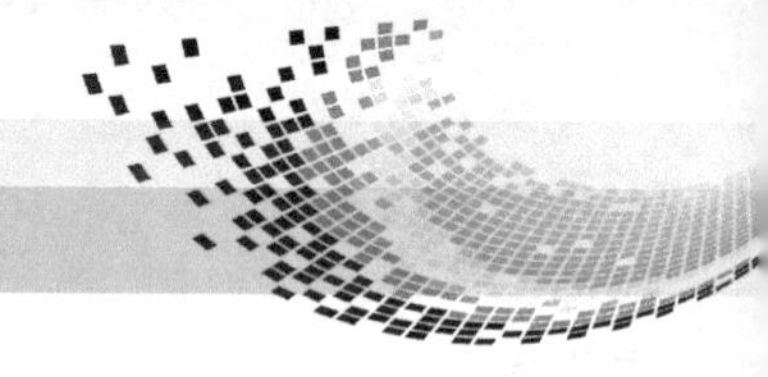

任务 1 VirtualBox 虚拟机安装与配置

VirtualBox 是一款跨平台的虚拟化应用软件，它既支持在 Windows、Mac OS、Linux 等系统上安装和使用，也支持用户在同一台计算机拥有两个或以上的系统。作为一款轻量级虚拟机应用软件，VirtualBox 具有开源免费、安装配置简单、支持中文界面等优点，非常适合初学者使用，也适合大家学习 Linux 操作系统以及搭建、维护大数据环境。

学习目标

- 掌握 VirtualBox 的下载方法。
- 掌握 VirtualBox 的安装方法。
- 掌握 VirtualBox 的配置方法。

任务描述

本任务将学习如何从 VirtualBox 官方网站下载 VirtualBox 软件，在 Windows 操作系统环境下安装和配置 VirtualBox 软件，了解 VirtalBox 的基本界面。

任务分析

VirtualBox 是开源软件，可直接从官方网站下载。由于官方网站是英文网站，读者要了解一些常用的单词，例如，Download（下载）、Version（版本）、Host（主机）。大部分学校的主机安装的是 Windows 操作系统，所以要下载支持 Windows 操作系统的 VirtualBox 软件。

任务实施

1．下载 VirtualBox

打开 VirtualBox 官方网站，单击“Downloads”按钮，在“VirtualBox 6.0.10 platform packages”标题下单击“Windows hosts”按钮进行下载，如图 1-1-1 所示。

码 1-1-1

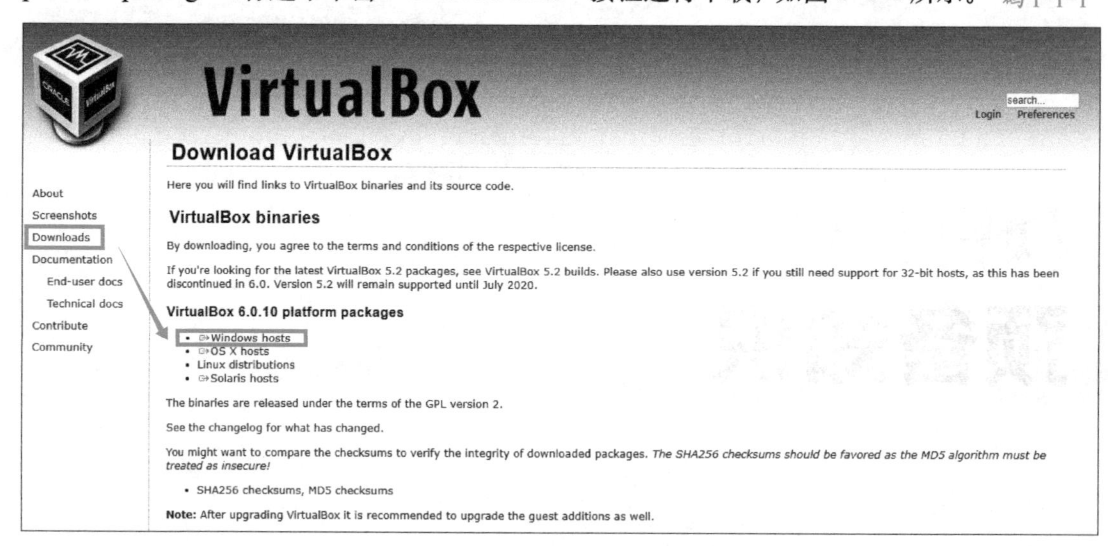

图 1-1-1 下载适用于 Windows 操作系统的 VirtualBox

2. 找到并打开 VirtualBox 安装包

下载完成后，找到安装包并打开，如图 1-1-2 所示。

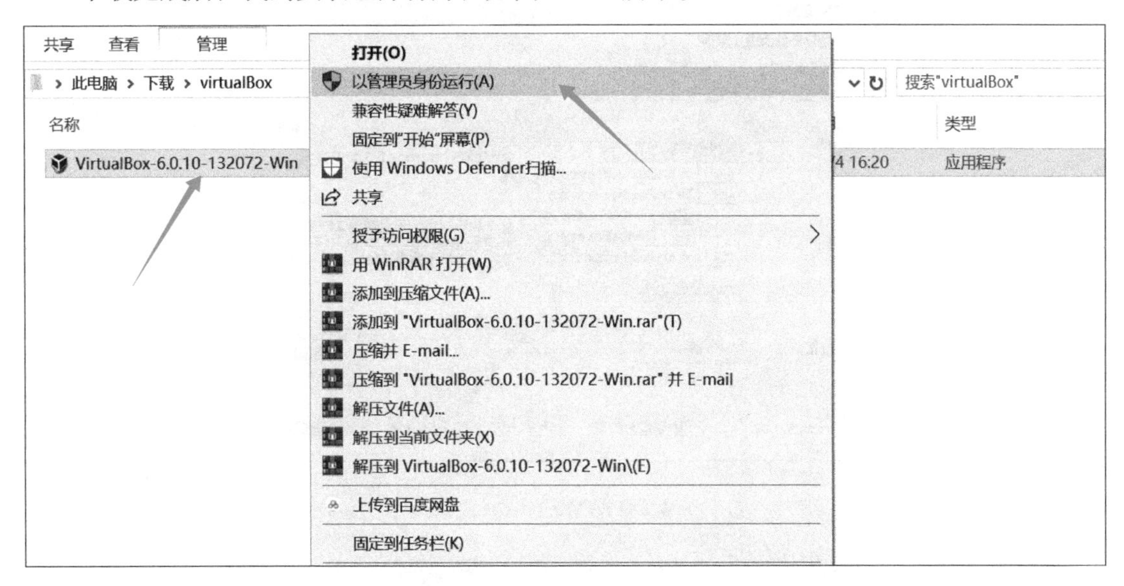

图 1-1-2 使用“管理员”权限打开 VirtualBox 安装包

3. 打开 VirtualBox 安装向导（见图 1-1-3）

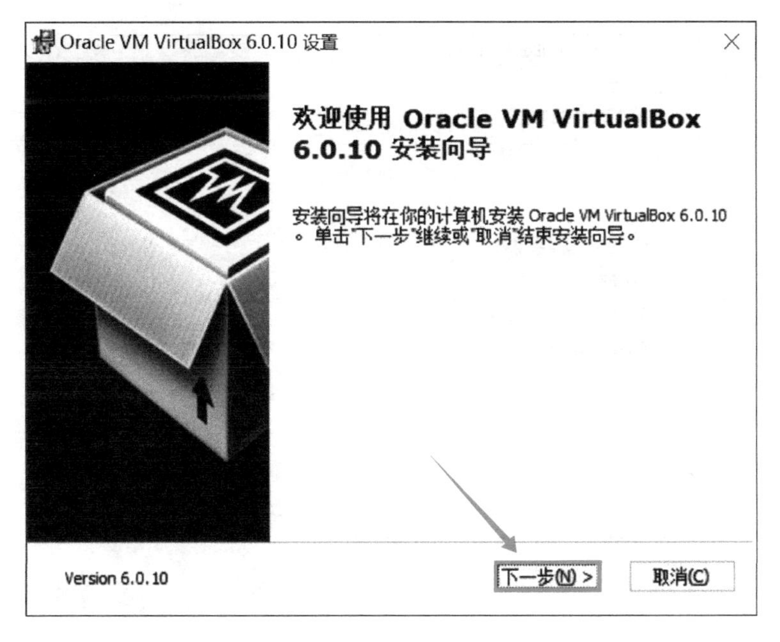

图 1-1-3 打开 VirtualBox 安装向导

4. 修改 VirtualBox 安装路径

修改 VirtualBox 安装路径，如图 1-1-4 所示。将安装路径修改为 D 盘的“VirtualBox”

文件夹。

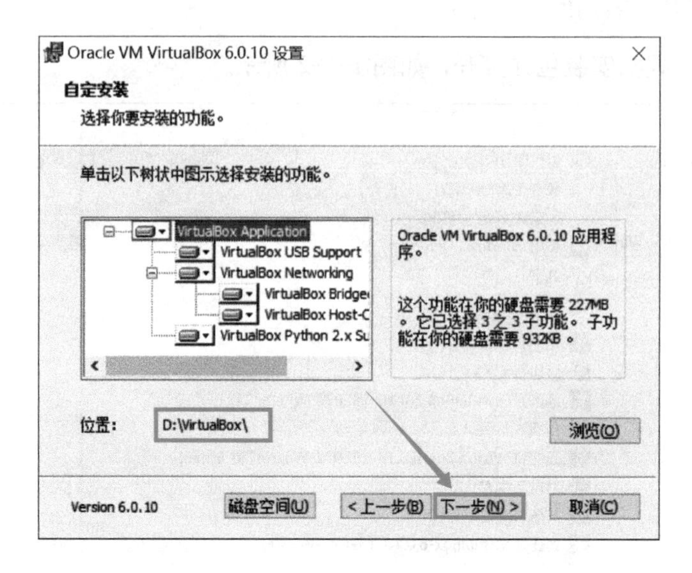

图 1-1-4　修改 VirtualBox 安装路径

5. 设置其他安装选项

选择要安装的功能，建议至少勾选“添加系统菜单条目”和“注册文件关联”两个选项，如图 1-1-5 所示。

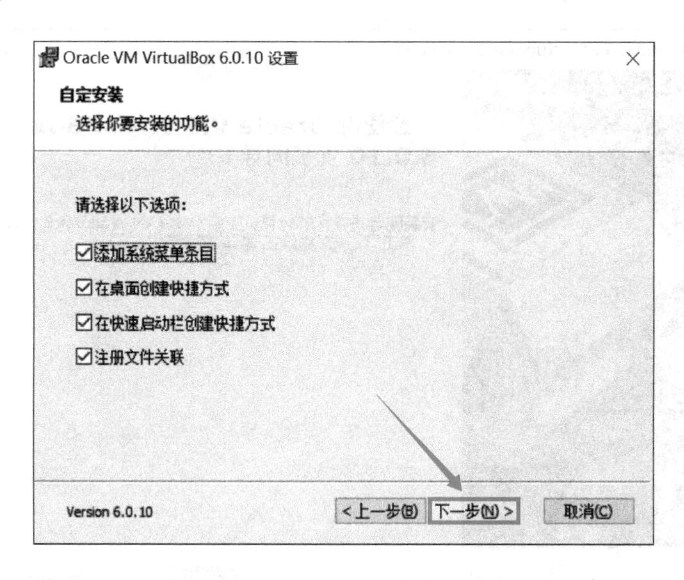

图 1-1-5　VirtualBox 自定义安装

6. VirtualBox 安装警告提醒

安装过程中可能会出现警告界面，提示安装程序将暂时中断网络，建议直接单击“是”按钮，如图 1-1-6 所示。

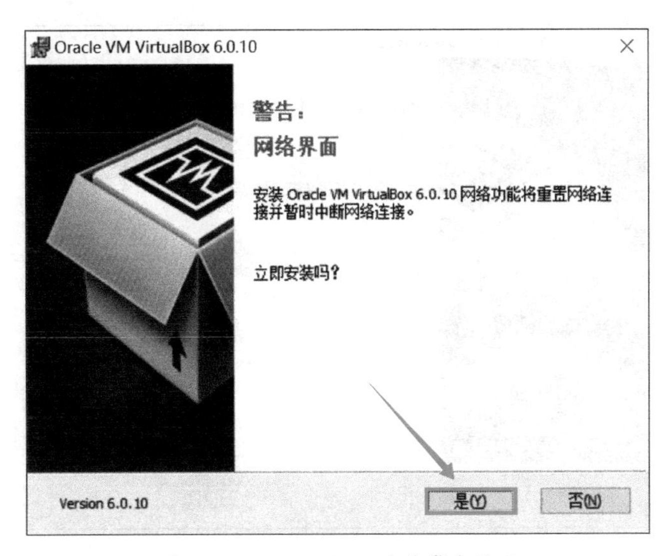

图 1-1-6　VirtualBox 安装警告处理

7. 开始安装 VirtualBox，如图 1-1-7 所示

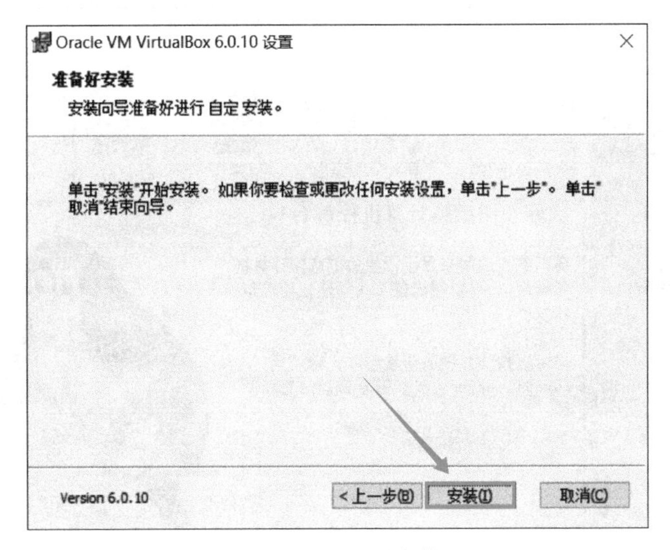

图 1-1-7　开始安装

8. 安装完成

完成安装后，可选择“安装后运行 Oracle VM VirtualBox 6.0.10”复选框打开 VirtualBox，或者从 Windows 系统的“开始”菜单下找到 Oracle VM VirtualBox 并单击打开，如图 1-1-8 所示。

9. 打开 VirtualBox

打开 VirtualBox 界面，左边为用户的虚拟机，右边为选中虚拟机的属性，上方为工具栏。图 1-1-9 所示为初始界面，还未安装虚拟机。

图 1-1-8　安装完成

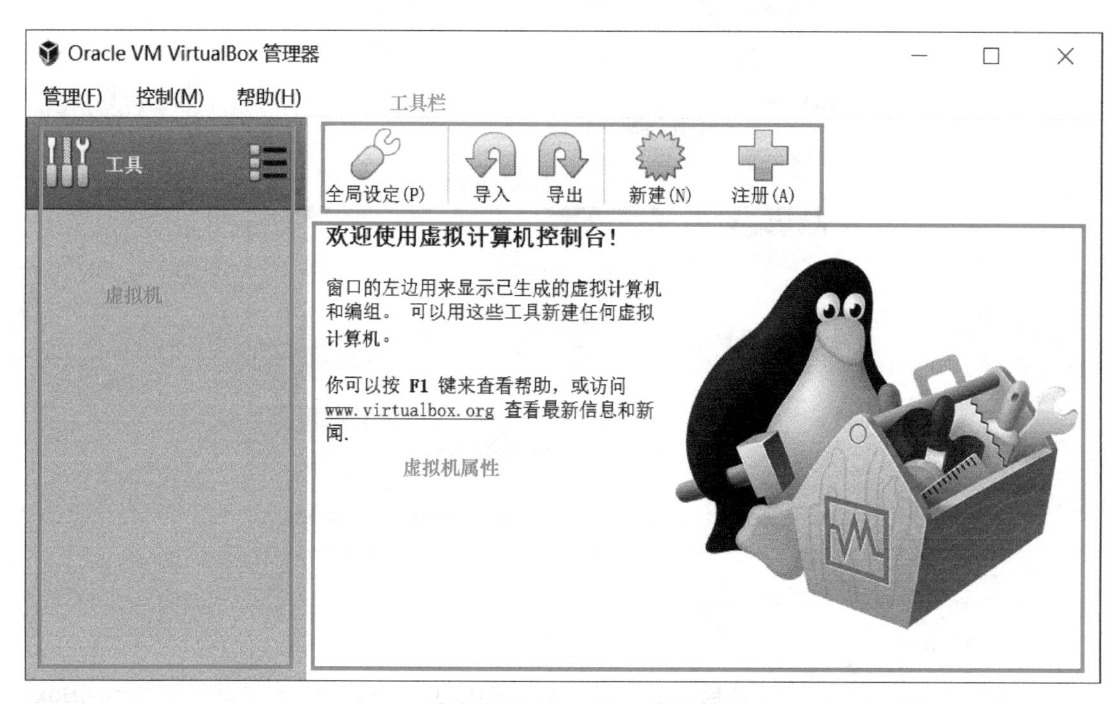

图 1-1-9　VirtualBox 界面

小　结

作为一款轻量级的虚拟机管理软件，VirtualBox 的下载和安装没有难度，注意在官方网站下载时对相关选项的选择，在选择安装路径时建议选择存储空间较大的硬盘分区来安装。

任务2 在VirtualBox中安装Ubuntu虚拟机

学习目标

- 了解Ubuntu虚拟机的特点。
- 熟练掌握Ubuntu镜像的下载方法。
- 熟练掌握Ubuntu虚拟机的安装方法。
- 熟练掌握Ubuntu虚拟机的配置方法。

任务描述

VirtualBox软件下载并安装成功后便可创建虚拟机了。VirtualBox提供了多种操作系统的虚拟机，每种操作系统还有不同版本的软件。本书采用Ubuntu版本的Linux操作系统。Ubuntu是一款开源的Linux桌面操作系统，具有内核小、事务处理效率高、安全可靠等优点，适合初学者学习Linux系统操作。

任务分析

本任务首先使用VirtualBox创建虚拟机，接着安装和配置Ubuntu系统，最后开启虚拟机进行操作系统的配置。

任务实施

（一）在VirtualBox中创建虚拟机

1. 新建虚拟机

码 1-2-1

在VirtualBox工具栏中单击“新建”按钮，创建一个新虚拟机，如图1-2-1所示。

2. 设置虚拟机名称和类型

码 1-2-2

在“名称”文本框中，用户可自定义虚拟机名称，定义好后开始选择虚拟机文件存储路径。此处，文件夹路径指向所创建的虚拟机存储路径，因此建议选择存储量大的硬盘分区。系统类型选择“Linux”，版本选择“Ubuntu（64-bit）”。然后单击“下一步”按钮，如图1-2-2所示。

3. 分配虚拟机内存

码 1-2-3

此处设置的内存是虚拟机在Windows主机操作系统中所占用的系统内存，因此建议不超过系统内存的1/2，如图1-2-3所示，计算机系统内存为8GB，虚拟机内存设置为4GB。设置好后，单击“下一步”按钮。

4. 创建虚拟硬盘

为虚拟机创建虚拟硬盘。若计算机中已有虚拟硬盘，可选中“使用已有的虚拟硬盘文件”单选按钮，然后选择相应的虚拟硬盘路径。若计算机上还未创建虚拟硬盘或准备重新创建虚拟硬盘，可选中“现在创建虚拟硬盘”单选按钮，并单击“创建”按钮，如图1-2-4所示。

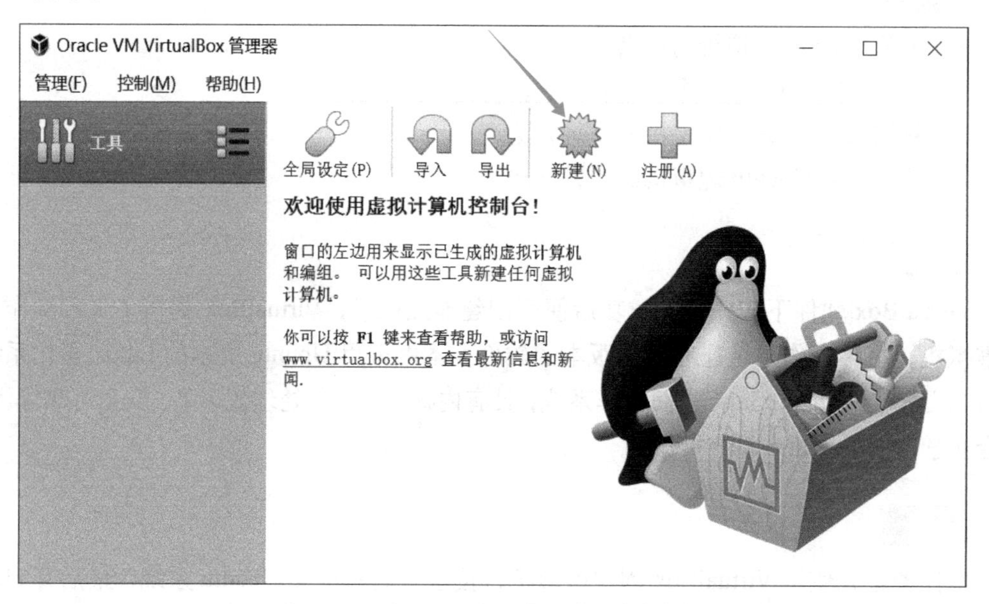

图 1-2-1 在 VirtualBox 中新建一个虚拟机

新建虚拟计算机

虚拟计算机名称和系统类型

请选择新虚拟计算机的描述名称及要安装的操作系统类型。此名称将用于标识此虚拟计算机。

名称: BigData

文件夹: D:\MyVMs

类型(T): Linux

版本(V): Ubuntu (64-bit)

专家模式(E)　下一步(N)　取消

图 1-2-2 设置虚拟机名称和系统类型

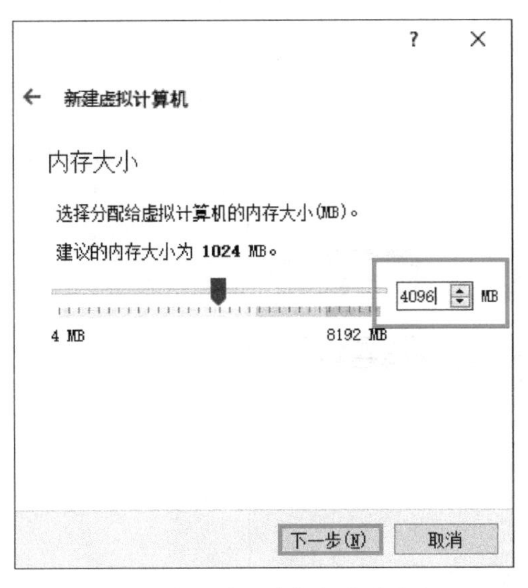

图 1-2-3　分配虚拟机内存大小

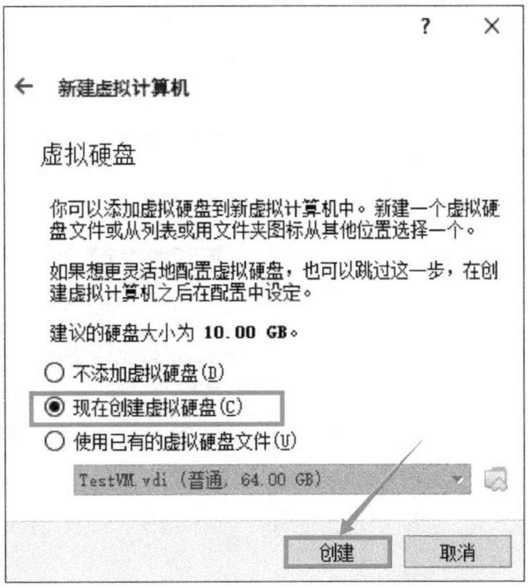

图 1-2-4　为虚拟机创建虚拟硬盘

（1）选择虚拟硬盘文件类型

推荐选择默认的 VDI 类型，它是 VirtualBox 的基本格式，也最为常用，适合初学者使用，如图 1-2-5 所示。

（2）选择虚拟硬盘分配形式

为了提高虚拟机存储效率，选中“动态分配”单选按钮然后单击“下一步”按钮，如图 1-2-6 所示。

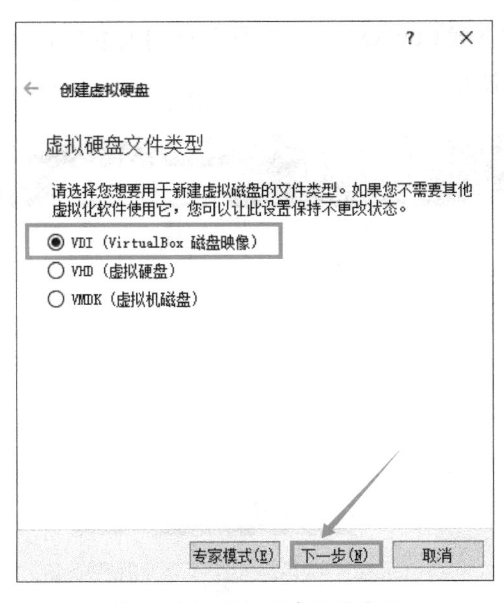

图 1-2-5　虚拟硬盘文件类型

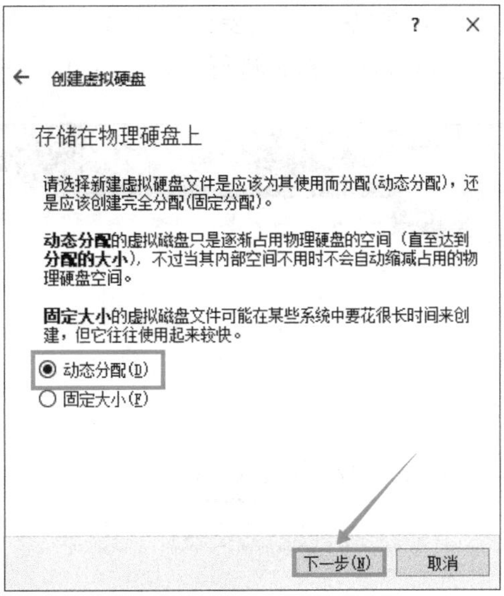

图 1-2-6　虚拟硬盘分配形式

（3）设置虚拟硬盘存储位置和大小

检查虚拟硬盘文件存储位置。在设置虚拟硬盘大小时，要根据计算机硬盘的实际情况来进行。设置完成后，单击“创建”按钮，完成虚拟机的创建，如图 1-2-7 所示。

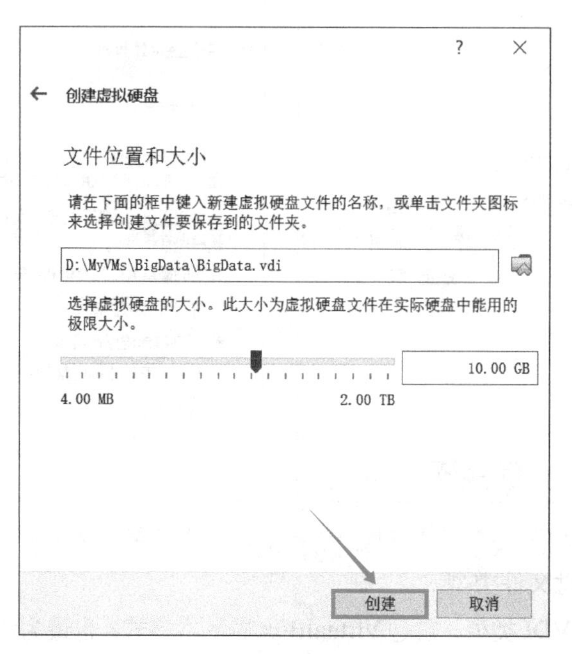

图 1-2-7 虚拟硬盘文件位置和大小

（二）安装并配置 Ubuntu 虚拟机

1. 下载 Ubuntu 操作系统镜像

在启动虚拟机前，需要去 Ubuntu 官方网站下载 Ubuntu 镜像，这里下载的版本为 18.04.2，单击“Download”按钮进行下载，如图 1-2-8 所示。

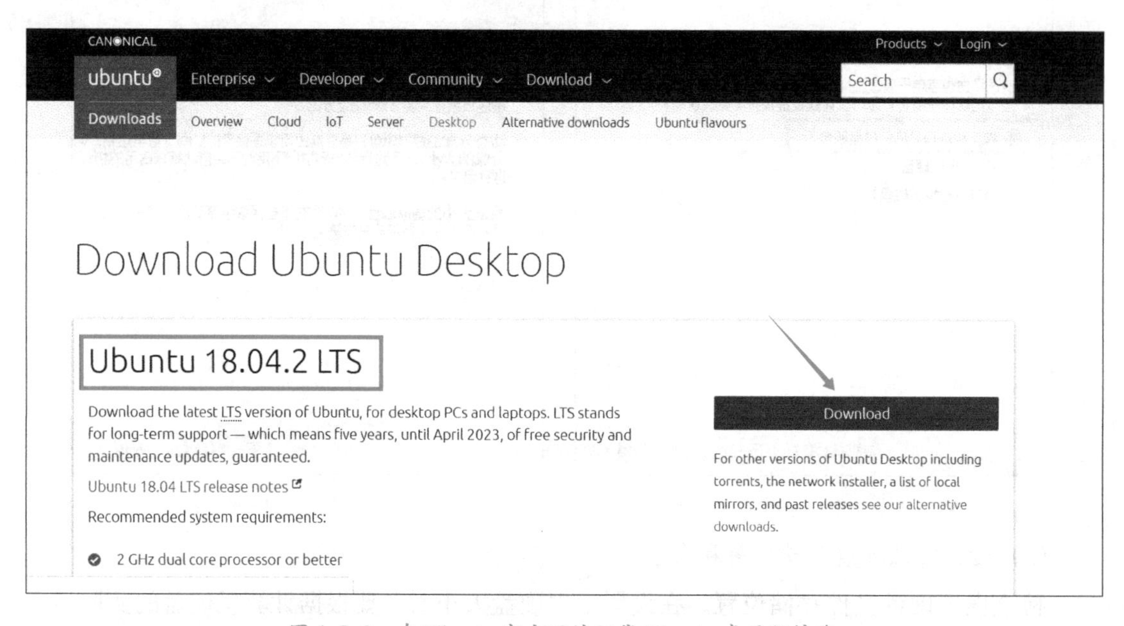

图 1-2-8 在 Ubuntu 官方网站下载 Ubuntu 桌面版镜像

2. 在 VirtualBox 中打开虚拟机

在 VirtualBox 界面找到已创建的虚拟机，如图 1-2-9 所示，单击工具栏中的“启动”按钮。

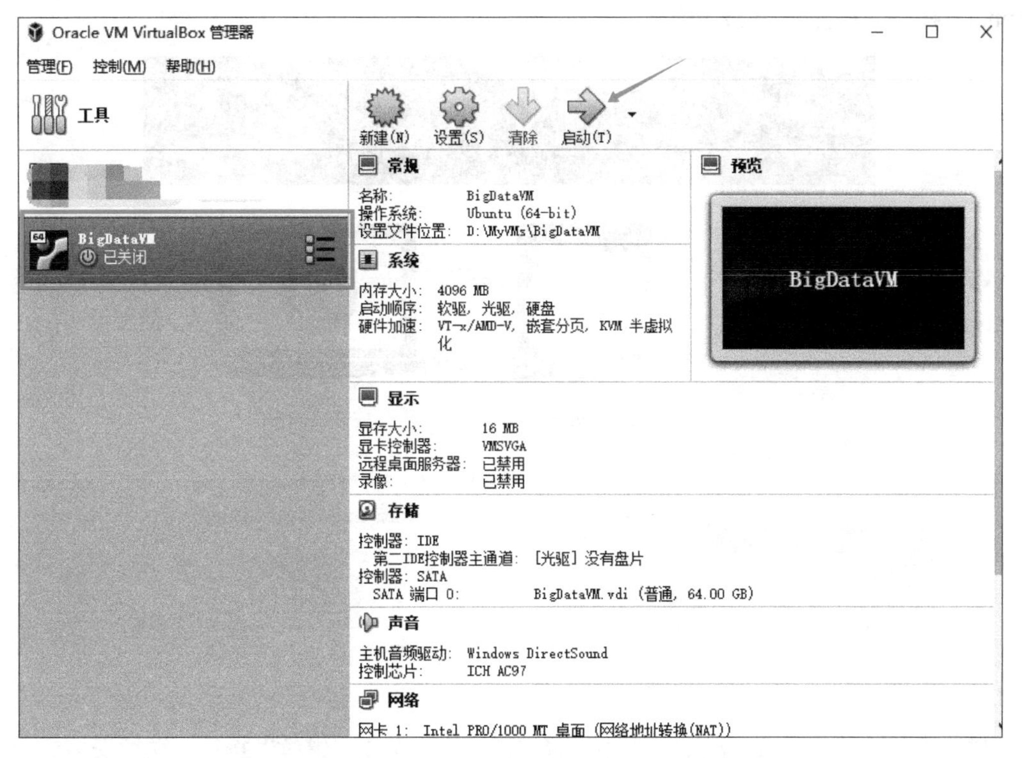

图 1-2-9 启动虚拟机

3. 选择虚拟机光盘镜像

初次启动虚拟机时，由于还未安装光盘镜像，会弹出图 1-2-10 所示的界面，选择下载好的 ubuntu-18.04.2-desktop-amd64.iso 镜像，单击“启动”按钮。

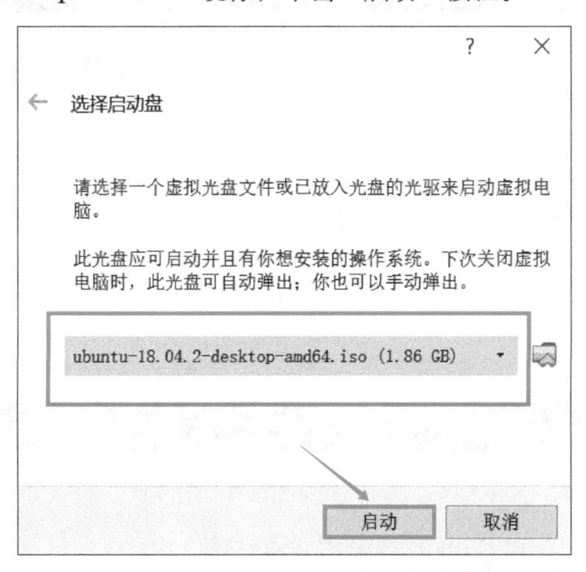

图 1-2-10 选择虚拟机光盘镜像

4．选择安装语言

在安装界面，首先要选择安装语言，找到并选择“中文（简体）”选项，单击“安装Ubuntu”按钮，如图 1-2-11 所示。

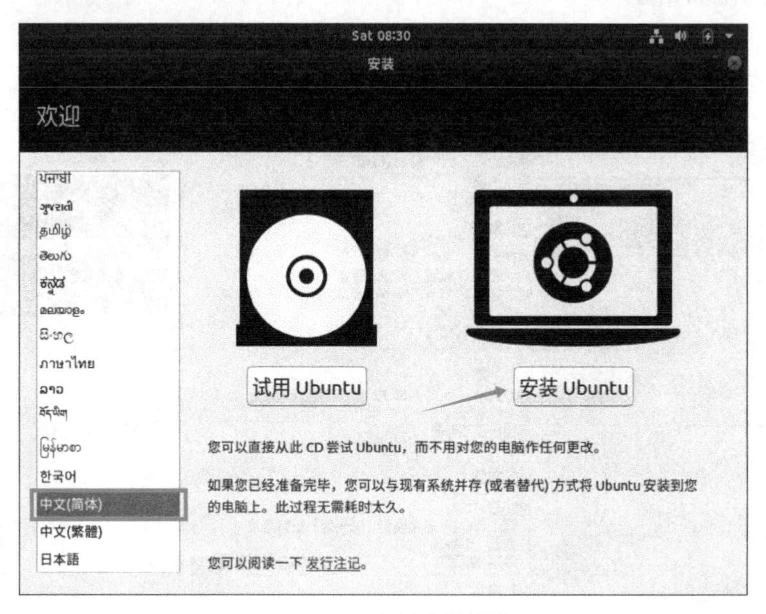

图 1-2-11　选择安装语言

5．选择键盘布局

键盘语言可随后修改、添加，当前选择“汉语”。单击“继续”按钮，继续安装虚拟机，如图 1-2-12 所示。

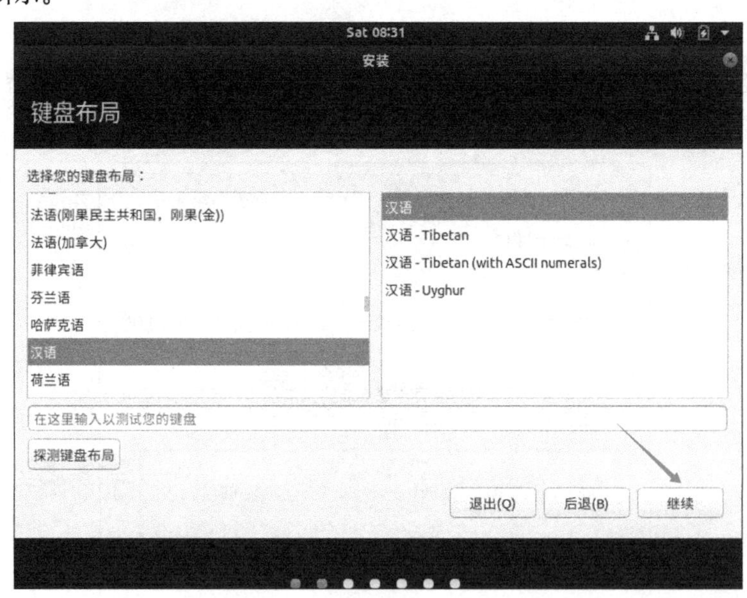

图 1-2-12　“键盘布局”对话框

6．安装其他软件

在“更新和其他软件”对话框中，会有图 1-2-13 中的几个选项，如果选中“正常安装”

单选按钮，安装软件较多较全面，安装时间稍长。如果选中“最小安装”单选按钮，仅安装基本软件，安装时间稍短。在此选中“正常安装”单选按钮，然后单击“继续”按钮。

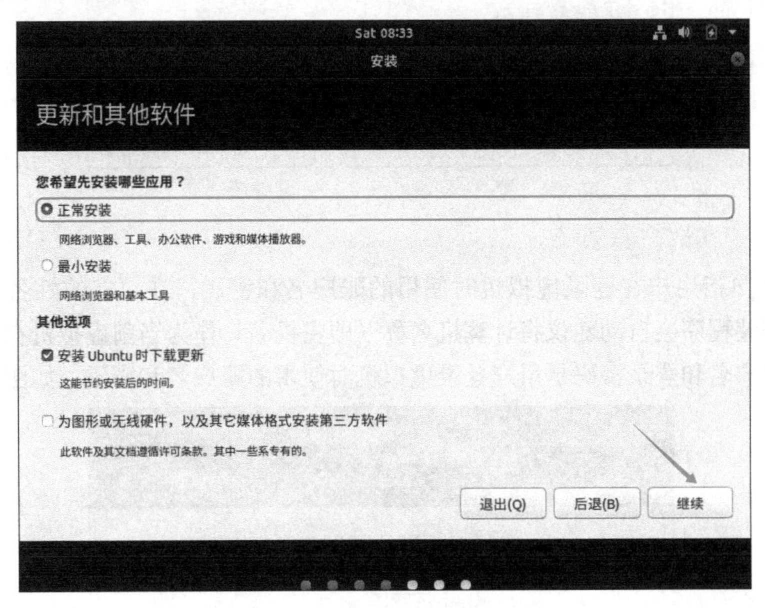

图 1-2-13 “更新和其他软件”对话框

7. 选择安装类型

在“安装类型”对话框中，选中“清除整个磁盘并安装 Ubuntu”单选按钮，如图 1-2-14 所示。有的用户担心该选项会造成计算机磁盘中的内容被抹掉，其实不然，此处的磁盘指虚拟机的虚拟磁盘，因此执行此操作并不影响计算机的磁盘。

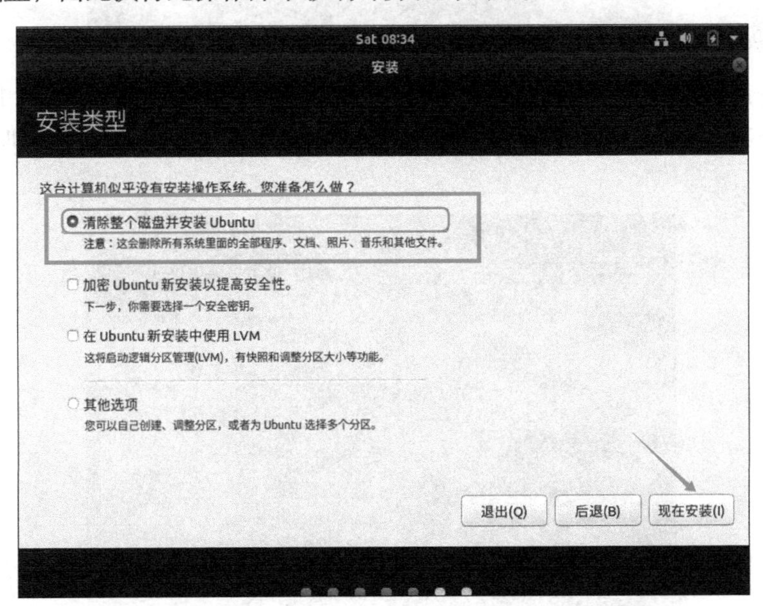

图 1-2-14 选择安装类型

之后会弹出如图 1-2-15 所示的警告框，单击“继续”按钮。

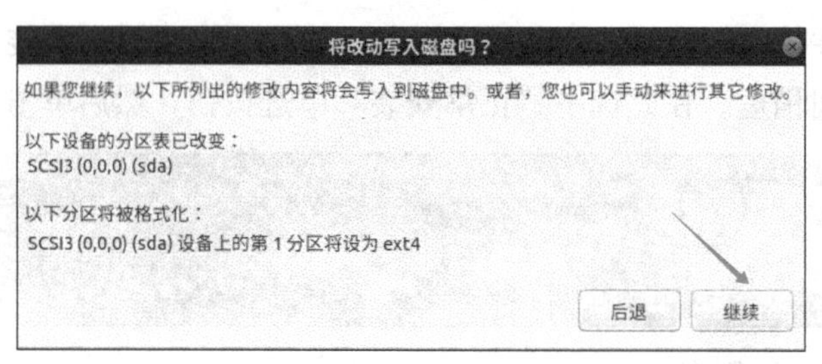

图 1-2-15　是否改动写入磁盘警告

8．设置虚拟机账户信息

虚拟机账户指用户在登录虚拟机时使用的账户名和密码，在“您的姓名”文本框中设置姓名后，安装程序会自动建议将计算机名称（即主机名）作为当前虚拟机在网络中显示的主机域名，用户名和登录密码是用户登录虚拟机时使用的账户名和密码，如图 1-2-16 所示。

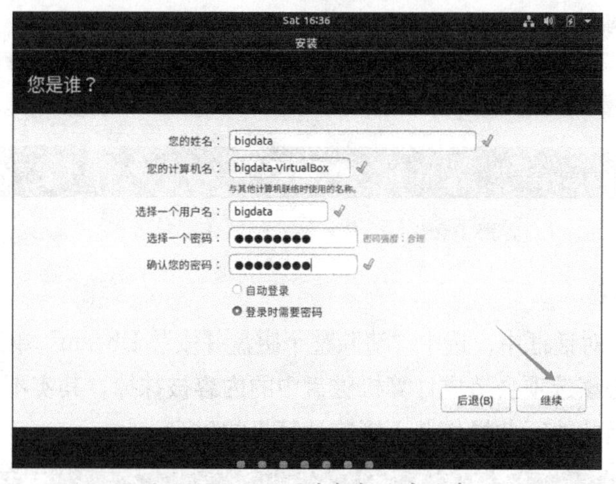

图 1-2-16　设置虚拟机账户信息

设置完成后，单击“继续”按钮，安装程序将开始进行后台安装，如图 1-2-17 所示。由于安装时会下载其他软件，要保证网络连接正常。安装完成后，重启虚拟机，便可登录使用了。

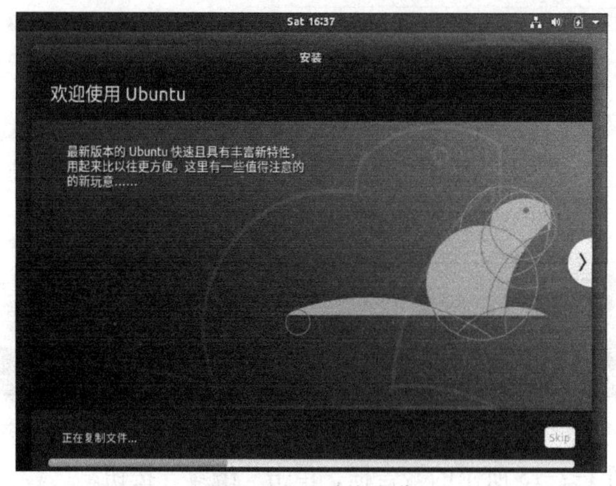

图 1-2-17　后台安装

小　结

配置虚拟机的步骤繁多，注意在配置过程中看清提示，搞清楚当前步骤是对虚拟机进行设置还是对系统硬盘进行设置，根据计算机的情况进行合理选择，不要盲目地单击“下一步”按钮进行配置，最后还要重新修改配置。在安装 Ubuntu 光盘镜像时，注意 Ubuntu 的版本以及安装虚拟机时的路径。

码 1-2-4

任务 3　安装和配置远程连接工具 Xshell

学习目标

- 了解 SSH 和 Xshell 的工作原理。
- 掌握获取 Xshell 的方法。
- 掌握 Xshell 的安装和配置方法。
- 掌握远程连接虚拟机的方法。

任务描述

Xshell 是由 NetSarang 公司发布的一款终端模拟软件，用户可使用 Xshell 远程访问其他主机和服务器，实现远程控制服务器的功能。NetSarang 为家庭和学校用户提供免费的 Xshell 软件，用户只需在官方网站的家庭和学校页面中注册申请，就可获得免费下载 Xshell 的链接。在教学环境中，教师还可先行下载 Xshell 安装包，然后在局域网内发给学生。

任务分析

在使用 Xshell 前，首先要了解 SSH（Secure Shell）。SSH 是一种建立在应用层和传输层基础上的安全网络协议标准，为用户提供安全远程登录服务以及其他安全网络服务。利用 SSH 协议可有效防止远程管理过程中的信息泄露问题。Xshell 支持 SSH 协议，通过 SSH 安全协议，用户可在相对安全的环境下使用 Xshell 的终端远程控制其他操作系统。

本任务实施分以下 3 个步骤：

- 在虚拟机中安装 SSH。
- 下载和安装 Xshell。
- 远程连接虚拟机。

码 1-3-1

任务实施

码 1-3-2

（一）在虚拟机中安装 SSH

1．打开虚拟机终端

码 1-3-3

在虚拟机桌面中，找到并单击终端图标或按 <Ctrl+Alt+T> 组合键打开终端，在弹出的对话框中，每行开头会有用户地址作为引导，表示当前操作为某虚拟机

中的某用户在进行操作，如图 1-3-1 所示，“bigdata”为当前登录的用户名，“bigdata-VirtualBox”为当前虚拟机的主机名。

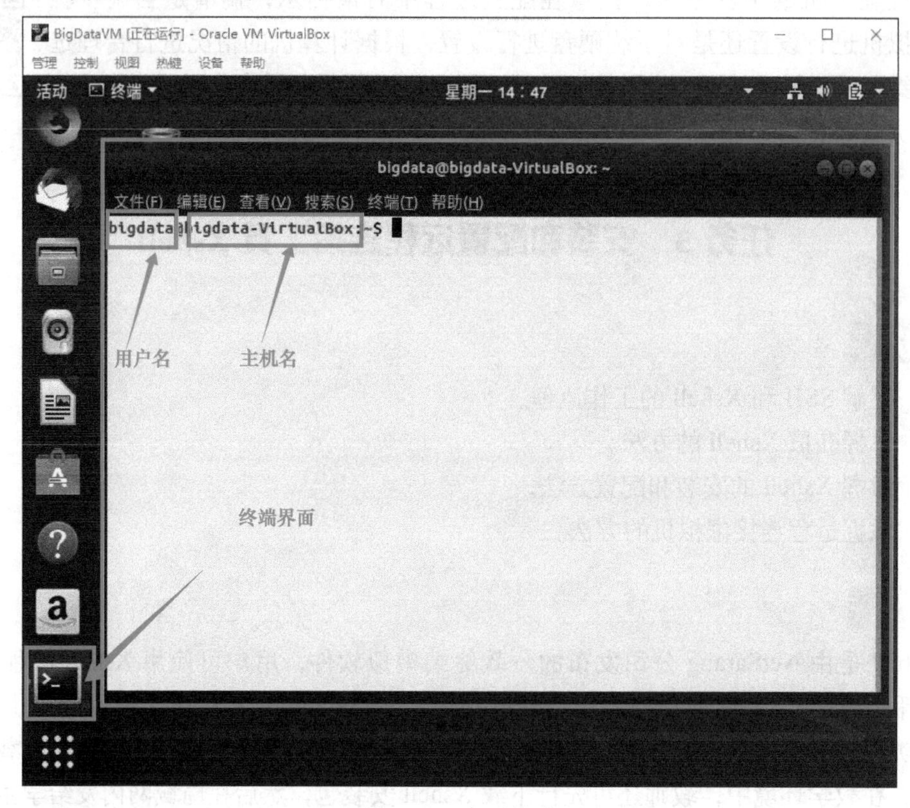

图 1-3-1 打开终端

2. 安装 SSH

OpenSSH 是 SSH 协议的一个免费开源软件，为远程传输的数据提供加密服务。如果虚拟机中已经安装了 SSH，则跳过此步。

在虚拟机终端里输入安装命令“sudo apt-get install openssh-server”，开始安装 SSH。在出现“解压缩后会消耗 ××KB 的额外空间。您希望继续执行吗？”这样的提示后，按 <Y> 键继续执行安装，如图 1-3-2 所示。

```
bigdata@bigdata-VirtualBox:~$ sudo apt-get install openssh-server
[sudo] bigdata 的密码:
正在读取软件包列表... 完成
正在分析软件包的依赖关系树
正在读取状态信息... 完成
下列软件包是自动安装的并且现在不需要了:
  libsqlite0 python-lzma python-pycurl python-sqlite python-sqlitecachec
使用'sudo apt autoremove'来卸载它(它们)。
将会同时安装下列软件:
  ncurses-term openssh-client openssh-sftp-server ssh-import-id
建议安装:
  keychain libpam-ssh monkeysphere ssh-askpass molly-guard rssh
下列【新】软件包将被安装:
  ncurses-term openssh-server openssh-sftp-server ssh-import-id
下列软件包将被升级:
  openssh-client
升级了 1 个软件包，新安装了 4 个软件包，要卸载 0 个软件包，有 404 个软件包未被升
级。
需要下载 637 kB/1,251 kB 的归档。
解压缩后会消耗 5,316 kB 的额外空间。
您希望继续执行吗？ [Y/n]
```

图 1-3-2 安装 openssh-server

3．检查 SSH 是否开启

在终端输入命令“ps -e | grep ssh”，检查是否启用了 SSH，若只出现了 ssh-agent，则说明 SSH 未下载成功或未启动。若出现 sshd，则说明 SSH 已启用，如图 1-3-3 所示。

```
bigdata@bigdata-VirtualBox:~$ ps -e | grep ssh
 1263 ?        00:00:00 ssh-agent
 3977 ?        00:00:00 sshd
bigdata@bigdata-VirtualBox:~$ 
```

图 1-3-3　检查 SSH 是否开启

（二）下载和安装 Xshell

1．下载 Xshell

打开下载地址，填写用户的真实姓名和邮件，然后单击“下载”按钮。注意，由于后面要用到 Xftp，因此在下载选项中选择“两者”复选框来获取两个软件的下载地址。然后进入个人邮箱，使用所提供的下载链接下载 Xshell，如图 1-3-4 所示。

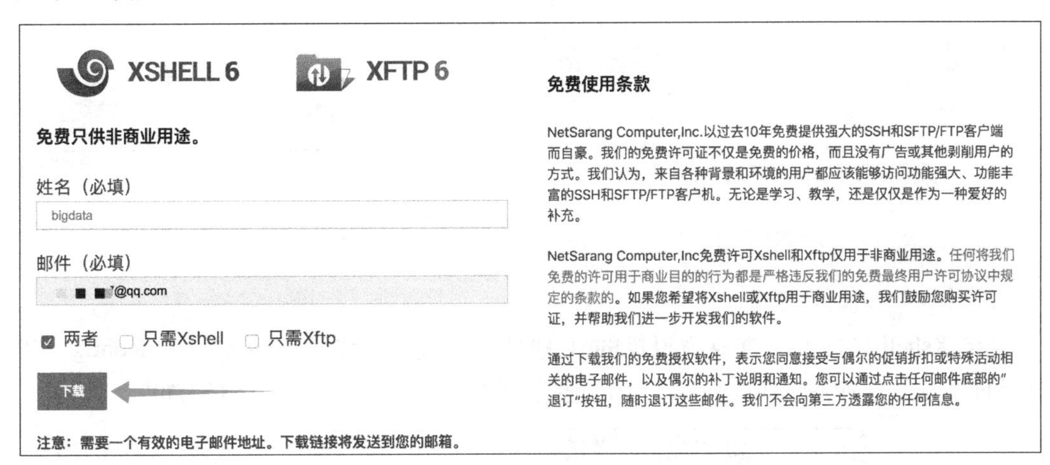

图 1-3-4　获取 Xshell 和 Xftp 下载链接

2．安装 Xshell

找到下载好的 Xshell 安装包，单击鼠标右键，在弹出的快捷菜单中选择“以管理员身份运行”命令，会弹出如图 1-3-5 所示的安装界面。单击“下一步”按钮。

3．输入用户信息

在客户信息界面中，输入用户名和公司名称，单击“下一步”按钮，如图 1-3-6 所示。

4．选择 Xshell 存储路径

设置 Xshell 安装程序的存储路径，单击“下一步”按钮，如图 1-3-7 所示。

在“选择程序文件夹”对话框中，直接单击“安装”按钮即可，如图 1-3-8 所示。

完成 Xshell 的安装。

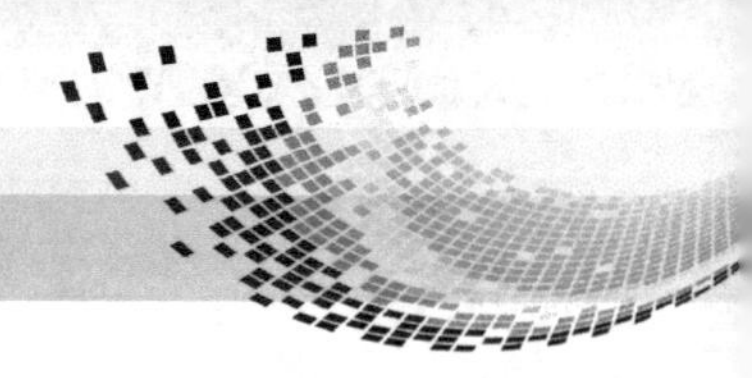

图 1-3-5　Xshell 6 安装界面

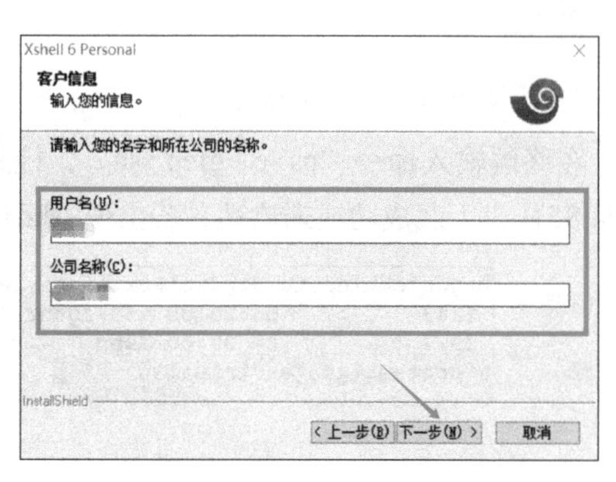

图 1-3-6　用户信息界面

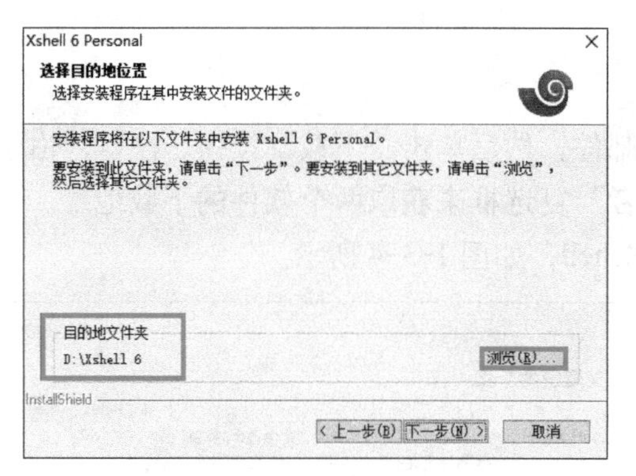

图 1-3-7　选择 Xshell 安装路径

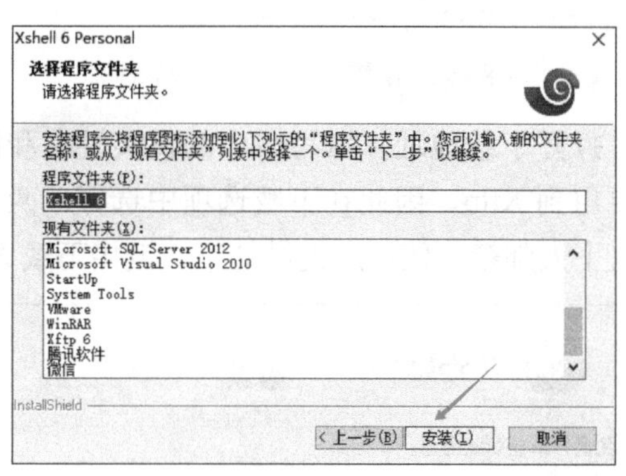

图 1-3-8　选择程序文件夹

（三）远程连接虚拟机

1．查看虚拟机 IP 地址

连接 Xshell 之前要先查看虚拟机的 IP 地址，在虚拟机终端中输入命令 ifconfig，找到 inet 后面的地址，如图 1-3-9 所示，当前虚拟机的 IP 地址就是“192.168.31.40”。

```
bigdata@bigdata-VirtualBox:~$ ifconfig
enp0s3: flags=4163<UP,BROADCAST,RUNNING,MULTICAST>  mtu 1500
        inet 192.168.31.40  netmask 255.255.255.0  broadcast 192.168.31.255
        inet6 fe80::65c1:23f5:2f4e:7621  prefixlen 64  scopeid 0x20<link>
        ether 08:00:27:c3:2e:09  txqueuelen 1000  (以太网)
        RX packets 8975  bytes 7359781 (7.3 MB)
        RX errors 0  dropped 0  overruns 0  frame 0
        TX packets 3963  bytes 391627 (391.6 KB)
        TX errors 0  dropped 0 overruns 0  carrier 0  collisions 0

lo: flags=73<UP,LOOPBACK,RUNNING>  mtu 65536
        inet 127.0.0.1  netmask 255.0.0.0
        inet6 ::1  prefixlen 128  scopeid 0x10<host>
        loop  txqueuelen 1000  (本地环回)
        RX packets 414  bytes 37944 (37.9 KB)
        RX errors 0  dropped 0  overruns 0  frame 0
        TX packets 414  bytes 37944 (37.9 KB)
        TX errors 0  dropped 0 overruns 0  carrier 0  collisions 0
```

图 1-3-9　查看虚拟机 IP 地址

2．新建连接

运行 Xshell，单击“新建”按钮创建新会话连接。在“新建会话属性”对话框中输入要连接的虚拟机信息，这里主机号为图 1-3-9 中查到的虚拟机地址。输入完成后，单击“连接”按钮，如图 1-3-10 所示。

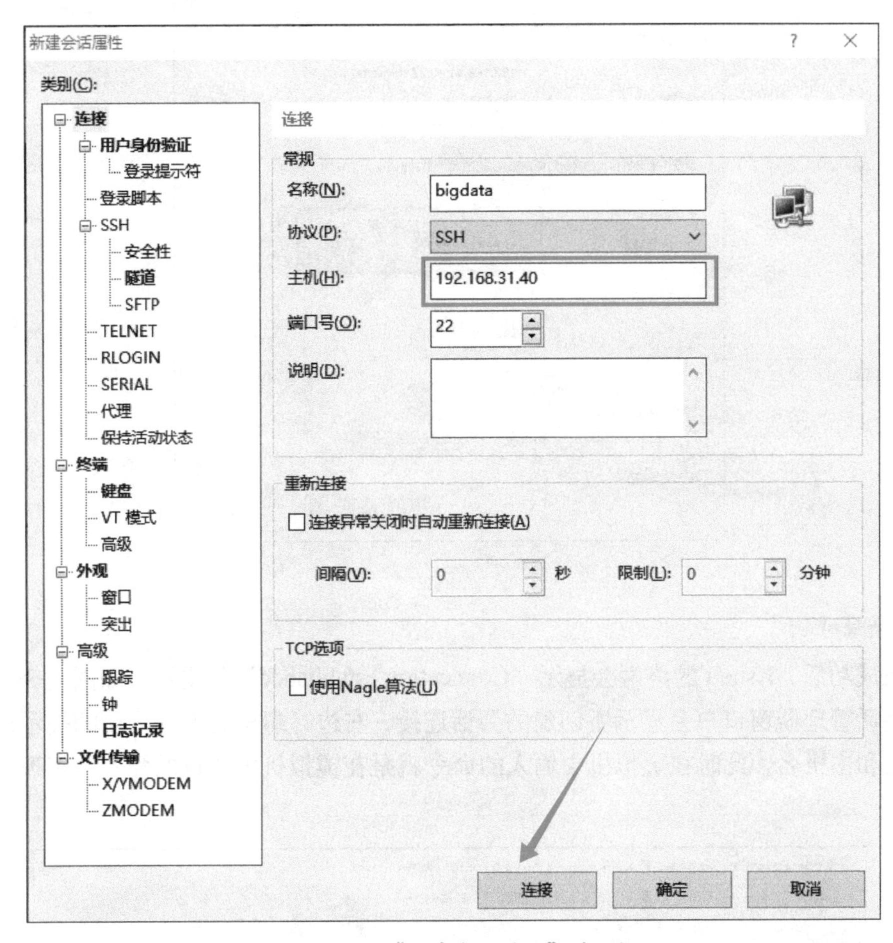

图 1-3-10 “新建会话属性”对话框

3．输入用户名和密码

在弹出的对话框中输入所登录的虚拟机的用户名“bigdata”，如图 1-3-11 所示，单击“确定”按钮。

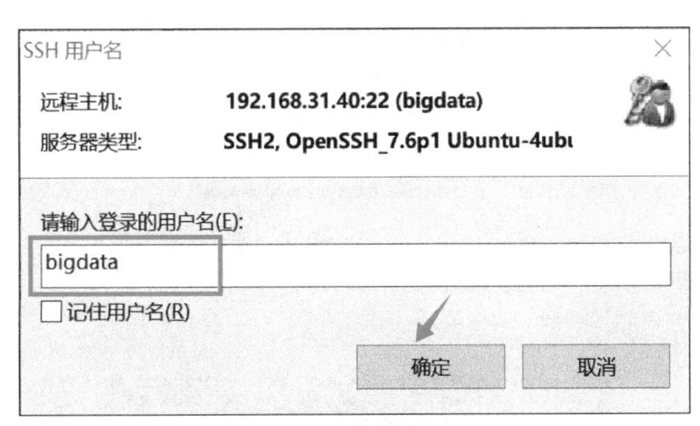

图 1-3-11 输入虚拟机用户名

在弹出的“SSH 用户身份验证”对话框中输入所登录的虚拟机的密码，单击“确定”按钮，如图 1-3-12 所示。

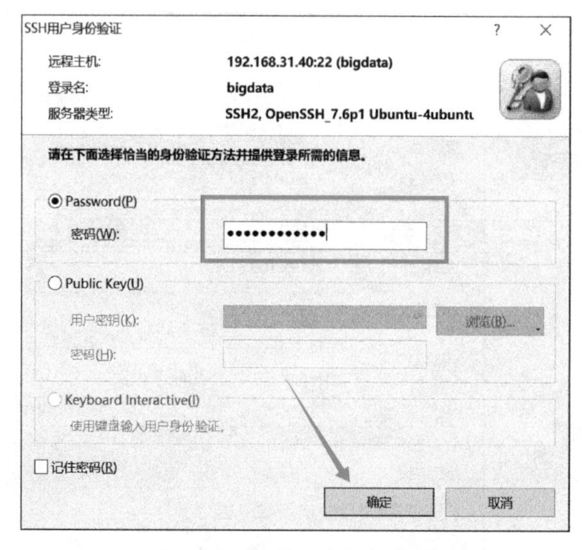

图 1-3-12　输入虚拟机密码

4. 登录成功

登录成功后，Xshell 的终端会显示“Connection established”等提示，如图 1-3-13 所示，在左边会话管理器窗口中会显示所创建的会话连接，右边终端里有连接成功的提示以及虚拟机用户名和主机名，此时在虚拟机中输入的命令就是在虚拟机中执行的命令，实现了远程控制虚拟机。

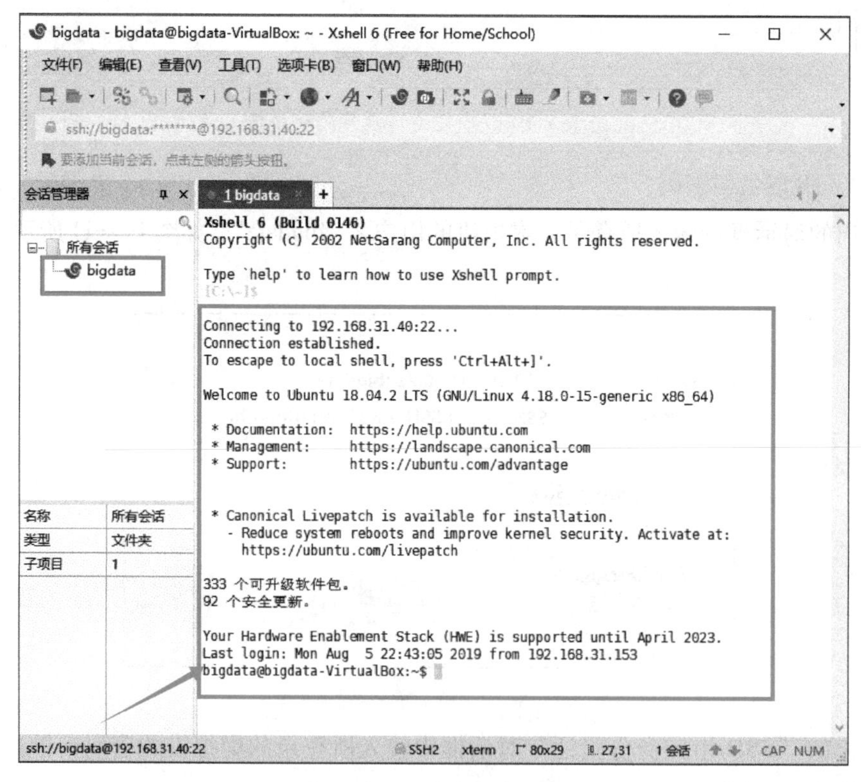

图 1-3-13　登录成功界面

小　结

在本任务中，首先在虚拟机中安装了 SSH，然后配置了 Xshell，最后通过 Xshell 远程连接了虚拟机。其中，连接虚拟机的部分为难点，尤其是虚拟机网络连接方式的设置以及查看虚拟机 IP。另外，在远程连接时，要注意虚拟机与主机必须处于同一网络中才可以。同学们可以练习在自己的计算机中使用 Xshell 远程连接其他同学的虚拟机，来帮助理解 Xshell 的工作原理。

任务 4　安装和配置远程连接工具 Xftp

Xftp 是由 NetSarang 公司开发的一款 SFTP、FTP 文件传输软件，主要功能是实现在 Linux、Windows、UNIX 等操作系统之间安全地传输文件。FTP（File Transfer Protocol，文件传输协议）是一套适用于网络的文件传输标准协议，用户可在不同操作系统的主机下使用 FTP 进行文件传输。

学习目标

- 了解 Xftp 的工作原理。
- 掌握获取 Xftp 的方法。
- 掌握 Xftp 的安装和配置方法。
- 掌握连接远程虚拟机的方法。
- 实现在主机与虚拟机之间传输文件。

任务描述

已经创建好了 Linux 系统虚拟机，但同一台计算机上的两个操作系统（Windows 主机系统与 Linux 虚拟机系统）却无法实现文件共享，因此要借助 FTP 工具，使用 Xftp 软件使用户安全地在不同系统的主机上进行文件传输。Xftp 的获取方法与 Xshell 相同，在教学环境中，教师还可先行下载 Xftp 安装包，在局域网内发给学生。

任务分析

本任务实施分以下 3 步：

- 下载和安装 Xftp。
- 连接远程虚拟机。
- 在主机与虚拟机之间互传文件。

任务实施

（一）下载和安装 Xftp

1．下载并打开 Xftp 安装包

Xftp 的下载可参考上一个任务中 Xshell 的申请方法，这里不再赘述。下载后找到 Xftp

安装包并打开，进入开始安装界面，单击“下一步”按钮，如图 1-4-1 所示。

2．填写客户信息

在弹出的客户信息界面输入用户信息，单击“下一步”按钮，如图 1-4-2 所示。

3．设置安装程序存储路径

设置 Xshell 安装程序的存储路径，单击“下一步”按钮，如图 1-4-3 所示。

在程序文件夹界面中，直接单击“安装”按钮即可，如图 1-4-4 所示。

完成安装。

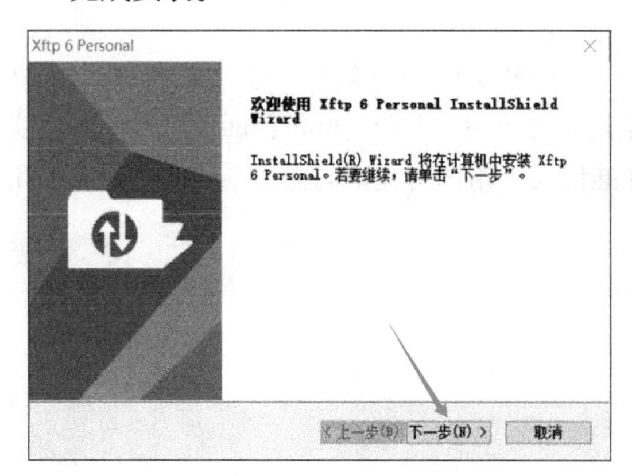

图 1-4-1　开始安装 Xftp

图 1-4-2　填写客户信息

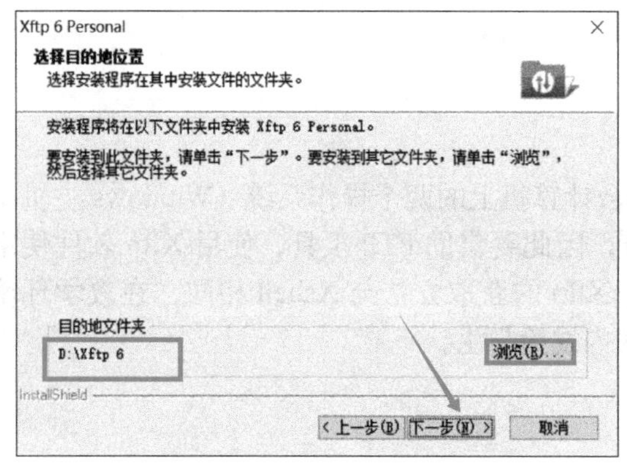

图 1-4-3　设置安装程序存储路径

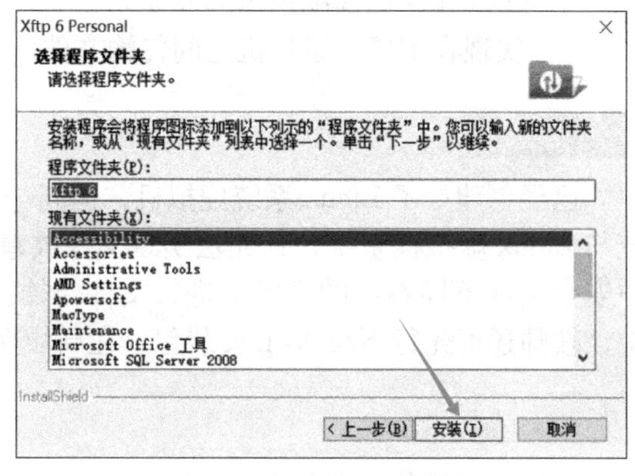

图 1-4-4　选择程序文件夹

（二）连接远程虚拟机

1．在 Xftp 中新建会话

运行 Xftp，如果是初次运行 Xshell，会自动弹出新建会话窗口，在窗口中单击“新建”按钮来创建新会话连接。若非第一次运行，则单击“文件”菜单中的“新建”按钮，如图 1-4-5 所示。

2．新建连接

在“新建会话属性”对话框中填写所要连接的虚拟机的信息。主机名是虚拟机的 IP 地址，可打开虚拟机的终端输入“ifconfig”命令查看 IP 地址。在登录信息中，选择“使用身份验证代理”复选框，“方法”选择“Password”。注意，这里的用户名和密码必须与所连接的虚拟机的用户名和密码一致。填完后，单击“连接”按钮，如图 1-4-6 所示。

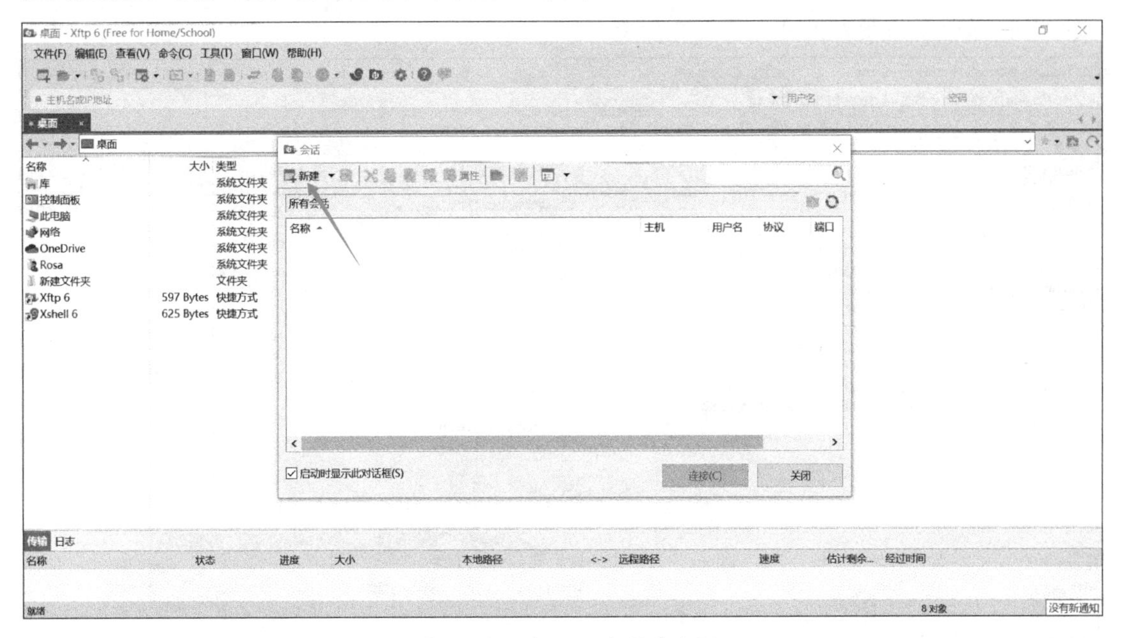

图 1-4-5 在 Xftp 中新建会话

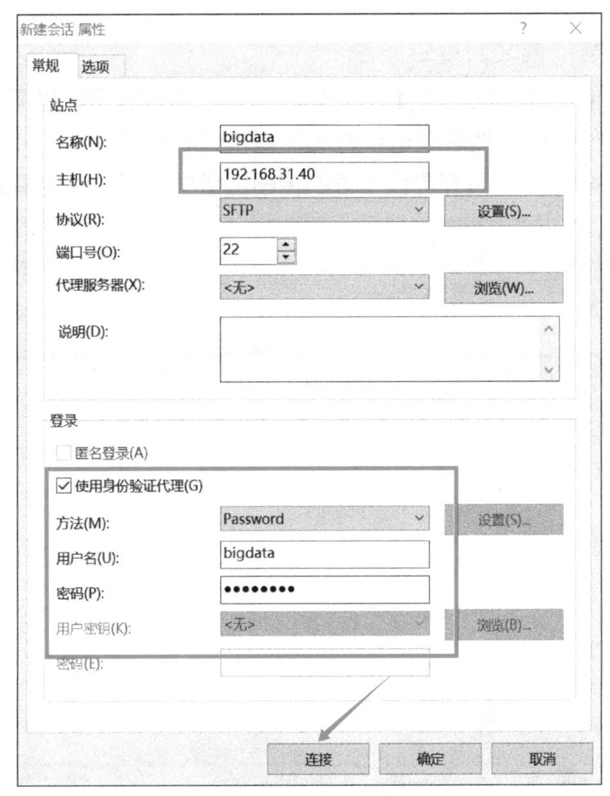

图 1-4-6 在 Xftp 中新建连接

3. 连接完成

连接成功后，Xshell 界面如图 1-4-7，左边是当前主机文件系统，右边是虚拟机文件系

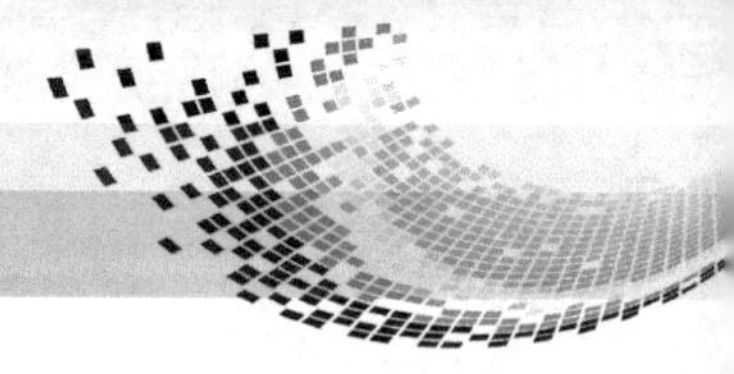

统界面。注意，连接成功的情况下，虚拟机文件系统界面上方的标签栏显示绿色点，如果连接断开，绿色点会变为灰色。

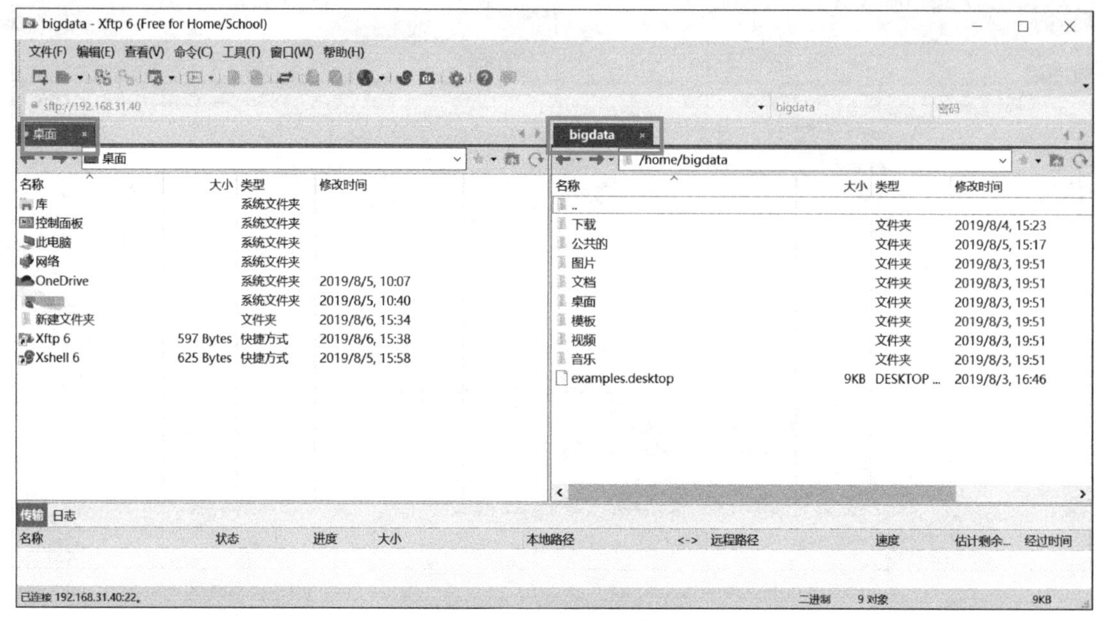

图 1-4-7　连接成功

（三）在主机与虚拟机之间互传文件

建立好连接后，便可将主机的文件传输到虚拟机上了。在 Xftp 界面左侧的主机文件系统窗口中找到需要传输的文件，然后双击或将文件拖拽到右侧虚拟机文件系统窗口中，就实现了文件传输，如图 1-4-8 所示。可在界面下方的传输窗格中看到文件传输的进度、路径等信息。

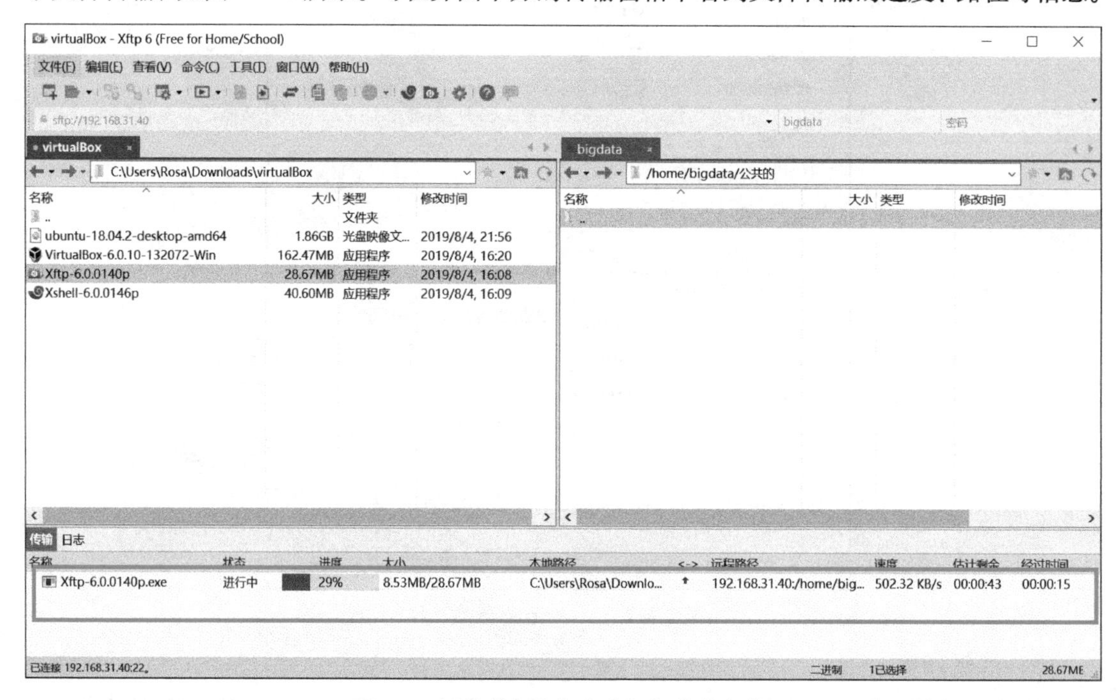

图 1-4-8　计算机主机与虚拟机传输文件

小　结

在本任务中，先安装了 Xftp 文件传输软件，然后在 Xftp 上将计算机主机与虚拟机连接，最后实现了主机间的文件传输。注意，在 Xftp 上创建两台主机的连接也要保证两台主机在同一个网络中。

任务 5　Linux 基础知识

Linux 是一套免费开源的操作系统内核，作为一款系统性能稳定、防火墙组件高效的系统软件，Linux 兼具灵活与安全的特点，同时配置又非常简单，成为许多企业的服务器和防火墙的不二之选。

学习目标

- 了解基本 Linux 命令。
- 掌握 vi 文本的编辑方法。
- 掌握 Linux 网络配置相关知识。
- 掌握环境变量配置。

任务描述

与其他操作系统比，Linux 最大的特点就是灵活，其开源代码常被开发人员用来延展出各种强大的功能。因此，Linux 操作系统在各种大数据应用场景中成为了非常重要的一部分，了解 Linux 操作系统的基础知识是学习大数据运维的重要环节。

任务分析

虽然提供了用户界面，但 Linux 操作系统中的大部分命令还是通过终端来实现，因此，在学习大数据平台搭建和维护之前，要先掌握基本的 Linux 知识。根据需要，本任务主要讲述以下内容：

- 使用 vi 编辑文本的方法。
- 配置 Linux 网络的方法。
- 配置 Linux 环境变量的方法。

任务实施

（一）vi/vim 文本编辑

vi 是 Linux 操作系统中的一个文本编辑器，不同于 Windows 操作系统中的记事本和 Word 等有用户界面的文本编辑软件，vi 没有提供界面和菜单，只有命令，功能强大且高效。vim 是 vi 的增强版，与 vi 编辑器完全兼容。

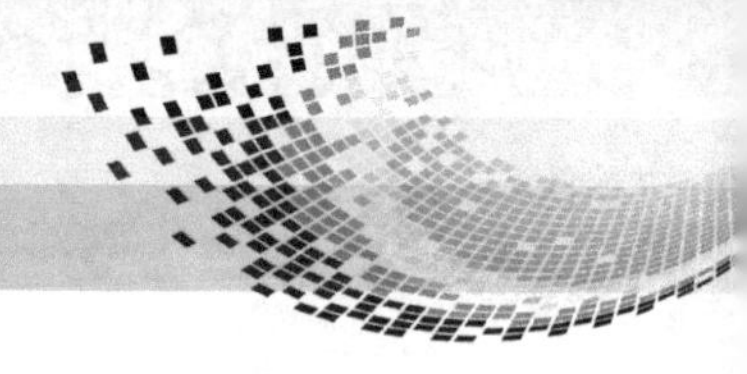

1．进入 vi

在终端中输入命令 vi 就可以进入 vi 编辑器。若要编辑某个文件，则输入“vi+ 文件名”即可，若输入的文件尚未创建，则输入此命令后 vi 会创建一个新的文件。打开虚拟机终端，输入“vi test.md”，如图 1-5-1 所示。

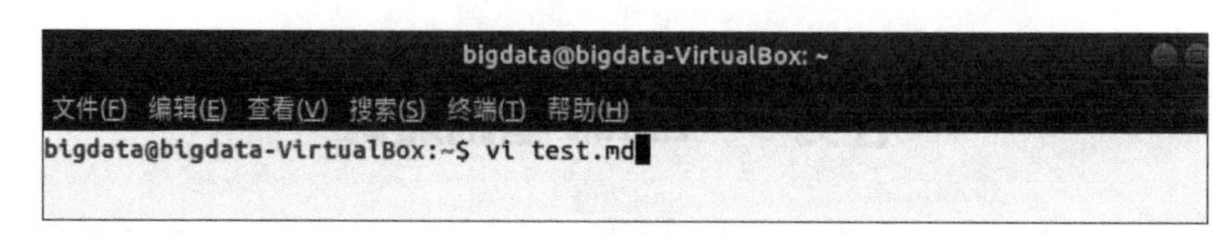

图 1-5-1 进入 vi 编辑器

2．vi 工作模式切换

vi 编辑器有 3 种工作模式：

(1) 命令行模式

命令行模式是进入 vi 编辑器后的默认模式，按 <Esc> 键可切换到命令行模式。命令行模式用于切换文本输入模式和末行命令模式。在命令行模式下输入插入命令“i”、添加命令“a”、删除命令“x”等，都可进入不同状态下的文本输入模式。注意，命令行模式下输入的命令不显示在终端中，若输入不合法命令，则 vi 会提醒警告。

(2) 文本输入模式

编辑文本时使用的模式。在命令行模式下，输入“i”等。

(3) 末行模式

在命令行模式下，输入“:”即可进入末行模式，此时，在终端窗口最后一行会显示“：”。在末行模式下，可通过退出命令“q”、强制命令“！”、保存命令“w”等进行文件管理。如图 1-5-2 所示，进入 test.md 文件编辑框，默认工作模式是命令行模式，输入“a”进入文本输入模式进行文本编辑。

```
bigdata@bigdata-VirtualBox: ~
文件(F) 编辑(E) 查看(V) 搜索(S) 终端(T) 帮助(H)
Hello World
~
~
~
~
~
~
~
~
~
~
~
~
~
~
"test.md" [New File]
```

图 1-5-2 进入 test.md 文件

3．文本编辑

除输入文本外，还要对文本进行修改、删除等其他操作。当光标在输入的字符之后一格时，说明当前处于输入或附加状态。vi 文本编辑器还提供了其他文本编辑模式，例如，要在当前文字中插入新的字符，按 <Esc> 键切换到命令行模式后，将光标移到要插入内容的字符之前，再输入“i”命令进入文本输入模式，光标会覆盖在字符之上，如图 1-5-3 所示，此时输入的文字会自动插入光标字符之前。若要删除文本，则可以切换到命令行模式下，按 <X> 键删除光标下的文本，或使用“dd”命令删除光标所在的整行。

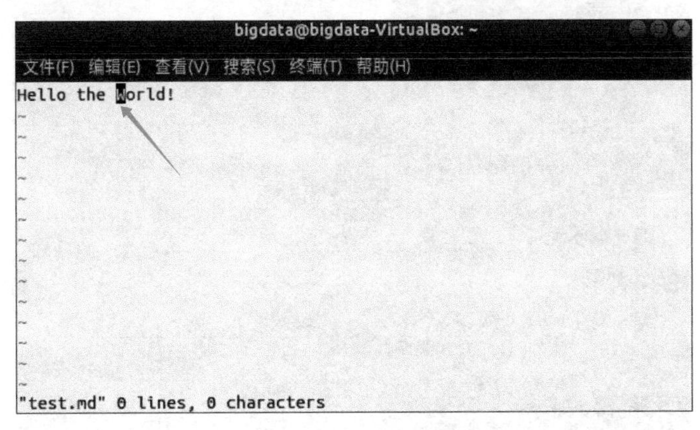

图 1-5-3　文本输入模式

4．退出文本

文本输入完后，可切换到末行模式来执行对文件的管理操作。在末行模式下，按 < : > 键，然后输入“w”和“q”命令，保存文件并退出，如图 1-5-4 所示。

图 1-5-4　保存并退出 vi 编辑器

（二）Linux 网络配置

在 VirtualBox 中，虚拟机的默认网络连接方式为 NAT 模式。在该模式下，虚拟机的 TCP/IP 地址由虚拟网络中的 DHCP 服务器分配，因此，虚拟机无法与局域网中的其他主机进行连接。为了使虚拟机可与物理主机进行远程连接，需要将虚拟机的网络连接方式设置为“桥接模式”，在该模式下，虚拟机就如同局域网中的一台独立主机，可访问同一网段中的

其他主机，也可被同网段中的其他主机访问。

1．检查虚拟机网络连接方式

右键单击虚拟机界面右下角的网络图标，如图 1-5-5 所示，选择“网络”，打开网络设置界面。

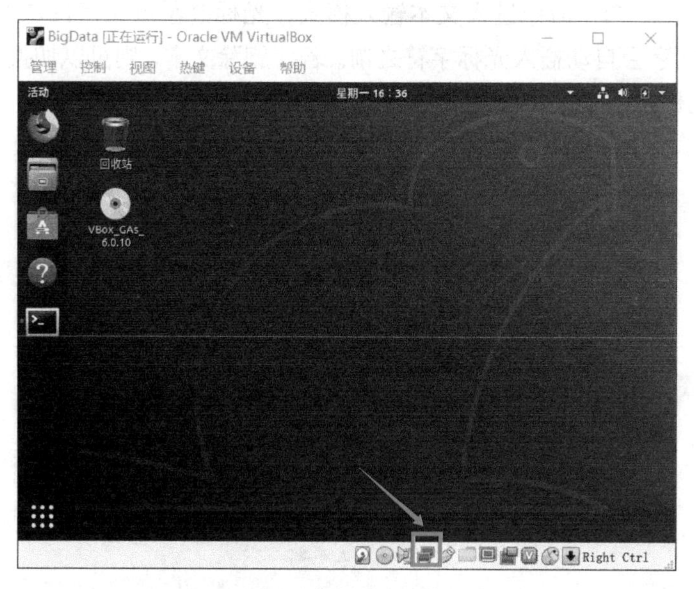

图 1-5-5　检查网络连接方式

查看网络连接方式，若当前连接方式为 NAT 连接方式，则改为“桥接网卡”模式。然后单击“OK”按钮，如图 1-5-6 所示。

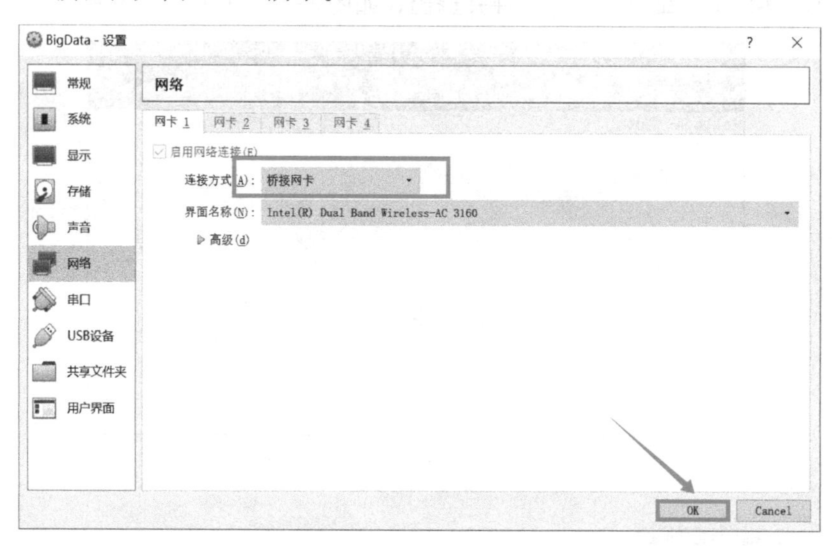

图 1-5-6　修改网络连接方式

2．在虚拟机中安装网络工具

在虚拟机里安装网络工具，打开虚拟机终端，输入命令“sudo apt install net-tools”，如图 1-5-7 所示。

```
bigdata@bigdata-VirtualBox:~$ sudo apt install net-tools
正在读取软件包列表... 完成
正在分析软件包的依赖关系树
正在读取状态信息... 完成
下列【新】软件包将被安装:
  net-tools
升级了 0 个软件包，新安装了 1 个软件包，要卸载 0 个软件包，有 387 个软件包未被升级。
需要下载 194 kB 的归档。
解压缩后会消耗 803 kB 的额外空间。
获取:1 http://cn.archive.ubuntu.com/ubuntu bionic/main amd64 net-tools amd64 1.60+git20
161116.90da8a0-1ubuntu1 [194 kB]
已下载 194 kB，耗时 2秒 (91.4 kB/s)
正在选中未选择的软件包 net-tools。
(正在读取数据库 ... 系统当前共安装有 120414 个文件和目录。)
正准备解包 .../net-tools_1.60+git20161116.90da8a0-1ubuntu1_amd64.deb  ...
正在解包 net-tools (1.60+git20161116.90da8a0-1ubuntu1) ...
正在处理用于 man-db (2.8.3-2ubuntu0.1) 的触发器 ...
正在设置 net-tools (1.60+git20161116.90da8a0-1ubuntu1) ...
```

图 1-5-7　在虚拟机中安装网络工具

3．查看网络接口配置

查看虚拟机网络接口配置，在虚拟机终端中输入“ifconfig”命令，可看到虚拟机的网络配置情况，在 ifconfig 后输入修改 IP 地址的命令“address”、设置子网掩码命令“netmask”、禁用网卡命令“网卡名 down”等，可进行网络接口的相关配置，如图 1-5-8 所示。

```
bigdata@bigdata-VirtualBox:~$ ifconfig
enp0s3: flags=4163<UP,BROADCAST,RUNNING,MULTICAST>  mtu 1500
        inet 192.168.31.40  netmask 255.255.255.0  broadcast 192.168.31.255
        inet6 fe80::65c1:23f5:2f4e:7621  prefixlen 64  scopeid 0x20<link>
        ether 08:00:27:c3:2e:09  txqueuelen 1000  (以太网)
        RX packets 56934  bytes 54724716 (54.7 MB)
        RX errors 0  dropped 0  overruns 0  frame 0
        TX packets 21614  bytes 1656353 (1.6 MB)
        TX errors 0  dropped 0 overruns 0  carrier 0  collisions 0

lo: flags=73<UP,LOOPBACK,RUNNING>  mtu 65536
        inet 127.0.0.1  netmask 255.0.0.0
        inet6 ::1  prefixlen 128  scopeid 0x10<host>
        loop  txqueuelen 1000  (本地环回)
        RX packets 888  bytes 83650 (83.6 KB)
        RX errors 0  dropped 0  overruns 0  frame 0
        TX packets 888  bytes 83650 (83.6 KB)
        TX errors 0  dropped 0 overruns 0  carrier 0  collisions 0

bigdata@bigdata-VirtualBox:~$
```

图 1-5-8　查看虚拟机网络接口配置

（三）Linux 环境变量配置

在 Linux 虚拟机中安装应用程序时，除了下载和安装操作，还需手动配置环境变量，才能使软件在 Linux 系统上运行。Linux 环境变量有两种：

用户级环境变量文件，如“~/.bashrc”“~/.bashrc_login”“~/.bashrc_profile”等，此类文件通常存放在用户目录下。

系统级环境变量文件，如“/etc/bashrc”“/etc/bash_profile”等，此类文件通常存放在根目录下的“/etc”系统配置文件目录下。

1．查看环境变量

在终端输入“env”命令可查看所有环境变量，如图 1-5-9 所示。

```
bigdata@bigdata-VirtualBox:~$ env
```

图 1-5-9　查看环境变量

2．设置环境变量

在终端输入“export PATH=$PATH: 你的应用程序路径”，可直接将安装程序的路径添加到环境变量中，其中，“$PATH”表示变量 PATH 的值，因此，在输入时，要保证所添加的路径为绝对路径。

3．为当前用户添加环境变量

在终端输入“vi ~/.bashrc”可进入主目录下的“.bashrc”文件，将环境变量添加到文件中。编辑完成后，退出 vi 编辑器，在虚拟机终端里输入“source ~/.bashrc”命令，使添加的环境变量生效，如图 1-5-10 所示。

```
bigdata@bigdata-VirtualBox:~$ vi ~/.bashrc
```

图 1-5-10　为当前用户添加环境变量

小　结

在本任务中，主要学习了与大数据运维相关的 Linux 系统基础知识，包括使用 vi 文本编辑器进行文件编辑、配置 Linux 网络环境以及配置 Linux 环境变量。其中 Linux 环境变量为重点，学生配置时要仔细检查输入变量的拼写，课下也要多练习配置环境的操作。

Project 2

项目2
准备Hadoop环境

任务 1 配置 JDK

JDK 是 Java 语言软件开发工具包（Java SE Development Kit）的简称。因 Hadoop 运行的时候需要调用 JDK，所以首先要安装和配置 JDK。JDK 的版本有 32 位、64 位之分，对应 Windows、Linux、Mac OS X、Solaris 等不同的操作系统也有不同的文件，在下载的时候要注意根据实际情况选择正确的下载链接。在熟练掌握 vi 或 vim 文本编辑器的情况下，配置好 JDK 不是难事。

学习目标

- 了解不同版本 JDK 的区别。
- 掌握 JDK 软件包解压安装过程。
- 掌握编写 JDK 环境变量的方法。
- 掌握 JDK 测试方法。

任务描述

训练用 PC 提供了 VirtualBox 下的 ubuntu-desktop-16.04-64 虚拟机一台，PC 已经接入互联网，请从官网下载对应版本的 JDK 安装包，然后将 JDK 安装到虚拟机 Ubuntu 操作系统中，最后通过命令测试 JDK 是否成功安装。

任务分析

本任务实施时有 3 个难点。

- 根据 Ubuntu 的版本选择下载正确版本的 JDK 安装包。
- 能熟练使用 vi、vim 编辑器。
- 准确无误编辑与 JDK 相关的环境变量。

环境变量有两个：JAVA_HOME、CLASSPATH，编写完成后将 %JAVA_HOME%/bin 加入系统 PATH 变量中。

任务实施

码 2-1-1

1．在 Ubuntu 虚拟机中下载 JDK 软件包

码 2-1-2

建议直接在 Ubuntu 虚拟机中下载，下载前，先在 Ubuntu 中使用 sudo uname-m 命令查看 Ubuntu 是 32 位还是 64 位的。如果显示 i686 就是 32 位的，如果显示 x86_64 就是 64 位的。这里选择 1.8.0-181x64 版本，单击“DOWNLOAD”按钮，如图 2-1-1 所示。

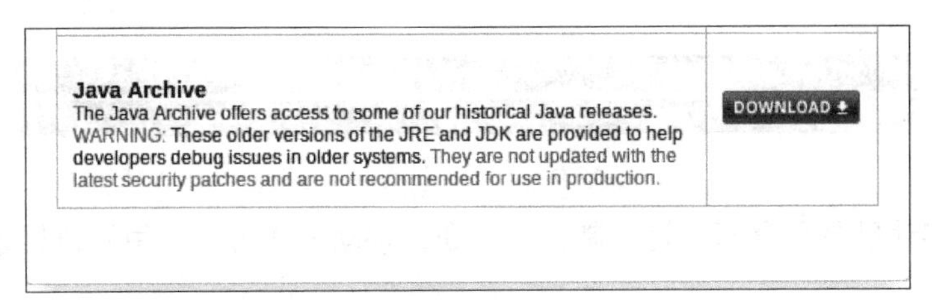

图 2-1-1　下载界面 1

跳转到版本选择页面，如图 2-1-2 所示。

For more information on the transition of products from the legacy Sun download system to the Oracle Technology Network, visit the SDLC Decommission page announcement.

Jump to Java SE | Jump to Java EE | Jump to Java ME | Jump to Java FX

Java SE

- Java SE 11
- Java SE 10
- Java SE 9
- Java SE 8
- Java SE 7

图 2-1-2　下载界面 2

请选择“Java SE 8”后进入下载页面，如图 2-1-3 所示。

Java SE Development Kit 8u181

You must accept the Oracle Binary Code License Agreement for Java SE to download this software.

Thank you for accepting the Oracle Binary Code License Agreement for Java SE; you may now download this software.

Product / File Description	File Size	Download
Linux ARM 32 Hard Float ABI	72.95 MB	jdk-8u181-linux-arm32-vfp-hflt.tar.gz
Linux ARM 64 Hard Float ABI	69.89 MB	jdk-8u181-linux-arm64-vfp-hflt.tar.gz
Linux x86	165.06 MB	jdk-8u181-linux-i586.rpm
Linux x86	179.87 MB	jdk-8u181-linux-i586.tar.gz
Linux x64	162.15 MB	jdk-8u181-linux-x64.rpm
Linux x64	177.05 MB	jdk-8u181-linux-x64.tar.gz
Mac OS X x64	242.83 MB	jdk-8u181-macosx-x64.dmg
Solaris SPARC 64-bit (SVR4 package)	133.17 MB	jdk-8u181-solaris-sparcv9.tar.Z
Solaris SPARC 64-bit	94.34 MB	jdk-8u181-solaris-sparcv9.tar.gz
Solaris x64 (SVR4 package)	133.83 MB	jdk-8u181-solaris-x64.tar.Z
Solaris x64	92.11 MB	jdk-8u181-solaris-x64.tar.gz
Windows x86	194.41 MB	jdk-8u181-windows-i586.exe
Windows x64	202.73 MB	jdk-8u181-windows-x64.exe

Back to top

图 2-1-3　下载页面

先单击“Accept License Agreement”。然后根据实际需要下载。在下载之前需要在Oracle 创建一个账户才能进行，建议使用常用的电子邮箱创建一个 Oracle 账户。

2．将 JDK 解压缩后安装到 /usr/local 目录下

具体安装位置可以自由选择，建议安装到 /opt 或者 /usr/local 目录下。为了方便操作，建议使用 Xshell 连接到虚拟机。后面的安装都可以在 Xshell 中进行。下面将解压缩安装包并将其移动到 /usr/local 目录下，如图 2-1-4 所示。

```
hadoop@master:~/下载$ tar -zxvf jdk-8u181-linux-x64.tar.gz
hadoop@master:~/下载$ sudo mv jdk1.8.0_181 /usr/local/
```

图 2-1-4　解压缩并移动安装包

建议使用移动目录命令而不是复制目录命令，移动操作可以不用修改目录的权限。

3．在 /etc/profile 中编辑环境变量

执行 sudo vi /etc/profile 命令，在文件末尾增加以下内容，如图 2-1-5 所示。

```
# this is java configration
export JAVA_HOME=/usr/local/jdk1.8.0_181
export CLASSPATH=$JAVA_HOME/jre/lib/ext:$JAVA_HOME/lib/tools.jar
export PATH=$JAVA_HOME/bin:$PATH
```

图 2-1-5　修改配置文件

特别注意：不要修改 profile 文件中原有的任何内容。

4．重新加载配置文件 /etc/profile（见图 2-1-6）

```
hadoop@master:~$ source /etc/profile
```

图 2-1-6　重新加载配置文件

如果增加的内容有错误或者错误修改了其他内容，导致所有命令都不能用。请执行以下命令，然后重新使用 vi 打开编辑界面，如图 2-1-7 所示。

```
hadoop@master:~$ export PATH=/bin:/usr/sbin:/usr/bin
```

图 2-1-7　执行命令

5．测试 JDK 是否正确安装

可以输入以下命令，观察到如下输出信息表示安装成功，如图 2-1-8 所示。

```
hadoop@master:~$ java -version
java version "1.8.0_181"
Java(TM) SE Runtime Environment (build 1.8.0_181-b13)
Java HotSpot(TM) 64-Bit Server VM (build 25.181-b13, mixed mode)
```

图 2-1-8　测试命令

6．设置刚安装的 JDK 为 Ubuntu 操作系统默认 JDK

请输入以下两条命令：

```
sudo update-alternatives --install /usr/lib/java java    /usr/local/jdk1.8.0_181/bin/java    300
sudo update-alternatives --install /usr/lib/javac javac    /usr/local/jdk1.8.0_181/bin/javac    300
```

小　结

JDK 目前常用的版本是 11.0.1，相比以前的老版本有比较大的变化，因为目前 Hadoop 都是使用老版本的 JDK 编译，所以建议使用老版本的 JDK。如果有能力自己动手编译 Hadoop 源码也可以尝试。对环境变量 CLASSPATH 的配置要特别注意，配置错误不影响测试命令 java –version 的执行，但可能会影响 Hadoop 的使用，给后面的使用带来隐患。

任务 2　配置 SSH 免密码登录

学习目标

- 了解免密码登录的基本原理。
- 熟练掌握配置单台 Linux 主机免密码登录的方法。
- 熟练掌握配置多台 Linux 主机之间免密码登录的方法。

任务描述

免密码登录简而言之就是不需要密码就可以登录计算机系统。这个功能在由大量计算机系统组成的集群中尤为重要，在开启功能的时候需要频繁登录集群的成员如果不能做到免密登录，则会大大降低集群的效率，甚至无法搭建大数据平台。

免密码登录的关键就是“钥匙圈”（authorized_keys，授权密钥），也称“登录凭证”。只要“钥匙圈”上有 A 房间的钥匙，就能开启 A 房间。所以，需要将登录计算机的“密钥”串在一起，组成一个“钥匙圈”，然后将这个存储有多个密钥的“钥匙圈”复制到目标计算机上，目标计算机就实现了免密码登录。

任务分析

在 Oracle VM VirtualBox 6.0 中安装两台 ubuntu-16.04-desktop 虚拟机。先在单台虚拟机中实现免密码登录，然后将做好的“钥匙圈”逐个复制到另外两台虚拟机中。这个过程中有 3 个关键命令需要熟悉：

- SSH 登录某主机：ssl 主机名（或 IP）。
- 生成登录凭证：ssh-keygen -t rsa。
- 将公钥输出到登录凭证：cat id_rsa.pub >> authorized_keys。

码 2-2-1

任务实施

1. 在虚拟机上安装 SSH 并启动 SSH 服务，如果已经安装则跳过此步骤

命令如下：

```
sudo apt-get install openssh-server –y
sudo service ssh start
```

码 2-2-2

码 2-2-3

2. 复制当前虚拟机生成另外一台虚拟机

在复制虚拟机之前，如果 home 目录下已经存在 .ssh 目录，请先删除，命令如下：

```
rm -rf ~/.ssh
```

在复制虚拟机的过程中注意：原虚拟机要处于关闭状态、新虚拟机的名称要区别于原虚拟机、新虚拟机的网卡 MAC 地址需要重新分配。因为复制过程耗时较长，建议提前准备。详细过程如图 2-2-1 ～图 2-2-5 所示。

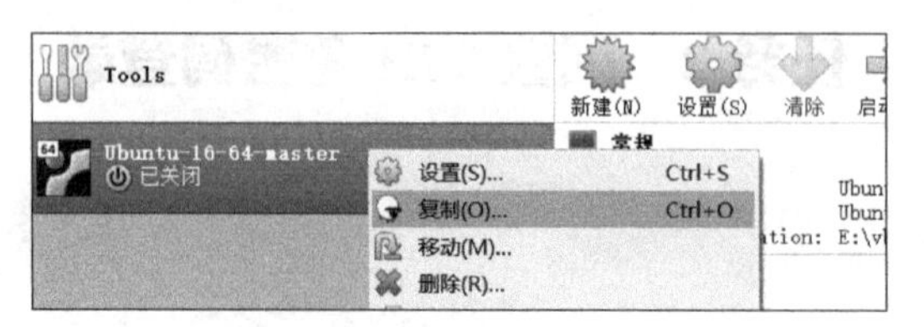

图 2-2-1　复制虚拟机

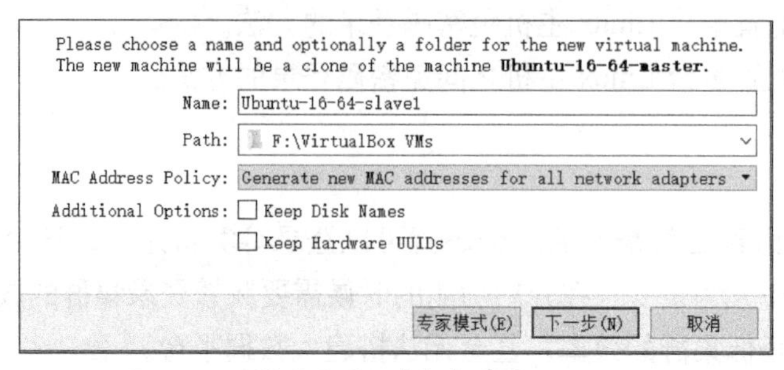

图 2-2-2　虚拟机命名

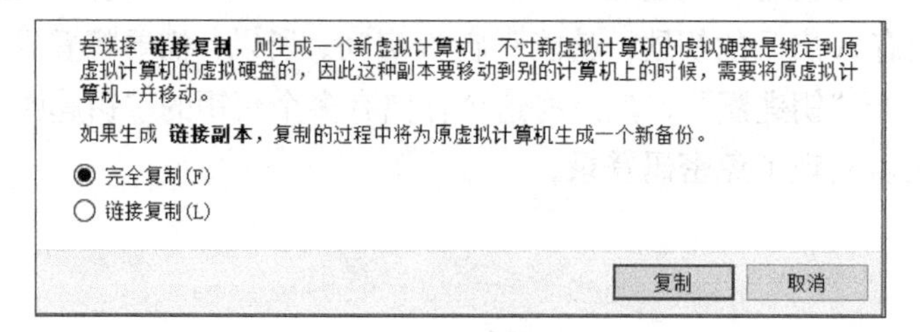

图 2-2-3　复制模式

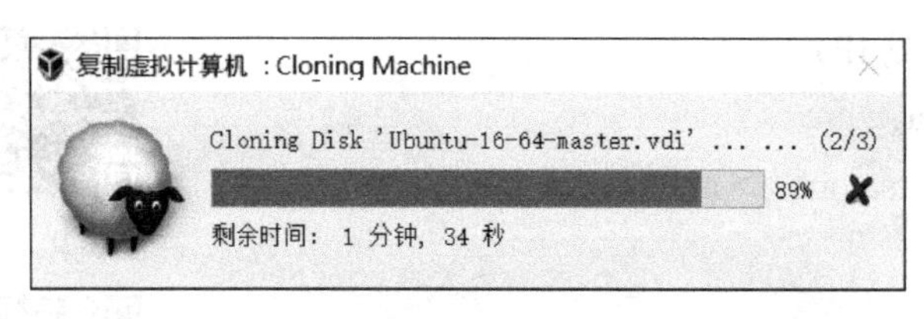

图 2-2-4　复制过程

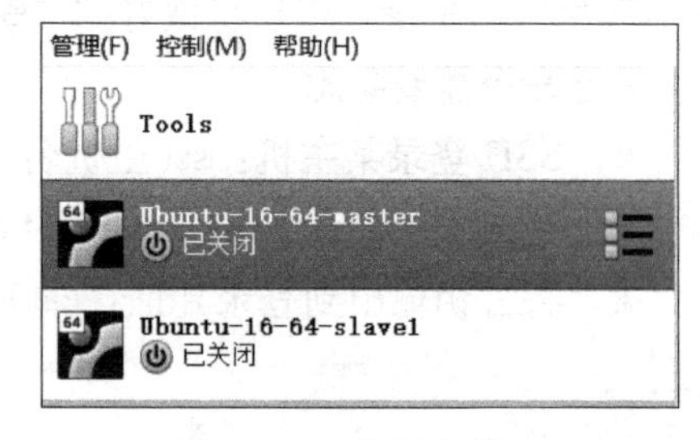

图 2-2-5　复制完成

下面，称原虚拟机为一号机，复制生成的新虚拟机为二号机。在开始配置前，建议使用 Xshell 在不同选项卡上分别连接到这两台虚拟机，以提高操作效率，如图 2-2-6 所示。

图 2-2-6　虚拟机窗口

3．在一号机创建免密码登录

（1）在终端窗口或 Xshell 命令窗口输入以下命令，SSH 登录本机

```
ssh localhost
```

接下来继续输入 yes 和用户密码，完成 SSH 登录，系统将在用户目录下创建 .ssh 子目录，并在此目录下创建一个名为 known_hosts 的文件，如图 2-2-7 所示。

（2）在 .ssh 目录中生成登录私钥和公钥

执行以下命令，生成私钥和公钥。执行过程中，人机对话全部按 <Enter> 键，使用默认值。

```
ssh-keygen –t rsa
```

命令完成后，在用户 home 目录的 .ssh 子目录下又生成了两个文件 id_rsa 和 id_rsa.pub，它们就是私钥和公钥，其中公钥在后面的步骤中需要输出到登录凭证中，如图 2-2-8 所示。

```
hadoop@master:~$ cd .ssh
hadoop@master:~/.ssh$ ls
known_hosts
hadoop@master:~/.ssh$
```

图 2-2-7　目录内容

```
hadoop@master:~$ cd .ssh
hadoop@master:~/.ssh$ ls
id_rsa  id_rsa.pub  known_hosts
hadoop@master:~/.ssh$
```

图 2-2-8　文件列表

（3）将公钥输出到登录凭证中

进入 ~/.ssh 目录，执行以下命令，生成登录凭证，如图 2-2-9 所示。

```
hadoop@master:~$ cd .ssh
hadoop@master:~/.ssh$ cat id_rsa.pub >> authorized_keys
hadoop@master:~/.ssh$ ls
authorized_keys  id_rsa  id_rsa.pub  known_hosts
hadoop@master:~/.ssh$
```

图 2-2-9　生成凭证

此时，.ssh 目录下生成了一个新文件 authorized_key，这个文件就是前面所说的登录凭证（钥匙圈）。

（4）测试本机免密登录

执行 ssh localhost，如果不再需要输入密码就可以登录，则说明配置成功，否则，需要将 .ssh 目录删除后，从第（1）步开始再操作一遍，直到成功为止。

4．将二号机加入免密登录

（1）在二号机 SSH 登录本机

在二号机执行以下命令：

```
ssh localhost
```

接下来继续输入：yes 和用户密码，完成 SSH 登录的同时在 home 目录创建 .ssh 目录。

（2）在二号机创建登录公钥和私钥

操作过程与一号机相同。

```
ssh-keygen –t rsa
```

（3）将一号机生成的登录凭证复制到二号机，如图 2-2-10 所示，此命令在一号机执行

```
hadoop@master:~$ scp /home/hadoop/.ssh/authorized_keys hadoop@192.168.200.31:~/.ssh
The authenticity of host '192.168.200.31 (192.168.200.31)' can't be established.
ECDSA key fingerprint is SHA256:VgyDdkeQEmesGodyezpy1YJHEHmTeIwIWN/EvGhUDp4.
Are you sure you want to continue connecting (yes/no)? yes
Warning: Permanently added '192.168.200.31' (ECDSA) to the list of known hosts.
hadoop@192.168.200.31's password:
authorized_keys
hadoop@master:~$
```

图 2-2-10　复制凭证

注意：在二号机的 ~/.ssh 目录下存在登录凭证 authorized_keys，但此文件来源于一号机。在复制过程中因为一号机需要登录二号机才能完成复制，所以此过程需要输入二号机的登录密码。

（4）将二号机的公钥加入到登录凭证中

在二号机执行命令，如图 2-2-11 所示。

```
hadoop@slave1:~/.ssh$ ls
authorized_keys  id_rsa  id_rsa.pub  known_hosts
hadoop@slave1:~/.ssh$ cat id_rsa.pub >> authorized_keys
```

图 2-2-11　加入二号机公钥

注意：在执行完成上面的命令后，登录凭证 authorized_keys 中已包含一号机、二号机共两个公钥。

（5）包含两个公钥的登录凭证制作完毕

如果集群中的节点超过两个，也是参照二号机的方法制作，最后那个节点的登录凭证才是包含所有节点公钥的有效登录凭证，这个凭证将会被分发到其他所有节点上。

5．将二号机的登录凭证复制到一号机

（1）从一号机上删除登录凭证

执行如图 2-2-12 所示的命令。

```
hadoop@master:~$ cd .ssh
hadoop@master:~/.ssh$ rm -f  authorized_keys
```

图 2-2-12　删除凭证

（2）将二号机的登录凭证复制到一号机

在二号机执行如图 2-2-13 所示的命令。

```
hadoop@slave1:~$ scp /home/hadoop/.ssh/authorized_keys hadoop@192.168.200.30:~/.ssh
The authenticity of host '192.168.200.30 (192.168.200.30)' can't be established.
ECDSA key fingerprint is SHA256:VgyDdkeQEmesGodyezpy1YJHEHmTeIwIWN/EvGhUDp4.
Are you sure you want to continue connecting (yes/no)? yes
Warning: Permanently added '192.168.200.30' (ECDSA) to the list of known hosts.
hadoop@192.168.200.30's password:
authorized_keys
hadoop@slave1:~$
```

图 2-2-13　复制凭证

注意：在操作过程中需要输入一号机的密码。

6．测试

（1）在一号机和二号机上测试

```
ssh localhost
ssh 192.168.200.30  # 一号机的 IP 地址
ssh 192.168.200.31  # 二号机的 IP 地址
```

如果登录过程中都不需要输入密码，即使需要确认是否登录（输入 yes），也表示配置成功。

（2）如果已经配置好了本地解析（/etc/hosts），也可以用以下命令测试

```
ssh master
ssh slave1
```

小　结

配置集群各节点之间免密码登录，关键是掌握公钥、私钥以及登录凭证的作用和制作命令。基本原理就是日常生活中的“钥匙圈”。在配置过程中，出现错误的时候可以删除 .ssh 目录后重新配置。authorized_keys 是要重点保护的文件，当集群中节点比较多的时候，要清晰记录生成顺序，每次生成或加入公钥后要做好备份，避免发生错误后又要从头开始配置。

任务 3　Hadoop 文件和目录结构

学习目标

- 掌握获取 Hadoop-2.7 的方法。
- 熟悉 Hadoop-2.7 的目录结构。
- 了解安装 Hadoop 的基本步骤。

任务描述

Hadoop 是由 Apache 基金会开发的一个开源分布式基础架构。用户可从官方网站获取所需版本的 Hadoop 软件。下载的时候，除了注意版本不同之外，还要区分源代码和已经编译好的执行代码。对于初学者，适合下载已经编译好的执行代码。下载到本地的压缩包要经过解压缩，然后复制到指定的安装目录。熟悉 Hadoop 系统目录结构、每个目录大致的作用，是学习配置 Hadoop 的基础。

任务分析

因 Hadoop 官网是英文网站，在开始学习之前，有必要记住几个单词：download（下载）、version（版本）、source（源代码）、binary（执行代码）。Hadoop 官方网站服务器在美国，国内用户下载速度不太稳定。一般选择大学的镜像站点下载。下载到本地的是一个扩展名为 .tar.gz 的压缩包，需要用 tar 命令解压缩。考虑到校园网带宽问题，也可以由教师先行下载后在局域网内分发到学生计算机中。

不能在虚拟机直接下载或虚拟机无法连接互联网的用户面临一个重要问题：如何将获得的安装包传送到虚拟机中。这里提供两种方案：一是利用 Oracle VM VirtualBox 的“共享文件夹”在宿主机和虚拟机之间传送文件。二是在宿主机使用 Xftp 或 FileZilla 来传送文件到虚拟机中。

本任务将解决下面 4 个问题：

- 在 Hadoop 官方网站下载 2.7 版本的执行代码包。
- 将压缩包解压缩到指定的安装目录。
- 熟悉 Hadoop 系统目录结构。
- 了解配置 Hadoop 的基本流程，为下一步配置打好基础。

任务实施

1．下载 Hadoop 并发送到虚拟机

(1) 根据需要自行下载正确的版本

官方网站上没有提供 32 位或 64 位版本的明确下载地址，只提供了某个版本的编译包（binary）和源代码包（source），有能力的同学可以下载源代码包自行编译成 32 位或 64 位的版本，为了兼容，下载的编译包一般是 64 位的。建议安装 Ubuntu 时也选择 64 位。

操作系统安装完成后，可以使用以下命令查询虚拟机中 Ubuntu 的版本。

显示 x86_64 就是 64 位，显示 i686 就是 32 位，如图 2-3-1 所示。

```
hadoop@master:~$ uname -a
Linux master 4.15.0-43-generic #46~16.04.1-Ubuntu SMP Fri Dec 7 13:3
1:08 UTC 2018 x86_64 x86_64 x86_64 GNU/Linux
hadoop@master:~$
```

```
kkk@kkk-VirtualBox:~$ uname -a
Linux kkk-VirtualBox 4.8.0-22-generic #24-Ubuntu SMP Sat Oct
8 09:14:42 UTC 2016 i686 i686 i686 GNU/Linux
kkk@kkk-VirtualBox:~$
```

图 2-3-1　查询 Ubuntu 版本

进入官方网站后，下载页面上显示的是最常用版本的下载地址，建议进入全版本下载列表，以便于挑选。请单击“Apache release archive”链接，如图 2-3-2 所示。

All previous releases of Hadoop are available from the Apache release archive site.
Many third parties distribute products that include Apache Hadoop and related tools.

图 2-3-2　下载信息

选择 2.7.0 版本，在打开的下载页面上选择 201MB 的 tar 包下载，如图 2-3-3 所示。

Name	Last modified	Size	Description
Parent Directory		-	
hadoop-2.7.0-src.tar.gz	2015-04-21 16:47	17M	
hadoop-2.7.0-src.tar.gz.asc	2015-04-21 16:47	535	
hadoop-2.7.0-src.tar.gz.mds	2015-04-21 16:47	1.7K	
hadoop-2.7.0.tar.gz	2015-04-21 16:47	201M	
hadoop-2.7.0.tar.gz.asc	2015-04-21 16:47	535	
hadoop-2.7.0.tar.gz.mds	2015-04-21 16:47	1.6K	

图 2-3-3　下载列表

先将下载的编译包在 Ubuntu 操作系统中解压缩，然后进入 $hadoop_home/lib/native 目录，用 file 命令检查 libhadoop.so.1.0.0 文件，如图 2-3-4 所示。

```
hadoop@master:~/hadoop-2.7.3/lib/native$ file libhadoop.so.1.0.0
libhadoop.so.1.0.0: ELF 64-bit LSB shared object, x86-64, version 1
(SYSV), dynamically linked, BuildID[sha1]=b65d38ef07f0484f5f22d0c404
08e7a50913b574, not stripped
hadoop@master:~/hadoop-2.7.3/lib/native$
```

图 2-3-4　检查文件版本

可以发现编译的版本是 64 位。

（2）使用 Oracle VM VirtualBox 的共享文件夹传送安装包到虚拟机

如果无法在 Ubuntu 中直接下载 Hadoop 安装包，则要想办法将 Windows 宿主机中下载的安装包传送到 Ubuntu 虚拟机中。先在 VirtualBox 中设置共享文件夹，如图 2-3-5 所示。

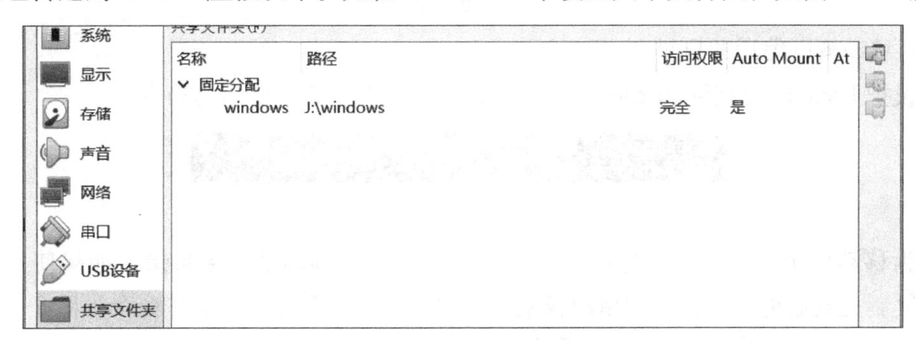

图 2-3-5　创建共享文件夹

将 Hadoop 安装包复制到图 2-3-5 所示的“J：\windows”目录中，在虚拟机中就可以访问到，如图 2-3-6 所示。

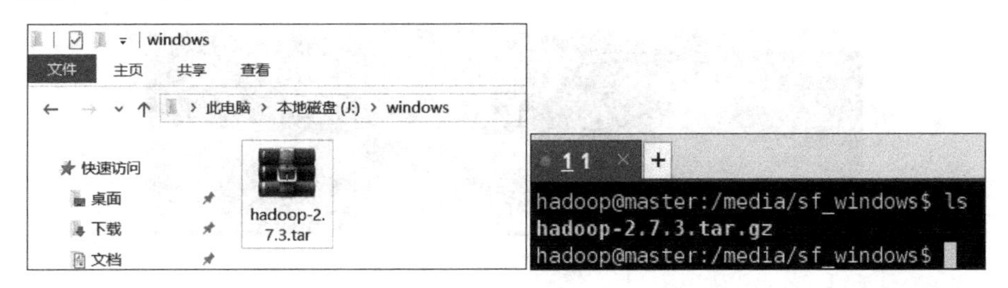

图 2-3-6　Hadoop 安装包

（3）使用 Xftp 传送安装包到虚拟机中

Xftp 是 SFTP 和 FTP 文件传送工具，要求目标主机安装并开启 SSH 服务。也可以使用 FileZilla，功能差不多。新建目标主机的时候，需要配置 IP 地址、端口、用户名、密码。特别注意使用 SFTP，而不要使用 FTP。连接成功后如图 2-3-7 所示，从左边窗口拖动文件到右边窗口就可以完成传送项目。

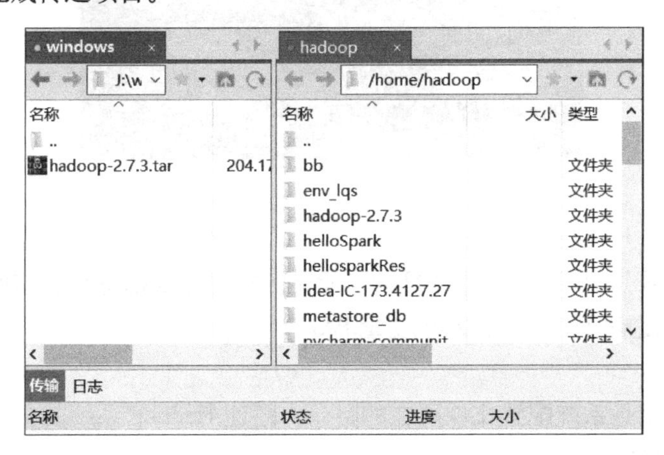

图 2-3-7　传送安装包

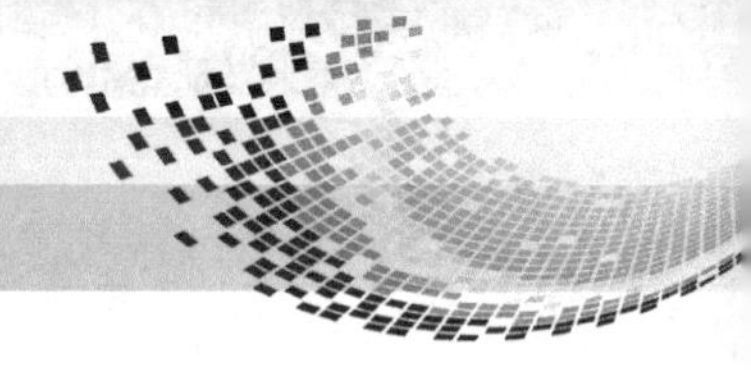

2．解压缩并设置权限

（1）解压缩安装包（见图 2-3-8）

```
hadoop@master:~$ tar -xzvf hadoop-2.7.3.tar.gz
```

图 2-3-8　解压缩安装包

（2）移动解压缩后的目录到指定目录

假设把 Hadoop 安装到 /usr/local 目录下，执行如图 2-3-9 所示的命令。

```
hadoop@master:~$ sudo mv hadoop-2.7.3  /usr/local/
[sudo] hadoop 的密码：
```

图 2-3-9　移动目录

因为移动目录不会改变目标的权限，所以推荐使用移动到安装目录。如果使用复制的方式，复制完成后请修改目录的用户权限和群组权限到当前用户。具体命令见图 2-3-10。

（3）查看目录权限如图 2-3-11 所示。

```
hadoop@master:/usr/local$ sudo chown -R hadoop:hadoop hadoop-2.7.3
```

图 2-3-10　修改目录权限命令

```
hadoop@master:/usr/local$ ll
总用量 60
drwxr-xr-x 15 root   root   4096 1月  22 10:03 ./
drwxr-xr-x 11 root   root   4096 2月  16  2017 ../
drwxr-xr-x  2 root   root   4096 1月  21  2018 bin/
drwxr-xr-x  2 root   root   4096 2月  16  2017 etc/
drwxr-xr-x  2 root   root   4096 2月  16  2017 games/
drwxr-xr-x  9 hadoop hadoop 4096 8月  18  2016 hadoop-2.7.3/
```

图 2-3-11　查看目录权限

3．了解 Hadoop 目录结构。

Hadoop 系统目录结构如图 2-3-12 所示。

```
hadoop@master:/usr/local/hadoop-2.7.3$ tree -L 1
.
├── bin
├── etc
├── include
├── lib
├── libexec
├── LICENSE.txt
├── NOTICE.txt
├── README.txt
├── sbin
└── share
```

图 2-3-12　目录结构

（1）命令目录

bin 和 sbin 目录是 Hadoop 的命令目录，所有的执行命令都保存在这两个目录中。在后续操作中，将会把这两个目录加入环境变量 PATH 中。

（2）配置目录

etc/hadoop 目录是系统配置文件所在的目录。搭建 Hadoop 系统的主要工作就是编写这个目录下的多个配置文件。

(3) 扩展目录

share 目录是系统 jar 包所在的目录。

(4) MapReduce 关键 jar 包

对于初学者而言，与 MapReduce 关系密切的 jar 包有两个。分别是：

1) hare/hadoop/mapreduce/hadoop-mapreduce-examples-2.7.3.jar。

2) share/hadoop/tools/lib/hadoop-streaming-2.7.3.jar。

第一个 jar 包中包含 Hadoop 系统自带的 wordcount 和 grep 测试案例，第二个 jar 包用于执行非 Java 版 MapReduce 程序。建议将这两个 jar 包复制到用户 home 目录下。

4. Hadoop 配置流程

(1) 配置环境变量

与 Hadoop 相关的环境变量位于 /etc/profile 文件中，变量名为 HADOOP_HOME，变量名必须大写。此外，还要将 $HADOOP_HOME/bin 和 $HADOOP_HOME/sbin 加入系统环境变量 PATH 中。

(2) 配置 Hadoop 变量

Hadoop 变量有两个：HADOOP_COMMON_LIB_NATIVE_DIR 和 HADOOP_OPTS，也需要用 export 命令在 /etc/profile 文件中导入环境变量。

(3) 配置 Hadoop 专用文件

Hadoop 专用配置文件有 6 个，根据 Hadoop 的运行模式取舍，见表 2-3-1。

表 2-3-1 配置文件列表

模　式	配置文件
单机模式	hadoop-env.sh
伪分布模式	core-site.xml hdfs-site.xml hadoop-env.sh
集群模式 / 高可用模式	core-site.xml hdfs-site.xml yarn-site.xml mapred-site.xml.template-> mapred-site.xml hadoop-env.sh slaves

小　结

在本任务中，先从 Hadoop 官网下载开源压缩包，然后使用 SFTP 工具或 Oracle VM VirtualBox 共享文件夹传送到 Ubuntu 虚拟机中，解压缩后将 Hadoop 安装到指定目录，最后讲述 Hadoop 的目录结构以及不同工作模式需要配置的文件。可以为后期 Hadoop 大数据平台的搭建打好基础。教师在教学过程中，需要根据教学环境灵活地变更操作过程，比如，学生机接入互联网和没有接入互联网，传送 Hadoop 包到虚拟机的方式就不一样；是使用云环境 + 虚拟机教学还是使用物理计算机 + 虚拟机教学也需要作出局部调整。

Project 3

项目3
搭建Hadoop大数据平台

任务 1　配置单机模式 Hadoop

学习目标

- 掌握配置 Hadoop 单机模式的方法。
- 掌握测试 Hadoop 的方法。
- 正确区分 Hadoop 的 3 种模式。
- 了解 Hadoop 命令提交格式。

任务描述

本任务将从搭建最简单的 Hadoop 大数据平台——单机模式 Hadoop 入手。通过对项目 2 的学习，在 JDK 配置完成的前提下，已经将 Hadoop 系统文件复制到 /usr/local 目录下。本任务学习的内容是配置好单机模式 Hadoop 并测试两个案例，为 Hadoop 伪分布和集群搭建打基础。

任务分析

单机模式 Hadoop 的特点就是，不使用分布式文件系统（Hadoop Distributed File System，HDFS），所有待处理的数据和结果都在本地保存。伪分布模式需要建立 HDFS，只是在一台机器上实现分布式，所以称为“伪分布”，这种模式最接近于真正的分布式，一般用于系统调试。集群模式和高可用模式是在多台机器之间创建统一的 HDFS，数据与处理结果保存在 HDFS 中，是 Hadoop 的企业应用场景。因此，单机模式只需要配置好 Hadoop 的基本环境，在本地准备好测试数据。WordCount 案例需要准备一篇含若干段英文的短文，可以自己编写或在网站上下载，替换修改其中一些单词，保证一些单词重复出现。grep 案例需要一些文件，这些文件中均包含某些相同的字符串。可以以 $HADOOP_HOME/etc/hadoop 下的文件为目标，建议将这些文件复制到 ~/file-in 子目录下作为案例数据。本任务涉及的基本原理如下：

1）配置 Hadoop 其实就是设置 Hadoop 的 HOME 变量；将 bin 和 sbin 目录下的命令查找路径加入系统变量 PATH 中；然后在 Hadoop 配置文件中指明 JDK（Java）的位置。需要编辑的文件有两个：/etc/profile、$HADOOP_HOME/etc/hadoop/Hadoop-env.sh。

2）WordCount 案例是 Hadoop 系统附带的测试案例。主要功能是利用 Hadoop 的 MapReduce 框架程序统计一篇英文文章的单词及个数。MapReduce 程序已经包含在案例 jar 包 hadoop-mapreduce-examples-2.7.3.jar 中，可以直接调用。

3）grep 案例的功能是利用 Hadoop 的 MapReduce 程序统计某目录下文件中包含某关键字的个数，MapReduce 程序也是包含在 hadoop-mapreduce-examples-2.7.3.jar 中。与 WordCount 案例一样，也需要准备案例数据。

4）在编辑配置文件的时候，建议使用 Xshell 远程连接到虚拟机，不推荐直接在虚拟机中操作。另外，目录名、文件名请复制粘贴名称到配置文件中，避免输入错误。配置文件中重复出现的关键字和代码段也请使用复制粘贴的方法输入，这样既能避免发生错误还能提高效率，如果能熟练使用复制粘贴快捷键，将大幅度提高操作效率。

任务实施

1. 配置单机模式 Hadoop

码 3-1-1

（1）配置环境变量

1）编辑 /etc/profile，如图 3-1-1 和图 3-1-2 所示。

```
hadoop@master:~$ sudo vi /etc/profile
```

图 3-1-1 编辑环境变量文件

```
export HADOOP_HOME=/usr/local/hadoop-2.7.3
export PATH=$HADOOP_HOME/bin:$HADOOP_HOME/sbin:$PATH
export HADOOP_COMMON_LIB_NATIVE_DIR=$HADOOP_HOME/lib/native
export HADOOP_OPTS="-Djava.library.path=$HADOOP_HOME/lib:$HADOOP_COMMON_LIB_NATIVE_DIR"
```

图 3-1-2 增加的文件内容

2）加载 /etc/profile，如图 3-1-3 所示。

```
hadoop@master:~$ source /etc/profile
```

图 3-1-3 加载环境变量文件

注意：如果加载的时候报错，则说明编辑的代码有错误，请仔细检查代码，修正后再次加载。即使暂时没有报错，在下一步测试中发生错误，此代码中可能还存在错误，需要反复检查，直到完成正确为止。还有因为代码错误导致 vi 命令不能使用，此时，需要输入 /usr/bin/vi /etc/profile 来再次修改 profile 文件。

（2）配置 Hadoop 变量

编辑 hadoop-env.sh 文件，文件位于目录（具体目录请根据实际安装目录调整）/usr/local/hadoop-2.7.3/etc/hadoop 中，如图 3-1-4 所示。

```
hadoop@master:/usr/local/hadoop-2.7.3/etc/hadoop$ vi hadoop-env.sh
```

图 3-1-4 编辑配置文件 hadoop-env.sh

将 JAVA_HOME 目录和 HADOOP_CONF_DIR 目录修改为绝对路径，如图 3-1-5 和图 3-1-6 所示。

```
# The java implementation to use.
# export JAVA_HOME=${JAVA_HOME}
export JAVA_HOME=/usr/local/jdk1.8.0_181
```

图 3-1-5 配置文件 hadoop-env.sh 内容 1

```
# export HADOOP_CONF_DIR=${HADOOP_CONF_DIR:-"/etc/hadoop"}
export HADOOP_CONF_DIR=/usr/local/hadoop-2.7.3/etc/hadoop
```

图 3-1-6 配置文件 hadoop-env.sh 内容 2

（3）测试 Hadoop 版本信息，如图 3-1-7 所示

```
hadoop@master:~$ hadoop version
Hadoop 2.7.3
Subversion https://git-wip-us.apache.org/repos/asf/hadoop.git -r baa91f7c6bc9cb92be5982de4719c
Compiled by root on 2016-08-18T01:41Z
Compiled with protoc 2.5.0
From source with checksum 2e4ce5f957ea4db193bce3734ff29ff4
This command was run using /usr/local/hadoop-2.7.3/share/hadoop/common/hadoop-common-2.7.3.jar
```

图 3-1-7　测试 Hadoop 版本信息

如果能正确显示 Hadoop 的版本信息，表明配置成功。

2. WordCount 案例

(1) 准备数据和程序

打开 Hadoop 官方网站，直接将 Hadoop 英文介绍复制下来作为案例数据，保存到 ~/input/Hadoop.txt 中，部分内容如图 3-1-8 所示，操作过程如图 3-1-9 所示。

The Apache™ Hadoop® project develops open-source software for re

The Apache Hadoop software library is a framework that allows for the
clusters of computers using simple programming models. It is designe
machines, each offering local computation and storage. Rather than re
itself is designed to detect and handle failures at the application layer,
cluster of computers, each of which may be prone to failures.

图 3-1-8　案例文档

```
hadoop@master:~$ mkdir input
hadoop@master:~$ cd input
hadoop@master:~/input$ vi hadoop.txt
```

图 3-1-9　创建目录编辑文件

将 hadoop-mapreduce-examples-2.7.3.jar 文件复制到 ~ 目录中，如图 3-1-10 所示。

```
hadoop@master:/usr/local/hadoop-2.7.3/share/hadoop/mapreduce$ cp hadoop-mapreduce-examples-2.7.3.jar ~
```

图 3-1-10　复制案例 jar 包

(2) 执行测试程序，如图 3-1-11 所示

```
hadoop@master:~$ hadoop jar hadoop-mapreduce-examples-2.7.3.jar wordcount ~/input ~/output
```

图 3-1-11　执行测试程序命令

看到下面的信息即表示执行成功，如图 3-1-12 所示。

```
Job job_local1693428667_0001 completed successfully
```

图 3-1-12　执行成功

命令格式说明：

1）jar hadoop-mapreduce-examples-2.7.3.jar　# 执行具体的 jar 包。

2）wordcount　# jar 包中的一个处理类 (class) wordcount。

3）~/input　　# wordcount 执行方法的第一个参数，表示输入数据目录。

4）~/output　　# wordcount 执行方法的第二个参数，表示输出数据目录。

注意：如果再次执行测试程序，请先删除 output 目录，否则会报错，如图 3-1-13 所示。

```
Output directory file:/home/hadoop/output already exists
```

图 3-1-13　出错信息

(3) 查看运行结果，如图 3-1-14 和图 3-1-15 所示

```
hadoop@master:~$ cd output
hadoop@master:~/output$ ls
part-r-00000  _SUCCESS
```

图 3-1-14 输出目录

```
Apache  1
Apache™ 1
Hadoop  1
Hadoop® 1
It      1
Rather  1
The     2
a       3
across  1
allows  1
and     2
application     1
at      1
be      1
cluster 1
clusters        1
```

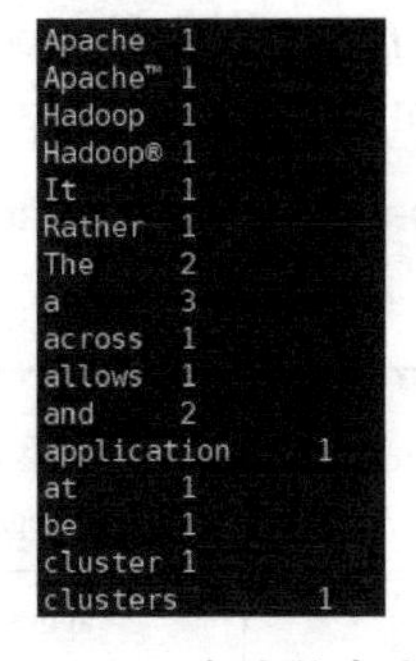

图 3-1-15 部分输出结果

part-r-00000 文件就是执行结果。使用 vi part-r-00000 命令可以查看详细统计结果。

3．grep 案例

(1) 数据准备

在~目录下建立 file-in 子目录，并将 $HADOOP_HOME/etc/hadoop 下的所有文件复制到这个目录中（共有 29 个文件），如图 3-1-16 所示。

```
hadoop@master:~$ mkdir file-in
hadoop@master:~$ cp /usr/local/hadoop-2.7.3/etc/hadoop/* ~/file-in/
hadoop@master:~$ cd file-in
hadoop@master:~/file-in$ ls
capacity-scheduler.xml  hadoop-env.cmd               hadoop-policy.xml
configuration.xsl       hadoop-env.sh                hdfs-site.xml
container-executor.cfg  hadoop-metrics2.properties   httpfs-env.sh
core-site.xml           hadoop-metrics.properties    httpfs-log4j.properties
hadoop@master:~/file-in$ 
```

图 3-1-16 目录列表

(2) 执行测试程序，如图 3-1-17 所示

```
hadoop@master:~$ hadoop jar hadoop-mapreduce-examples-2.7.3.jar grep ~/file-in ~/file-out 'dfs[a-z.]+'
```

图 3-1-17 执行程序

执行命令格式说明：

1）末尾‘dfs[a-z.]+’是正则表达式，匹配 dfs 开头的所有字符串。

2）其余参数与 WordCount 案例相同。

(3) 查看执行结果，如图 3-1-18 和图 3-1-19 所示

```
hadoop@master:~$ cd file-out
hadoop@master:~/file-out$ ls
part-r-00000  _SUCCESS
```

图 3-1-18 输出目录

```
6       dfs.audit.logger
4       dfs.class
3       dfs.server.namenode.
2       dfs.period
2       dfs.audit.log.maxfilesize
2       dfs.audit.log.maxbackupindex
1       dfsmetrics.log
1       dfsadmin
1       dfs.servers
1       dfs.file
```

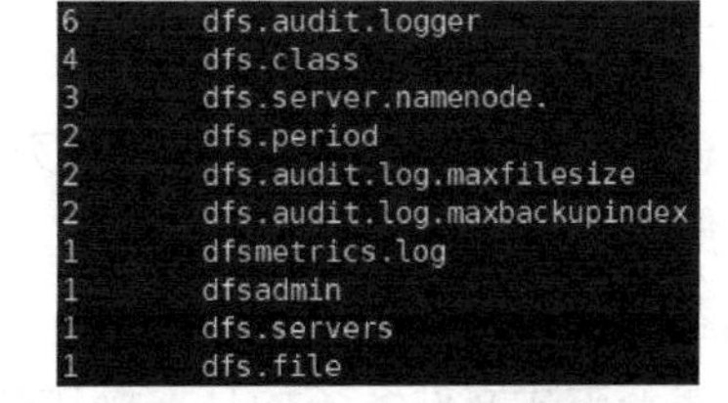

图 3-1-19 输出结果

小　结

WordCount 案例仅能处理英文文档，不能处理中文文档，因为英文文档中的单词是用空

格来分割的，而中文文档不是。中文文档词语的处理要借助于专用中文分词模块，有兴趣的同学可以去了解 jieba 分词。hadoop-mapreduce-examples-2.7.3.jar 包中含有多个 MapReduce 案例，部分案例见表 3-1-1，想探究的同学可以自己准备数据。详细的案例信息大家可以执行 yarn jar hadoop-mapreduce-examples-2.7.3.jar 命令获取。

表 3-1-1　部分 MapReduce 案例

序　号	名　称	描　述
1	aggregatewordcount	基于聚合，计算输入文件中的文字个数
2	aggregatewordlist	基于聚合，生成输入文件中的文字个数的统计图
3	grep	计算输入文件中符合正则表达式的文字个数
4	join	对平均分隔的数据集进行合并排序
5	multifilewc	计算多个文件的字数
6	pentomino	解决五格拼版问题的分块分层
7	pi	使用蒙地卡罗法计算 PI 值
8	randomtextwriter	在每个节点上写 10GB 随机文本
9	randomwriter	在每个节点上写 10GB 随机数据
10	sleep	在每个 Map 和 Reduce 之间休息的程序
11	sort	对随机写入的数据进行排序
12	sudoku	一个九宫格游戏
13	wordcount	在输入文件中统计文字个数
14	teragen	产生用于 terasort 的数据
15	terasort	运行 terasort 基准测试

任务 2　配置伪分布模式 Hadoop

学习目标

- 掌握配置伪分布模式 Hadoop 的方法。
- 了解 Linux 环境中 Hadoop 进程。
- 熟悉 Hadoop 节点。
- 掌握分布式文件系统的基本操作命令。

任务描述

伪分布式相比于单机模式，最大的特点就是创建了 HDFS，数据的处理和计算结果都在 HDFS 中进行。因为 HDFS 只在一台计算机实现，所以称为“伪”分布。伪分布已经具备了 Hadoop 的典型元素，常用于程序调试，在伪分布模式下测试通过的程序可以直接提交到 Hadoop 集群中运行。在 Hadoop 单机模式的基础上，修改配置文件就可以实现伪分布模式。

任务分析

在开始配置前，先来了解伪分布模式 Hadoop 系统中各节点的功能，详见表 3-2-1。

表 3-2-1　各节点的功能简单描述

节点名称	数　量	功能简单描述
NameNode（名称节点）	1 个	目录、文件、Block 的管理；接受用户请求
DataNode（数据节点）	*n* 个	以 Block 方式存放文件数据
SecondaryNameNode（备份名称节点）	1 个	NameNode 节点的备份；保证数据安全
ResourceManager（资源调度节点）	1 个	管理 NodeManager 节点；负责系统的资源调度
NodeManager（节点管理节点）	1 个	接受 NameNode 和 ResourceManager 的管理；管理 DataNode 节点

在伪分布模式下，这些节点都部署在一台计算机上，在集群模式下则比较灵活。这些节点对应 Hadoop 系统的 java 进程，可以通过查看进程来检查配置是否正确。整个配置过程分 3 个步骤：

1）检查单机模式配置是否完成。

2）编辑特定配置文件、格式化文件系统以及启动系统。

3）检查是否成功启动。

任务实施

1．配置前检查

（1）关闭防火墙、SELinux

请自行查找相关资料完成。

（2）查看 JDK 版本如图 3-2-1 所示

```
hadoop@master:~$ java -version
java version "1.8.0_181"
Java(TM) SE Runtime Environment (build 1.8.0_181-b13)
Java HotSpot(TM) 64-Bit Server VM (build 25.181-b13, mixed mode)
hadoop@master:~$
```

图 3-2-1　JDK 版本

码 3-2-1

如果执行 java – version 命令后没有以上版本信息出现，按照前面对应任务检查 /etc/profile 文件中的如下内容，如图 3-2-2 所示。

```
# this is java configration
export JAVA_HOME=/usr/local/jdk1.8.0_181
export CLASSPATH=$JAVA_HOME/jre/lib/ext:$JAVA_HOME/lib/tools.jar
export PATH=$JAVA_HOME/bin:$PATH
```

图 3-2-2　环境变量配置文件内容

码 3-2-2

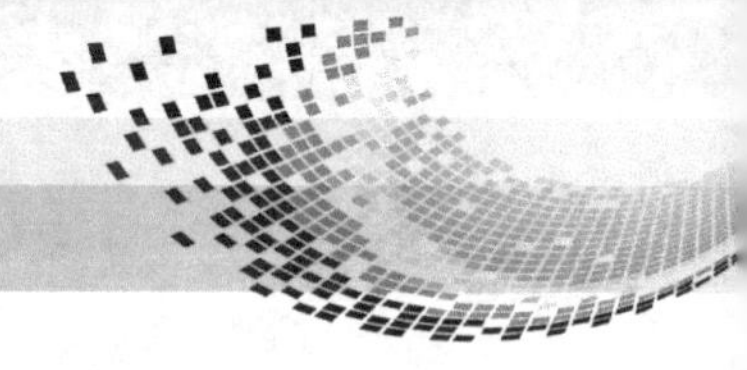

（3）测试 SSH 免密码登录，如图 3-2-3 所示

```
hadoop@master:~$ ssh localhost
Welcome to Ubuntu 16.04.5 LTS (GNU/Linux 4.15.0-43-generic x86_64)

 * Documentation:  https://help.ubuntu.com
 * Management:     https://landscape.canonical.com
 * Support:        https://ubuntu.com/advantage

0 个可升级软件包。
0 个安全更新。

New release '18.04.1 LTS' available.
Run 'do-release-upgrade' to upgrade to it.

Last login: Tue Jan 29 11:13:18 2019 from 192.168.200.10
hadoop@master:~$
```

图 3-2-3　测试 SSH 免密码登录

如果执行 ssh localhost 命令后还需要输入登录密码，则表示 SSH 免密码登录配置没有成功，需要删除 ~/.ssh 目录，重建 SSH 免密码登录，具体步骤见项目 2 任务 2。

（4）测试 Hadoop 命令

命令如图 3-2-4 所示。

```
hadoop@master:~$ hadoop version
Hadoop 2.7.3
Subversion https://git-wip-us.apache.org/repos/asf/hadoop.git -r baa91f7c6bc9cb92be5982de4719c1
Compiled by root on 2016-08-18T01:41Z
Compiled with protoc 2.5.0
From source with checksum 2e4ce5f957ea4db193bce3734ff29ff4
This command was run using /usr/local/hadoop-2.7.3/share/hadoop/common/hadoop-common-2.7.3.jar
hadoop@master:~$
```

图 3-2-4　测试 Hadoop 命令

如果执行 hadoop version 命令不能出现正确的版本信息，需要检查 /etc/profile 文件中的配置信息，内容如图 3-2-5 所示。

```
# this is hadoop configration
export HADOOP_HOME=/usr/local/hadoop-2.7.3
export PATH=$HADOOP_HOME/bin:$HADOOP_HOME/sbin:$PATH
export HADOOP_COMMON_LIB_NATIVE_DIR=$HADOOP_HOME/lib/native
export HADOOP_OPTS="-Djava.library.path=$HADOOP_HOME/lib:$HADOOP_COMMON_LIB_NATIVE_DIR"
```

图 3-2-5　Hadoop 环境变量内容

2．开始配置

（1）修改计算机名

修改 /etc/hostname，直接添加计算机名即可，修改完成后需要重启计算机。命令与修改内容如图 3-2-6 和图 3-2-7 所示。

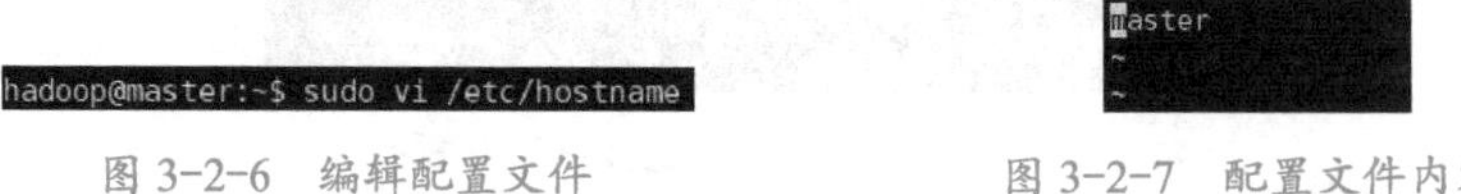

图 3-2-6　编辑配置文件　　图 3-2-7　配置文件内容

（2）配置计算机 IP 地址和本地解析

修改 /etc/network/interfaces，配置一个 C 类 IP 地址即可。命令与修改内容如图 3-2-8 和图 3-2-9 所示。

```
hadoop@master:~$ sudo vi /etc/network/interfaces
```

图 3-2-8　编辑配置文件

```
# interfaces(5) file used by ifup(8) and ifdown(8)
# enp0s3
auto lo
iface lo inet loopback
auto enp0s3
iface enp0s3 inet static
address 192.168.200.30
netmask 255.255.255.0
gateway 192.168.200.1
dns-nameservers 218.104.111.122
dns-nameservers 218.104.111.104
```

图 3-2-9 配置文件内容

修改 /etc/hosts，添加 IP 地址和计算机名的对应关系，127.0.0.1 对应 localhost。命令与内容如图 3-2-10 和图 3-2-11 所示。

```
hadoop@master:~$ sudo vi /etc/hosts
```

图 3-2-10 编辑配置文件

```
192.168.200.30   master
127.0.0.1        localhost

# The following lines are desirable for IPv6 capable hosts
::1     ip6-localhost ip6-loopback
fe00::0 ip6-localnet
ff00::0 ip6-mcastprefix
ff02::1 ip6-allnodes
ff02::2 ip6-allrouters
```

图 3-2-11 配置文件内容

（3）core-site.xml

配置文件所在目录：$HADOOP_HOME/etc/hadoop，完整路径如下：

```
/usr/local/hadoop-2.7.3/etc/Hadoop
```

在这个文件中，需要配置 Hadoop 的 tmp 目录和 FS 的 URL 地址，其中 tmp 目录用于保存 HDFS 的关键文件。内容如图 3-2-12 所示。

```
<configuration>
        <property>
             <name>hadoop.tmp.dir</name>
             <value>file:/usr/local/hadoop-2.7.3/tmp</value>
        </property>
        <property>
             <name>fs.defaultFS</name>
             <value>hdfs://localhost:9000</value>
        </property>
</configuration>
```

图 3-2-12 配置文件 core-site.xml 内容

（4）配置 tmp 目录

先在 $HADOOP_HOME 目录下创建 tmp 子目录，再依次创建系列子目录，最后将 tmp 的目录权限修改为 777。具体操作如图 3-2-13 和图 3-2-14 所示。

```
hadoop@master:/usr/local/hadoop-2.7.3$ mkdir tmp
hadoop@master:/usr/local/hadoop-2.7.3$ mkdir tmp/dfs
hadoop@master:/usr/local/hadoop-2.7.3$ mkdir tmp/dfs/name
hadoop@master:/usr/local/hadoop-2.7.3$ mkdir tmp/dfs/data
hadoop@master:/usr/local/hadoop-2.7.3$ mkdir tmp/dfs/namesecondary
```

图 3-2-13 创建目录

```
hadoop@master:/usr/local/hadoop-2.7.3$ chmod -R +777 tmp
hadoop@master:/usr/local/hadoop-2.7.3$ ls
bin  etc  include  lib  libexec  LICENSE.txt  NOTICE.txt  README.txt  sbin  share  tmp
```

图 3-2-14 修改权限

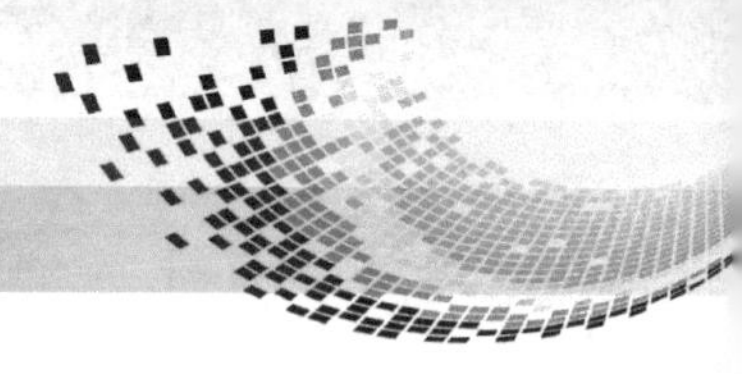

目录结构如图 3-2-15 所示。

```
hadoop@master:/usr/local/hadoop-2.7.3/tmp$ tree
.
└── dfs
    ├── data
    ├── name
    └── namesecondary
```

图 3-2-15　目录结构

（5）hdfs-site.xml

文件所在目录与 core-site.xml 相同，内容包括文件块在 HDFS 中保存的副本数以及 NameNode 和 DataNode 文件的保存目录。具体内容如图 3-2-16 所示。

```
<configuration>
        <property>
             <name>dfs.replication</name>
             <value>1</value>
        </property>
        <property>
             <name>dfs.namenode.name.dir</name>
             <value>file:/usr/local/hadoop-2.7.3/tmp/dfs/name</value>
        </property>
        <property>
             <name>dfs.datanode.data.dir</name>
             <value>file:/usr/local/hadoop-2.7.3/tmp/dfs/data</value>
        </property>
</configuration>
```

图 3-2-16　配置文件 hdfs-site.xml 的内容

（6）格式化名称节点（NameNode）

NameNode 保存了 HDFS 的文件和目录结构，在有数据的 HDFS 上执行格式化会丢失所有数据；一个新的 HDFS 启用前需要格式化；当修改了与 NameNode 和 DataNode 相关的配置文件参数时，也需要执行格式化，否则无法加载进程。其原理类似于启用新硬盘。格式化名称节点的命令，如图 3-2-17 所示。

```
hadoop@master:~$ hdfs namenode -format
```

图 3-2-17　格式化名称节点

格式化完成后，在 INFO 中找到如图 3-2-18 所示的内容，就表示成功格式化。如果找到“Exiting with status 1”信息，则表示失败，需要认真检查配置文件后再次执行格式化，直到返回 0 为止，如图 3-2-19 所示。

```
name has been successfully formatted.
```

图 3-2-18　返回信息 1

```
util.ExitUtil: Exiting with status 0
```

图 3-2-19　返回信息 2

（7）启动服务

启动服务的命令位于 $HADOOP_HOME/sbin，因为前面已经配置好了 sbin 的 PATH 环境变量，所以，可以在任意目录下执行启动命令，如图 3-2-20 所示。

```
hadoop@master:~$ start-dfs.sh
Starting namenodes on [localhost]
localhost: starting namenode, logging to /usr/local/hadoop-2.7.3/logs/hadoop-
localhost: starting datanode, logging to /usr/local/hadoop-2.7.3/logs/hadoop-
Starting secondary namenodes [0.0.0.0]
0.0.0.0: starting secondarynamenode, logging to /usr/local/hadoop-2.7.3/logs/
hadoop@master:~$
```

图 3-2-20　启动命令

在启动过程中，可能会因为首次登录需要输入“yes”确定，不影响启动服务，如图3-2-21所示。

```
The authenticity of host '0.0.0.0 (0.0.0.0)' can't be established.
ECDSA key fingerprint is SHA256:VgyDdkeQEmesGodyezpy1YJHEHmTeIwIWN/EvGhUDp4.
Are you sure you want to continue connecting (yes/no)? yes
0.0.0.0: Warning: Permanently added '0.0.0.0' (ECDSA) to the list of known hosts.
```

图 3-2-21　首次登录确认

3．检查启动

（1）jps 命令

jps 命令是 Java 自带的小工具，位于 $JAVA_HOME/bin 目录下，如果 JDK 配置有问题，则此命令不可用。可以用 whereis jps 来查看命令所对应的文件。jps 用于查看运行于 jvm 上的进程，Hadoop 就是运行在 jvm 之中，所以，可以使用 jps 命令来检查 Hadoop 是否正常启动。常用的命令格式如下：

不带参数，显示进程号和进程名，如图 3-2-22 所示。

带参数 -l，显示详细的包名，如图 3-2-23 所示。

图 3-2-22　jps 命令 1

```
hadoop@master:~$ jps -l
6412 sun.tools.jps.Jps
```

图 3-2-23　jps 命令 2

（2）Hadoop 进程

Hadoop 伪分布模式是否已成功启动了呢？需要查看 3 个基本进程来判断是否已启动，分别是 NameNode、DataNode、SecondaryNameNode，执行命令 jps，如图 3-2-24 所示。

```
hadoop@master:~$ jps
8720 DataNode
8904 SecondaryNameNode
8572 NameNode
9053 Jps
hadoop@master:~$
```

图 3-2-24　jps 进程列表

以上 3 个基本 jvm 进程必须启动，缺一不可。前面提到的 ResourceManager、NodeManager 进程不是伪分布模式下的必须进程，而是集群模式下的进程。

（3）NameNode 的 Web-UI

NameNode 是 HDFS 的核心，通过查看 NameNode 的信息，可以查询 HDFS 的详细信息。Hadoop 服务成功启动后，会提供一个 Web-UI 来查看 NameNode。地址是 http://127.0.0.1:50070，需要在虚拟机内启动 Firefox 浏览器后输入地址，页面如图 3-2-25 所示（以下 3 个页面需要特别关注）。

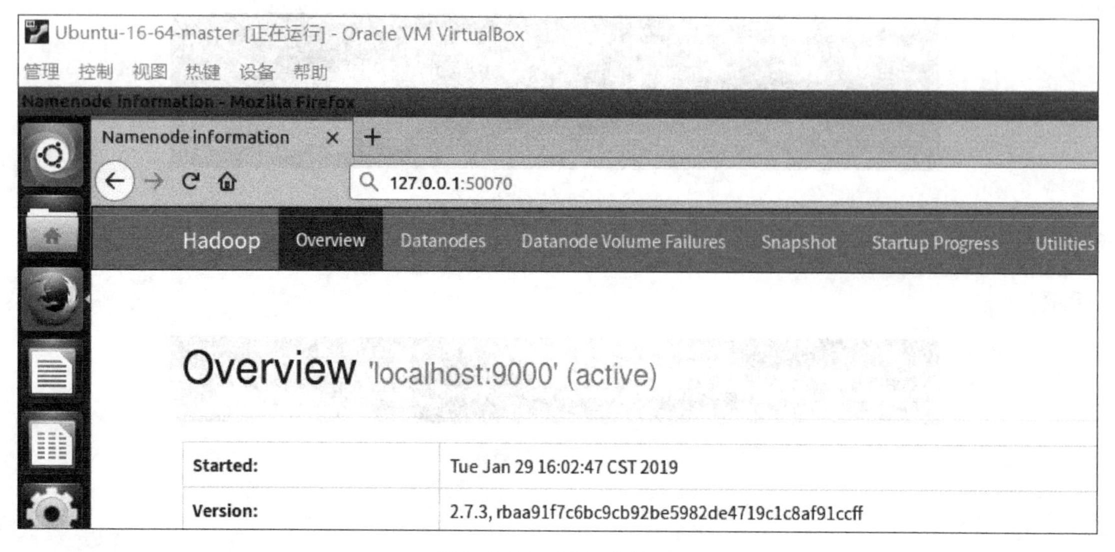

图 3-2-25　Web 主界面

DataNode 的基本信息如图 3-2-26 所示（单击导航“Datanodes”）。

Datanode Information

In operation

Node	Last contact	Admin State	Capacity	Used	Non DFS Used	Remaining	Blocks	Block pool used	Failed Volumes	Version
master:50010 (127.0.0.1:50010)	0	In Service	74.68 GB	32 KB	17.09 GB	57.6 GB	0	32 KB (0%)	0	2.7.3

图 3-2-26　数据节点信息

HDFS 目录文件信息如图 3-2-27 所示（单击导航“Utilities/Browse the file system”）。

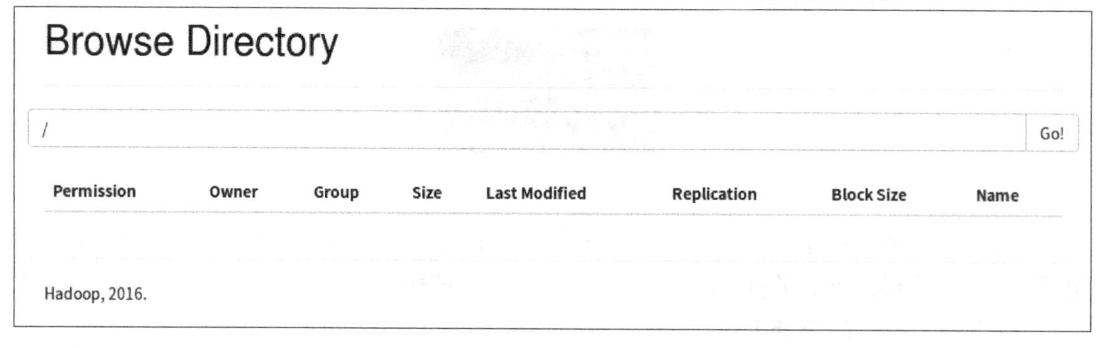

图 3-2-27　HDFS 目录文件信息

4．HDFS

HDFS 是一个运行在廉价硬件上的分布式文件系统，因其高容错性、高吞吐性得到广泛应用。HDFS 在集群多台机器中以块（Block）方式保存数据，以流式方式读写数据。HDFS

为应用程序提供 java-api 调用，还能使用 HTTP 浏览器浏览文件系统。

（1）命令特点

HDFS 使用 DFSShell 接口，通过命令方式与用户交互，拥有众多操作命令，命令格式与用户熟悉的 shells 类似。命令查询地址为 http://hadoop.apache.org/docs/r1.0.4/cn/hdfs_shell.html。

下面列出的只是几个常用的命令。当然，在输入命令之前要保证 Hadoop 已经成功启动。命令格式如下：

```
hdfs dfs – 命令动词 - 参数 参数
```

在 HDFS 中创建一个目录：

```
hdfs dfs –mkdir /abc
```

（2）目录命令

1）在 HDFS 中创建 home 目录（用户名为 hadoop）。

```
hdfs dfs –mkdir –p /user/hadoop
```

注意：HDFS 的 home 目录默认格式为 /user/ 用户名，请注意不要修改“user”为其他名称，也不要使用其他名称来取代用户名，如图 3-2-28 和图 3-2-29 所示。

```
hadoop@master:~$ hdfs dfs -mkdir -p /user/hadoop
```

图 3-2-28 创建目录

Browse Directory

/user Go!

Permission	Owner	Group	Size	Last Modified	Replication	Block Size	Name
drwxr-xr-x	hadoop	supergroup	0 B	2019/1/30 上午11:11:06	0	0 B	hadoop

图 3-2-29 目录信息

2）在 HDFS 的 home 目录中创建子目录，如图 3-2-30 和图 3-2-31 所示。

```
hadoop@master:~$ hdfs dfs -mkdir abc
```

图 3-2-30 创建目录

Browse Directory

/user/hadoop Go!

Permission	Owner	Group	Size	Last Modified	Replication	Block Size	Name
drwxr-xr-x	hadoop	supergroup	0 B	2019/1/30 上午11:15:12	0	0 B	abc

图 3-2-31 目录信息

3）删除目录，如图 3-2-32 所示。

```
hadoop@master:~$ hdfs dfs -rm -r abc
19/01/30 11:21:30 INFO fs.TrashPolicyDefault: Namenode trash
Deleted abc
hadoop@master:~$
```

图 3-2-32 删除目录

（3）文件命令

在操作文件的时候，HDFS 支持使用绝对路径和相对路径，但只有 home 目录下的文件才能使用相对路径，非 home 目录下的文件只能使用绝对路径访问。

1）上传本地文件到 HDFS，如图 3-2-33 所示。

```
hadoop@master:~$ hdfs dfs -mkdir input
hadoop@master:~$ hdfs dfs -put derby.log input
hadoop@master:~$
```

图 3-2-33　上传文件

注意：本例首先在 hdfs 的 home 目录创建 input 子目录，然后将本地 derby.log 上送到刚创建的 input 子目录中。

2）下载 HDFS 文件到本地，如图 3-2-34 所示。

```
hadoop@master:~$ hdfs dfs -get input/derby.log aaa.log
hadoop@master:~$
```

图 3-2-34　下载文件

注意：本例将 /user/hadoop/input/derby.log 下载到本地，并改名为 aaa.log，如果不需要改名，则省略参数“aaa.log”。

3）查看文件列表，如图 3-2-35 所示。

```
hadoop@master:~$ hdfs dfs -ls /user/hadoop
Found 1 items
drwxr-xr-x   - hadoop supergroup          0 2019-01-30 11:41 /user/hadoop/input
```

图 3-2-35　查看文件列表

注意：本例是查看 HDFS 的 home 目录的文件列表，home 目录要使用绝对路径，不能使用“~”，因为 shells 会把“~”解释成“/home/hadoop”。

4）查看文件内容，如图 3-2-36 所示。

```
hadoop@master:~$ hdfs dfs -cat input/derby.log
----------------------------------------------------------------
Thu Oct 19 10:03:42 CST 2017:
Booting Derby version The Apache Software Foundation - Apac
on database directory /home/hadoop/metastore_db with class
Loaded from file:/usr/local/spark/jars/derby-10.12.1.1.jar
```

图 3-2-36　查看文件内容

（4）修改权限命令

HDFS 与 Linux 一样，使用目录文件权限和用户权限来保障系统安全，其机制完全一致。使用 hdfs dfs –ls 命令在显示列表的同时就能显示权限。

1）修改目录文件的权限，如图 3-2-37 所示。

```
hadoop@master:~$ hdfs dfs -ls input
Found 1 items
-rw-r--r--   1 hadoop supergroup        660 2019-01-30 12:50 input/derby.log
hadoop@master:~$ hdfs dfs -chmod +777 input/derby.log
hadoop@master:~$ hdfs dfs -ls input
Found 1 items
-rwxrwxrwx   1 hadoop supergroup        660 2019-01-30 12:50 input/derby.log
hadoop@master:~$
```

图 3-2-37　修改目录文件权限

在本任务中，修改了 input/derby.log 文件的权限为 777，通过查看列表命令可以看到权限发生了变化。

2）修改用户权限，如图 3-2-38 所示。

```
hadoop@master:~$ hdfs dfs -ls input
Found 1 items
-rwxrwxrwx   1 hadoop supergroup        660 2019-01-30 12:50 input/derby.log
hadoop@master:~$ hdfs dfs -chown cwn:cwn input/derby.log
hadoop@master:~$ hdfs dfs -ls input
Found 1 items
-rwxrwxrwx   1 cwn cwn          660 2019-01-30 12:50 input/derby.log
```

图 3-2-38　修改用户权限

本任务中将用户 / 群组权限由 hadoop:supergroup 改为 cwn:cwn。

5. 测试案例

相比于单机模式，伪分布模式因为运行了 HDFS，数据和结果的存储都从本地转变为 HDFS，因此，需要将数据上传到 HDFS 后修改运行参数，让应用程序从 HDFS 中读取数据，并将计算结果保存到 HDFS，最后从 HDFS 中读取计算结果。注意：如果再次执行运算，应先删除 output 目录，因为 Hadoop 不会自动覆盖原目录。

（1）wordcount 案例

1）数据上传到 HDFS（需要在 HDFS 上创建 input1），如图 3-2-39 所示。

```
hadoop@master:~$ hdfs dfs -mkdir input1
hadoop@master:~$ hdfs dfs -put ~/input/hadoop.txt input1
hadoop@master:~$ hdfs dfs -ls input1
Found 1 items
-rw-r--r--   1 hadoop supergroup        662 2019-01-30 17:35 input1/hadoop.txt
```

图 3-2-39　创建目录上传文件

2）执行计算，如图 3-2-40 所示。

```
hadoop@master:~$ hadoop jar hadoop-mapreduce-examples-2.7.3.jar wordcount input1 output1
```

图 3-2-40　执行计算

没有指定输入输出的详细路径，Hadoop 会不会在本地读写？答案是否定的。系统中已经部署了 HDFS 后，Hadoop 默认会读写 HDFS 数据。计算完成后，通过命令方式或 Web 方式就能查看到已经生成了 output1 目录，结果文件为 part-r-00000，如图 3-2-41 和图 3-2-42 所示。

Browse Directory

/user/hadoop　Go!

Permission	Owner	Group	Size	Last Modified	Replication	Block Size	Name
drwxr-xr-x	hadoop	supergroup	0 B	2019/1/30 下午12:50:53	0	0 B	input
drwxr-xr-x	hadoop	supergroup	0 B	2019/1/30 下午5:35:33	0	0 B	input1
drwxr-xr-x	hadoop	supergroup	0 B	2019/1/30 下午5:42:27	0	0 B	output1

图 3-2-41　查看目录 1

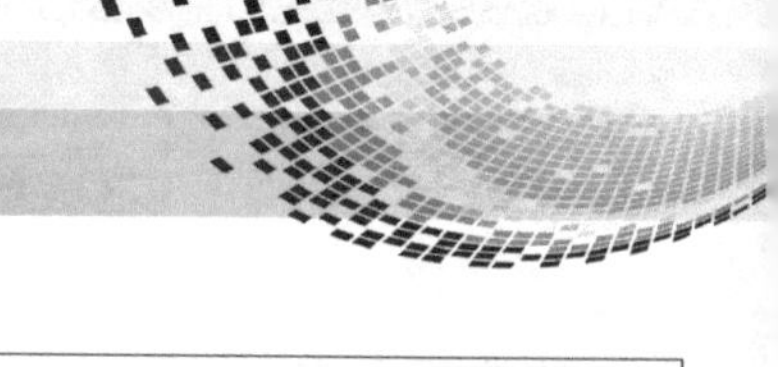

Browse Directory

/user/hadoop/output1 Go!

Permission	Owner	Group	Size	Last Modified	Replication	Block Size	Name
-rw-r--r--	hadoop	supergroup	0 B	2019/1/30 下午5:42:27	1	128 MB	_SUCCESS
-rw-r--r--	hadoop	supergroup	708 B	2019/1/30 下午5:42:26	1	128 MB	part-r-00000

图 3-2-42　查看目录 2

3）查看计算结果，如图 3-2-43 所示。

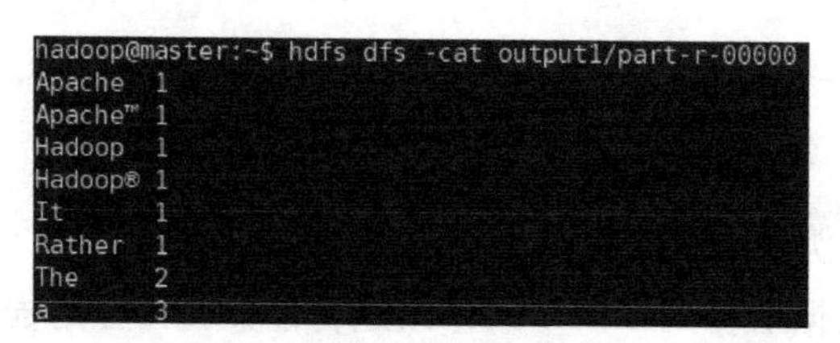

```
hadoop@master:~$ hdfs dfs -cat output1/part-r-00000
Apache  1
Apache™ 1
Hadoop  1
Hadoop® 1
It      1
Rather  1
The     2
a       3
```

图 3-2-43　查看计算结果

（2）grep 案例

1）将处理文件上传到 HDFS（需要先在 HDFS 中创建 input2 目录），如图 3-2-44 所示。

```
hadoop@master:~$ hdfs dfs -mkdir input2
hadoop@master:~$ hdfs dfs -put /usr/local/hadoop-2.7.3/etc/hadoop/*  input2
hadoop@master:~$ hdfs dfs -ls input2
Found 29 items
-rw-r--r--   1 hadoop supergroup       4436 2019-01-30 17:54 input2/capacity-scheduler.xml
-rw-r--r--   1 hadoop supergroup       1335 2019-01-30 17:54 input2/configuration.xsl
-rw-r--r--   1 hadoop supergroup        318 2019-01-30 17:54 input2/container-executor.cfg
-rw-r--r--   1 hadoop supergroup       1042 2019-01-30 17:54 input2/core-site.xml
-rw-r--r--   1 hadoop supergroup       3589 2019-01-30 17:54 input2/hadoop-env.cmd
-rw-r--r--   1 hadoop supergroup       4327 2019-01-30 17:54 input2/hadoop-env.sh
-rw-r--r--   1 hadoop supergroup       2490 2019-01-30 17:54 input2/hadoop-metrics.properties
-rw-r--r--   1 hadoop supergroup       2598 2019-01-30 17:54 input2/hadoop-metrics2.properties
-rw-r--r--   1 hadoop supergroup       9683 2019-01-30 17:54 input2/hadoop-policy.xml
-rw-r--r--   1 hadoop supergroup       1198 2019-01-30 17:54 input2/hdfs-site.xml
```

图 3-2-44　上传文件到 HDFS

2）执行计算，如图 3-2-45 所示。

```
hadoop@master:~$ hadoop jar hadoop-mapreduce-examples-2.7.3.jar grep input2 output2 'dfs[a-z.]+'
```

图 3-2-45　执行计算

3）查看计算结果，如图 3-2-46 和图 3-2-47 所示。

Browse Directory

/user/hadoop Go!

Permission	Owner	Group	Size	Last Modified	Replication	Block Size	Name
drwxr-xr-x	hadoop	supergroup	0 B	2019/1/30 下午12:50:53	0	0 B	input
drwxr-xr-x	hadoop	supergroup	0 B	2019/1/30 下午5:35:33	0	0 B	input1
drwxr-xr-x	hadoop	supergroup	0 B	2019/1/30 下午5:54:18	0	0 B	input2
drwxr-xr-x	hadoop	supergroup	0 B	2019/1/30 下午5:42:27	0	0 B	output1
drwxr-xr-x	hadoop	supergroup	0 B	2019/1/30 下午6:02:45	0	0 B	output2

图 3-2-46　查看目录

```
hadoop@master:~$ hdfs dfs -cat output2/part-r-00000
6       dfs.audit.logger
4       dfs.class
3       dfs.server.namenode.
2       dfs.audit.log.maxbackupindex
2       dfs.period
2       dfs.audit.log.maxfilesize
1       dfsmetrics.log
1       dfsadmin
1       dfs.servers
1       dfs.replication
1       dfs.file
1       dfs.datanode.data.dir
1       dfs.namenode.name.dir
hadoop@master:~$
```

图 3-2-47　执行结果

6. 常见故障

(1) 进程缺失

在执行 start-dfs.sh 启动 Hadoop 服务后，要运行 jps 工具查看进程来判断 Hadoop 服务是否成功启动。在伪分布模式下，NameNode、DataNode、SecondaryNameNode 3 个进程缺任何一个都意味着启动失败。对于初学者，经常会缺失进程。请按照下面的步骤检查：

1）检查计算机名、IP 地址、本地解析是否有误，检查的文件有 /etc/hostname、/etc/network/interfaces、/etc/hosts。

2）仔细检查配置文件 core-site.xml、hdfs-site.xml 是否有误。初学者对于 XML 文件格式不熟悉，经常缺失语句对。建议在输入数据的时候多用复制粘贴来减少因英文基础不好带来的输入错误。

(2) 案例提交报错

在进程完整的情况下，案例提交报错的原因主要有 3 个：

1）命令输入错误。

2）处理数据缺失或没有上传到 HDFS 指定目录。

3）再次执行命令之前，没有删除输出（output）目录。

7. 学习建议

(1) 编辑配置文件的建议

使用 Windows 操作系统下的记事本或 Linux 操作系统的 gedit 编辑器来编写配置文件，因为这些文本编辑器是图像界面，使用方便。编辑完成检查无误后，通过复制粘贴操作将内容转移到配置文件中。还可以将这些文本文件保存好，下次配置的时候直接复制粘贴。

(2) 查看 Hadoop 输出信息

Hadoop 在执行 MapReduce 运算的时候，有大量的英文信息在窗口中滚动，每条信息占一行。对于 [INFO] 标记的信息可以无视，重点查看 [WARN]、[ERROR] 标记的信息。当然，如果存在 [ERROR] 信息，说明命令执行失败，这些英文输出信息会指出故障原因。

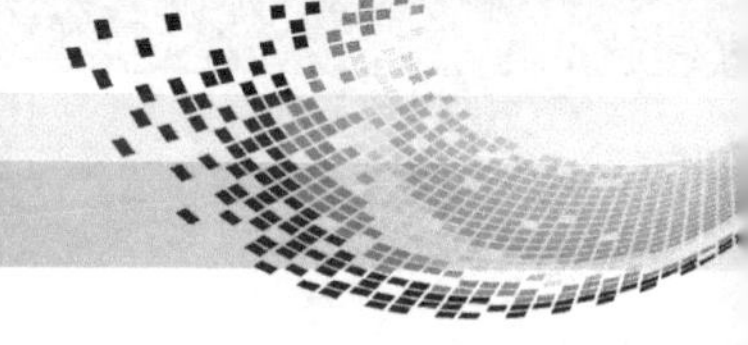

如果想定制 Hadoop 输出信息，可以修改 $HADOOP_HOME/etc/hadoop 下的 log4j.properties 文件，过滤一些不重要的信息。

（3）Hadoop 运行日志

Hadoop 运行日志在 $HADOOP_HOME/logs 目录下，分为 datanode、namenode、secondarynamenode 3 类，记录了各节点的运行信息，如图 3-2-48 所示。

```
hadoop@master:/usr/local/hadoop-2.7.3/logs$ ll
总用量 640
drwxrwxr-x  2 hadoop hadoop   4096 1月  31 11:48 ./
drwxr-xr-x 11 hadoop hadoop   4096 1月  29 15:57 ../
-rw-rw-r--  1 hadoop hadoop 171430 1月  31 11:48 hadoop-hadoop-datanode-master.log
-rw-rw-r--  1 hadoop hadoop    718 1月  31 11:48 hadoop-hadoop-datanode-master.out
-rw-rw-r--  1 hadoop hadoop    718 1月  30 17:15 hadoop-hadoop-datanode-master.out.1
-rw-rw-r--  1 hadoop hadoop    718 1月  30 11:10 hadoop-hadoop-datanode-master.out.2
-rw-rw-r--  1 hadoop hadoop    718 1月  29 16:02 hadoop-hadoop-datanode-master.out.3
-rw-rw-r--  1 hadoop hadoop    718 1月  29 15:59 hadoop-hadoop-datanode-master.out.4
-rw-rw-r--  1 hadoop hadoop    718 1月  29 15:58 hadoop-hadoop-datanode-master.out.5
-rw-rw-r--  1 hadoop hadoop 225742 1月  31 13:23 hadoop-hadoop-namenode-master.log
-rw-rw-r--  1 hadoop hadoop    718 1月  31 11:48 hadoop-hadoop-namenode-master.out
-rw-rw-r--  1 hadoop hadoop   5002 1月  30 17:43 hadoop-hadoop-namenode-master.out.1
-rw-rw-r--  1 hadoop hadoop   5007 1月  30 11:10 hadoop-hadoop-namenode-master.out.2
-rw-rw-r--  1 hadoop hadoop   5002 1月  29 16:25 hadoop-hadoop-namenode-master.out.3
-rw-rw-r--  1 hadoop hadoop    718 1月  29 15:59 hadoop-hadoop-namenode-master.out.4
-rw-rw-r--  1 hadoop hadoop    718 1月  29 15:57 hadoop-hadoop-namenode-master.out.5
-rw-rw-r--  1 hadoop hadoop 153477 1月  31 13:23 hadoop-hadoop-secondarynamenode-master.log
-rw-rw-r--  1 hadoop hadoop    718 1月  31 11:48 hadoop-hadoop-secondarynamenode-master.out
-rw-rw-r--  1 hadoop hadoop    718 1月  30 17:15 hadoop-hadoop-secondarynamenode-master.out.1
-rw-rw-r--  1 hadoop hadoop    718 1月  30 11:10 hadoop-hadoop-secondarynamenode-master.out.2
-rw-rw-r--  1 hadoop hadoop    718 1月  29 16:02 hadoop-hadoop-secondarynamenode-master.out.3
-rw-rw-r--  1 hadoop hadoop    718 1月  29 15:59 hadoop-hadoop-secondarynamenode-master.out.4
-rw-rw-r--  1 hadoop hadoop    718 1月  29 15:58 hadoop-hadoop-secondarynamenode-master.out.5
-rw-rw-r--  1 hadoop hadoop      0 1月  29 15:57 SecurityAuth-hadoop.audit
```

图 3-2-48　日志文件目录

小　结

在本任务中，Hadoop 检查阶段和运行案例最耗时也是最容易出错的环节。建议：

- 在学习过程中，养成记笔记的习惯。
- 对于经典排错过程写小结，避免因同样的问题浪费时间。
- 多与老师、同学交流可以少走弯路。

任务 3　配置集群模式 Hadoop

学习目标

- 掌握在 VirtualBox 中快速创建虚拟机的方法。
- 掌握在集群之间创建免密码登录的方法。
- 掌握配置集群模式 Hadoop 的方法。
- 掌握在集群模式下运行 MapReduce 案例的方法。

任务描述

在熟练完成配置单机模式和伪分布模式 Hadoop 的前提下，本任务学习配置集群模式 Hadoop。集群模式简单地说就是在多台计算机之间搭建一个 Hadoop 系统，实现“多台廉价 PC 变身为强大服务器集群”。本任务将以两台虚拟机为例搭建一个最简单的 Hadoop 集群。

任务分析

集群模式与伪分布模式的主要区别就是 Hadoop 部署在多台计算机还是一台计算机上。集群模式增加了资源管理服务（ResourceManager）和历史服务（HistoryServer）等辅助性服务。因为有多台计算机参与系统，修改配置文件的工作量大幅增加，为了解决这个问题，可以在 master 虚拟机中完成共性的配置，通过复制虚拟机的方法来创建其他 slave 虚拟机。最后逐个对虚拟机修改特定的配置。与伪分布模式相比，有以下几点需要注意：

1）master、slave 虚拟机必须在一个子网内，能互相联通。

2）虚拟机之间的 SSH 免密码登录是配置的关键。

码 3-3-1

码 3-3-2

任务实施

1. 基本规划见表 3-3-1

表 3-3-1 基本规划

主机名	IP 地址	节点	用户名 / 密码
master	192.168.200.30	NameNode SecondaryNameNode DataNode NodeManager ResourceManager HistoryServer	hadoop/hadoop
slave	192.168.200.31	DataNode NodeManager	hadoop/hadoop

2. 修改虚拟机（master）的配置

（1）检查伪分布模式

master 机的伪分布模式是配置集群模式的基础。在启动 Hadoop 后，通过 jps 命令查看进程和 Web-UI 来查看名称节点信息确认伪分布模式是否准备就绪。能看到如图 3-3-1 和图 3-3-2 所示的进程和网页信息表示通过检查。

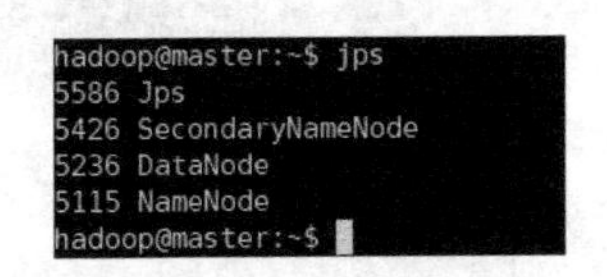

图 3-3-1 伪分布模式进程

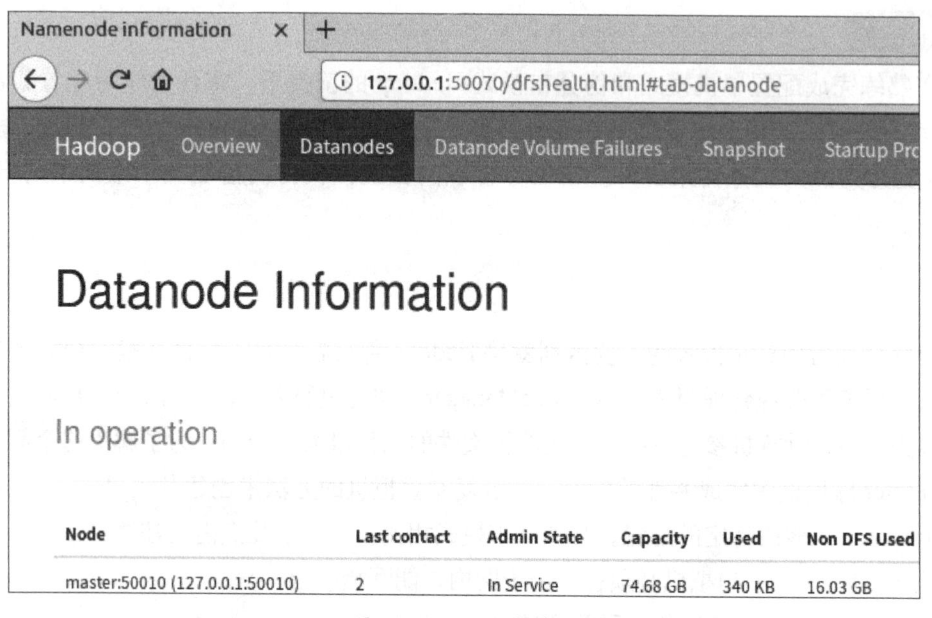

图 3-3-2　Web 主界面

(2) 修改本地解析

执行 sudo vi /etc/hosts 命令，输入密码，编辑信息如图 3-3-3 所示。

```
192.168.200.30   master
192.168.200.31   slave
127.0.0.1        localhost

# The following lines are desirable for IPv6 capable hosts
::1     ip6-localhost ip6-loopback
fe00::0 ip6-localnet
ff00::0 ip6-mcastprefix
ff02::1 ip6-allnodes
ff02::2 ip6-allrouters
```

图 3-3-3　本地解析文件内容

保存后，执行 ping 命令，如果能正常解析表示修改成功。如图 3-3-4 和图 3-3-5 所示，能看到 master 主机已经解析成 192.168.200.30，并联通成功；ping slave 能解析成 192.168.200.31，但是不能联通。

```
hadoop@master:~$ ping master
PING master (192.168.200.30) 56(84) bytes of data.
64 bytes from master (192.168.200.30): icmp_seq=1 ttl=64 time=0.022 ms
64 bytes from master (192.168.200.30): icmp_seq=2 ttl=64 time=0.078 ms
64 bytes from master (192.168.200.30): icmp_seq=3 ttl=64 time=0.075 ms
64 bytes from master (192.168.200.30): icmp_seq=4 ttl=64 time=0.074 ms
^C
--- master ping statistics ---
4 packets transmitted, 4 received, 0% packet loss, time 3078ms
rtt min/avg/max/mdev = 0.022/0.062/0.078/0.023 ms
```

图 3-3-4　测试 master 联通

```
hadoop@master:~$ ping slave
PING slave (192.168.200.31) 56(84) bytes of data.
From master (192.168.200.30) icmp_seq=1 Destination Host Unreachable
From master (192.168.200.30) icmp_seq=2 Destination Host Unreachable
From master (192.168.200.30) icmp_seq=3 Destination Host Unreachable
^C
--- slave ping statistics ---
6 packets transmitted, 0 received, +3 errors, 100% packet loss, time 5123ms
pipe 4
hadoop@master:~$
```

图 3-3-5　测试 slave 联通

（3）修改 core-site.xml

将 localhost 改成 master 即可，如图 3-3-6 所示。

```
<configuration>
        <property>
                <name>hadoop.tmp.dir</name>
                <value>file:/usr/local/hadoop-2.7.3/tmp</value>
        </property>
        <property>
                <name>fs.defaultFS</name>
                <value>hdfs://master:9000</value>
        </property>
</configuration>
```

图 3-3-6　core-site.xml 文件内容

（4）修改 hdfs-site.xml

将 dfs.replication 的值由 1 改成 2，也可以保持原值，如图 3-3-7 所示。

```
<configuration>
        <property>
                <name>dfs.replication</name>
                <value>2</value>
        </property>
        <property>
                <name>dfs.namenode.name.dir</name>
                <value>file:/usr/local/hadoop-2.7.3/tmp/dfs/name</value>
        </property>
        <property>
                <name>dfs.datanode.data.dir</name>
                <value>file:/usr/local/hadoop-2.7.3/tmp/dfs/data</value>
        </property>
</configuration>
```

图 3-3-7　hdfs-site.xml 文件内容

（5）配置 mapred-site.xml

通过复制 mapred-site.xml.template 来生成 mapred-site.xml，如图 3-3-8 所示。

```
cp mapred-site.xml.template mapred-site.xml
```

图 3-3-8　复制生成 mapred-site.xml 文件

mapred-site.xml 描述了 MapReduce 框架名称、历史服务的地址和端口信息，内容如图 3-3-9 所示。

```
<configuration>
    <property>
        <name>mapreduce.framework.name</name>
        <value>yarn</value>
    </property>
    <property>
        <name>mapreduce.jobhistory.address</name>
        <value>master:10020</value>
    </property>
    <property>
        <name>mapreduce.jobhistory.webapp.address</name>
        <value>master:19888</value>
    </property>
</configuration>
```

图 3-3-9　mapred-site.xml 文件内容

（6）配置 yarn-site.xml

yarn-site.xml 文件描述了 ResourceManager 服务的主机信息，内容如图 3-3-10 所示。

```
<configuration>
        <property>
                <name>yarn.resourcemanager.hostname</name>
                <value>master</value>
        </property>
        <property>
                <name>yarn.nodemanager.aux-services</name>
                <value>mapreduce_shuffle</value>
        </property>
</configuration>
```

图 3-3-10　yarn-site.xml 文件内容

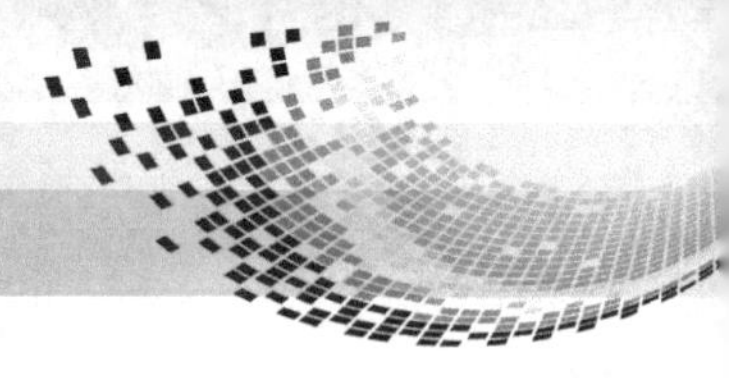

（7）检查 hadoop-env.sh

此文件内容与伪分布模式相同。内容很多，需要检查 JAVA_HOME 和 HADOOP_CONF_DIR 两项，内容如图 3-3-11 和图 3-3-12 所示。

```
# The java implementation to use.
# export JAVA_HOME=${JAVA_HOME}
export JAVA_HOME=/usr/local/jdk1.8.0_181
```

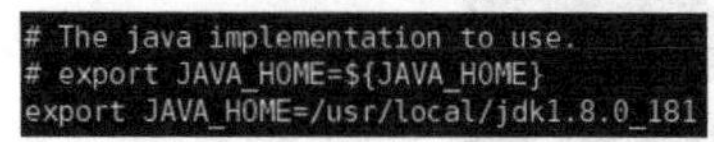

图 3-3-11　hadoop-env.sh 内容 1

```
# export HADOOP_CONF_DIR=${HADOOP_CONF_DIR:-"/etc/hadoop"}
export HADOOP_CONF_DIR=/usr/local/hadoop-2.7.3/etc/hadoop
```

图 3-3-12　hadoop-env.sh 内容 2

（8）配置 slaves

slaves 文件记录了用于启动 DataNode 的主机列表，为了伪分布模式测试成功，可以先只设置 master，后期再把 slave 加上。内容如图 3-3-13 所示（仅 master）。

```
master
```

图 3-3-13　slaves 文件内容

（9）重建 NameNode

因为修改了大部分配置文件，会导致原来的伪分布模式无法启动。所以，需要删除 Hadoop 的 tmp 目录、重建 tmp 目录、格式化 NameNode，如图 3-3-14 ～图 3-3-16 所示。

```
hadoop@master:/usr/local/hadoop-2.7.3$ rm -rf tmp
hadoop@master:/usr/local/hadoop-2.7.3$
```

图 3-3-14　删除 tmp 目录

```
hadoop@master:/usr/local/hadoop-2.7.3$ mkdir tmp
hadoop@master:/usr/local/hadoop-2.7.3$ mkdir tmp/dfs
hadoop@master:/usr/local/hadoop-2.7.3$ mkdir tmp/dfs/name
hadoop@master:/usr/local/hadoop-2.7.3$ mkdir tmp/dfs/data
hadoop@master:/usr/local/hadoop-2.7.3$ mkdir tmp/dfs/namesecondary
```

图 3-3-15　重新创建 tmp 目录

```
hadoop@master:/usr/local/hadoop-2.7.3$ chmod -R +777 tmp
hadoop@master:/usr/local/hadoop-2.7.3$ ls
bin  etc  include  lib  libexec  LICENSE.txt  NOTICE.txt  README.txt  sbin  share  tmp
```

图 3-3-16　修改 tmp 目录权限

（10）SSH 登录 master，如图 3-3-17 所示

```
hadoop@master:~$ ssh master
Welcome to Ubuntu 16.04.5 LTS (GNU/Linux 4.15.0-43-generic x86_64)

 * Documentation:  https://help.ubuntu.com
 * Management:     https://landscape.canonical.com
 * Support:        https://ubuntu.com/advantage

0 个可升级软件包。
0 个安全更新。

New release '18.04.1 LTS' available.
Run 'do-release-upgrade' to upgrade to it.

Last login: Sat Feb  2 12:34:59 2019 from 192.168.200.30
hadoop@master:~$ exit
注销
Connection to master closed.
hadoop@master:~$
```

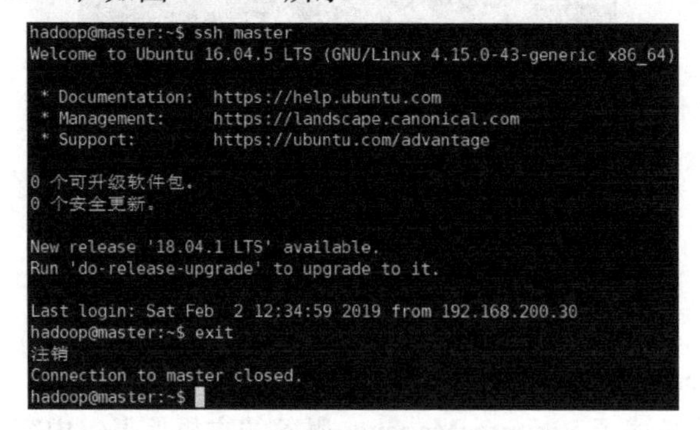

图 3-3-17　SSH 登录 master

（11）启动并检查伪分布模式

执行 star-all.sh 命令启动 Hadoop 伪分布模式。启动成功后，相当于配置了一个拥有全部进程的“超级”伪分布模式 Hadoop 平台。

从启动过程的输出信息可以看到，系统实际上是执行了 start-dfs.sh 和 start-yarn.sh 两个命令，如图 3-3-18 所示。

```
hadoop@master:~$ start-all.sh
This script is Deprecated. Instead use start-dfs.sh and start-yarn.sh
Starting namenodes on [master]
master: starting namenode, logging to /usr/local/hadoop-2.7.3/logs/ha
master: starting datanode, logging to /usr/local/hadoop-2.7.3/logs/ha
Starting secondary namenodes [0.0.0.0]
0.0.0.0: starting secondarynamenode, logging to /usr/local/hadoop-2.7
starting yarn daemons
starting resourcemanager, logging to /usr/local/hadoop-2.7.3/logs/yar
master: starting nodemanager, logging to /usr/local/hadoop-2.7.3/logs
```

图 3-3-18　启动集群

启动 HistoryServer 进程，如图 3-3-19 所示。

执行 jps，检查启动的进程，如图 3-3-20 所示。

```
hadoop@master:~$ mr-jobhistory-daemon.sh start historyserver
starting historyserver, logging to /usr/local/hadoop-2.7.3/logs/mapred
```

图 3-3-19　启动 HistoryServer 进程

```
hadoop@master:~$ jps
5552 Jps
5088 ResourceManager
4756 DataNode
5205 NodeManager
5515 JobHistoryServer
4605 NameNode
4943 SecondaryNameNode
hadoop@master:~$
```

图 3-3-20　显示 jps 进程

与伪分布模式相比，新加入 ResourceManager、NodeManager、JobHistoryServer 三个进程。

（12）删除 Hadoop 的 tmp 目录

在加入 slave 之前，因为要重建 NameNode，所以要删除 tmp 目录（记得先停止 Hadoop 服务），如图 3-3-21 所示。

```
hadoop@master:~$ stop-all.sh
This script is Deprecated. Instead use stop-dfs.sh and stop-yarn.sh
Stopping namenodes on [master]
master: stopping namenode
master: stopping datanode
Stopping secondary namenodes [0.0.0.0]
0.0.0.0: stopping secondarynamenode
stopping yarn daemons
stopping resourcemanager
master: stopping nodemanager
no proxyserver to stop
hadoop@master:~$ cd /usr/local/hadoop-2.7.3/
hadoop@master:/usr/local/hadoop-2.7.3$ rm -rf tmp
hadoop@master:/usr/local/hadoop-2.7.3$
```

图 3-3-21　停止集群并删除 tmp 目录

（13）修改 slaves

在 salves 文件中加入 slave，表明 DataNode 将在 master 和 slave 两台虚拟机中部署。slave 文件内容如图 3-3-22 所示。

（14）再次创建 Hadoop 的 tmp 目录并修改权限，如图 3-3-23 和图 3-3-24 所示

图 3-3-22　slaves 文件内容

```
hadoop@master:/usr/local/hadoop-2.7.3$ mkdir tmp
hadoop@master:/usr/local/hadoop-2.7.3$ mkdir tmp/dfs
hadoop@master:/usr/local/hadoop-2.7.3$ mkdir tmp/dfs/name
hadoop@master:/usr/local/hadoop-2.7.3$ mkdir tmp/dfs/data
hadoop@master:/usr/local/hadoop-2.7.3$ mkdir tmp/dfs/namesecondary
```

图 3-3-23　重新创建 tmp 目录

```
hadoop@master:/usr/local/hadoop-2.7.3$ chmod -R +777 tmp
hadoop@master:/usr/local/hadoop-2.7.3$ ls
bin  etc  include  lib  libexec  LICENSE.txt  NOTICE.txt  README.txt  sbin  share  tmp
```

图 3-3-24　修改 tmp 目录权限

3．在 VirtualBox 中快速创建虚拟机（slave）

(1) 创建过程

在 VirtualBox 中，slave 主机直接从 master 主机复制生成。复制的时间由虚拟硬盘的大小和 Windows 的性能决定，一般情况下 10min 之内可以完成。复制之前需要关闭源虚拟机，需要重新生成新主机网卡的 MAC 地址，如图 3-3-25 ～图 3-3-28 所示。

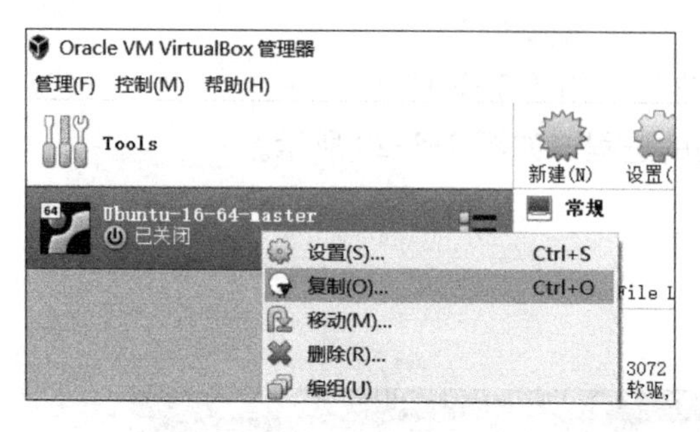

图 3-3-25　复制生成新主机

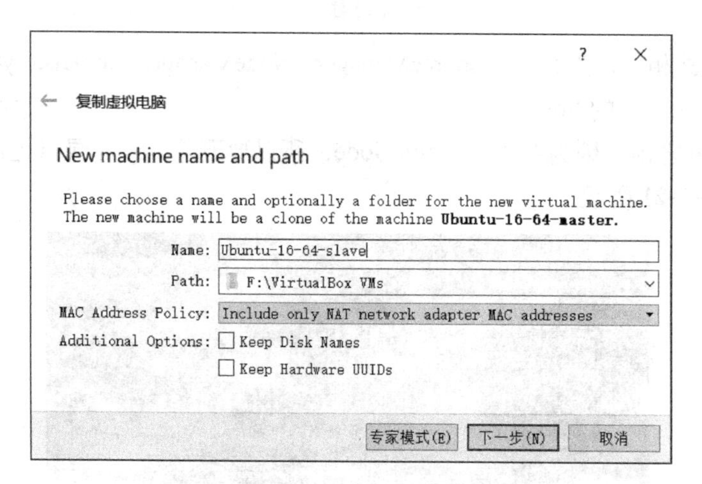

图 3-3-26　命名新主机

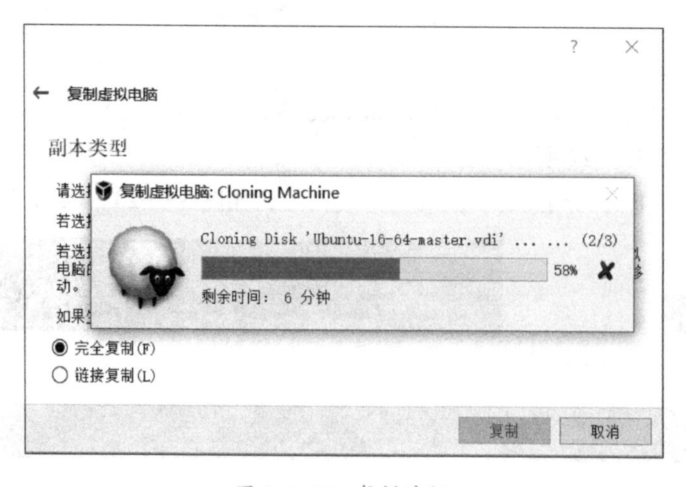

图 3-3-27　复制过程

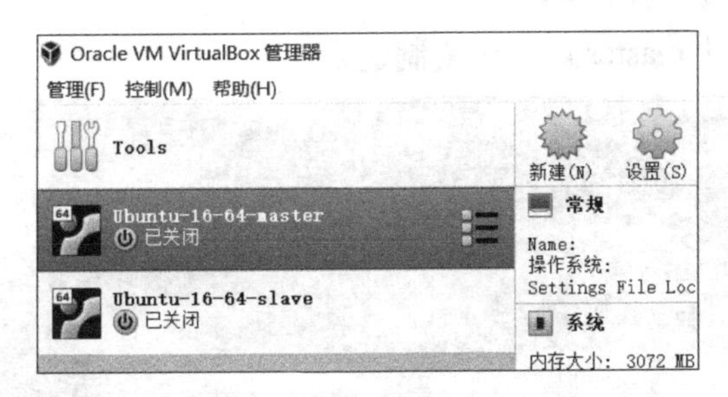

图 3-3-28 复制完毕

(2）修改 slave 主机

启动 slave 主机后，在 /etc/hostname 中修改计算机名为 slave，在 /etc/network/interfaces 文件中修改 IP 地址为 192.168.200.31，完成后重启虚拟机。

(3）测试两台虚拟机之间的联通

启动 master 虚拟机，在 Xshell 中分别建立 master 和 slave 的连接。下面测试两台虚拟机之间的联通和本地解析。

在 master 虚拟机 ping slave 虚拟机，可以看到联通和解析均正确，如图 3-3-29 所示。

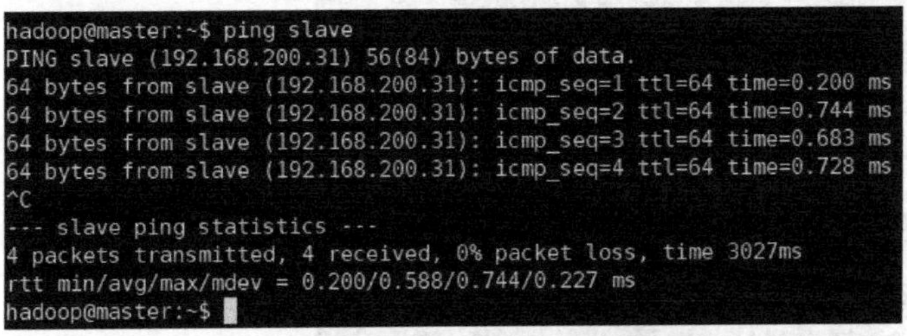

```
hadoop@master:~$ ping slave
PING slave (192.168.200.31) 56(84) bytes of data.
64 bytes from slave (192.168.200.31): icmp_seq=1 ttl=64 time=0.200 ms
64 bytes from slave (192.168.200.31): icmp_seq=2 ttl=64 time=0.744 ms
64 bytes from slave (192.168.200.31): icmp_seq=3 ttl=64 time=0.683 ms
64 bytes from slave (192.168.200.31): icmp_seq=4 ttl=64 time=0.728 ms
^C
--- slave ping statistics ---
4 packets transmitted, 4 received, 0% packet loss, time 3027ms
rtt min/avg/max/mdev = 0.200/0.588/0.744/0.227 ms
hadoop@master:~$
```

图 3-3-29 测试 slave 主机联通

在 slave 虚拟机 ping master 虚拟机，可以看到联通和解析也正确，如图 3-3-30 所示。

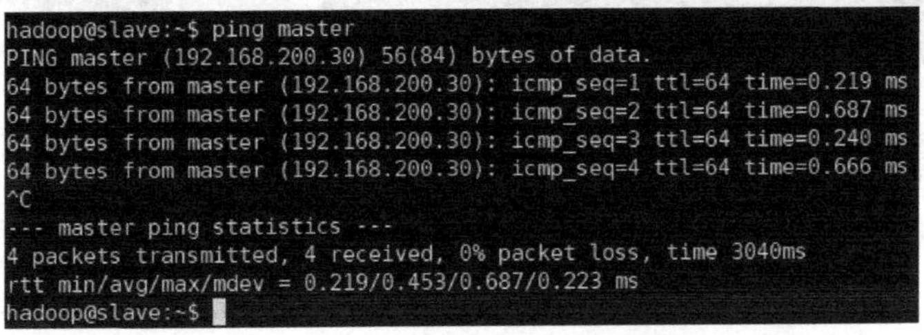

```
hadoop@slave:~$ ping master
PING master (192.168.200.30) 56(84) bytes of data.
64 bytes from master (192.168.200.30): icmp_seq=1 ttl=64 time=0.219 ms
64 bytes from master (192.168.200.30): icmp_seq=2 ttl=64 time=0.687 ms
64 bytes from master (192.168.200.30): icmp_seq=3 ttl=64 time=0.240 ms
64 bytes from master (192.168.200.30): icmp_seq=4 ttl=64 time=0.666 ms
^C
--- master ping statistics ---
4 packets transmitted, 4 received, 0% packet loss, time 3040ms
rtt min/avg/max/mdev = 0.219/0.453/0.687/0.223 ms
hadoop@slave:~$
```

图 3-3-30 测试 master 主机联通

4. 配置集群间免密码登录

(1）在 master 虚拟机上创建免密登录

因为在伪分布模式下，master 已经配置了免密码登录，在 ~/.ssh 目录下已经存在公钥（id_rsa.pub）和登录凭证（authorized_keys），不需要重新生成。

(2）在 slave 虚拟机重建 SSH 免密码登录

在 slave 中，先删除 ~/.ssh 目录，然后使用 ssh localhost 命令重新生成，如图 3-3-31 所示。

再用 ssh-keygen –t rsa 命令生成 ssh-key，如图 3-3-32 所示。

查看 .ssh 目录，发现已经生成公钥，但没有登录凭证，如图 3-3-33 所示。此登录凭证

不能在本地生成，需要从 master 虚拟机复制过来。

```
hadoop@slave:~$ rm -rf .ssh
hadoop@slave:~$ ssh localhost
The authenticity of host 'localhost (127.0.0.1)' can't be established.
ECDSA key fingerprint is SHA256:VgyDdkeQEmesGodyezpy1YJHEHmTeIwIWN/EvGhUDp4.
Are you sure you want to continue connecting (yes/no)? yes
Warning: Permanently added 'localhost' (ECDSA) to the list of known hosts.
hadoop@localhost's password:
Welcome to Ubuntu 16.04.5 LTS (GNU/Linux 4.15.0-43-generic x86_64)

 * Documentation:  https://help.ubuntu.com
 * Management:     https://landscape.canonical.com
 * Support:        https://ubuntu.com/advantage

0 个可升级软件包。
0 个安全更新。

New release '18.04.1 LTS' available.
Run 'do-release-upgrade' to upgrade to it.

Last login: Sat Feb  2 16:02:28 2019 from 192.168.200.10
hadoop@slave:~$
hadoop@slave:~$ exit
注销
Connection to localhost closed.
hadoop@slave:~$
```

图 3-3-31　删除 .ssh 目录后重建

```
hadoop@slave:~$ cd .ssh
hadoop@slave:~/.ssh$ ssh-keygen -t rsa
Generating public/private rsa key pair.
Enter file in which to save the key (/home/hadoop/.ssh/id_rsa):
Enter passphrase (empty for no passphrase):
Enter same passphrase again:
Your identification has been saved in /home/hadoop/.ssh/id_rsa.
Your public key has been saved in /home/hadoop/.ssh/id_rsa.pub.
The key fingerprint is:
SHA256:YpTrXKVW9jFJ0V/XL+VXp85Vl3QKL5J2cbxjqPFSk54 hadoop@slave
The key's randomart image is:
+---[RSA 2048]----+
|           +oo.+|
|        .  oo*.o@|
|     o    B *=o*B|
|      . . *.+=+B =|
|       + S  *.* +.|
|      + +  o E o  |
|       o    .     |
|                  |
|                  |
+----[SHA256]-----+
hadoop@slave:~/.ssh$
```

图 3-3-32　生成 ssh-key

```
hadoop@slave:~/.ssh$ ls
id_rsa  id_rsa.pub  known_hosts
hadoop@slave:~/.ssh$
```

图 3-3-33　.ssh 目录文件

（3）发送登录凭证到 slave 虚拟机

在 master 虚拟机执行网络复制命令，将登录凭证 authorized_keys 复制到 slave 虚拟机的 ~/.ssh 目录下，复制过程中需要输入 slave 虚拟机的登录密码，如图 3-3-34 所示。

```
hadoop@master:~/.ssh$ scp authorized_keys hadoop@slave:~/.ssh
The authenticity of host 'slave (192.168.200.31)' can't be established.
ECDSA key fingerprint is SHA256:VgyDdkeQEmesGodyezpy1YJHEHmTeIwIWN/EvGhUDp4.
Are you sure you want to continue connecting (yes/no)? yes
Warning: Permanently added 'slave' (ECDSA) to the list of known hosts.
hadoop@slave's password:
authorized_keys
hadoop@master:~/.ssh$
```

图 3-3-34　复制登录凭证

在 slave 虚拟机上就能看到从 master 虚拟机复制过来的 authorized_keys 文件，如图 3-3-35 所示。

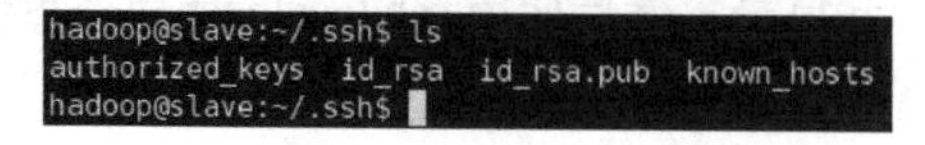

图 3-3-35　查看 .ssh 目录文件

(4) 将 slave 虚拟机上的公钥输出到登录凭证文件，如图 3-3-36 所示

```
hadoop@slave:~/.ssh$ ll
总用量 24
drwx------  2 hadoop hadoop 4096 2月  2 16:27 ./
drwxr-xr-x 47 hadoop hadoop 4096 2月  2 16:19 ../
-rw-rw-r--  1 hadoop hadoop  790 2月  2 16:27 authorized_keys
-rw-------  1 hadoop hadoop 1675 2月  2 16:22 id_rsa
-rw-r--r--  1 hadoop hadoop  394 2月  2 16:22 id_rsa.pub
-rw-r--r--  1 hadoop hadoop  222 2月  2 16:19 known_hosts
hadoop@slave:~/.ssh$ cat id_rsa.pub >> authorized_keys
hadoop@slave:~/.ssh$ ll
总用量 24
drwx------  2 hadoop hadoop 4096 2月  2 16:27 ./
drwxr-xr-x 47 hadoop hadoop 4096 2月  2 16:19 ../
-rw-rw-r--  1 hadoop hadoop 1184 2月  2 16:31 authorized_keys
-rw-------  1 hadoop hadoop 1675 2月  2 16:22 id_rsa
-rw-r--r--  1 hadoop hadoop  394 2月  2 16:22 id_rsa.pub
-rw-r--r--  1 hadoop hadoop  222 2月  2 16:19 known_hosts
hadoop@slave:~/.ssh$
```

图 3-3-36　生成登录凭证

成功后，对比 authorized_keys 文件在操作前后的大小就可以知道凭证中现在包含两个公钥。

(5) 发送凭证到 master 虚拟机

操作前，需要先删除 master 虚拟机的登录凭证 authorized_keys，如图 3-3-37 所示。

```
hadoop@master:~/.ssh$ ls
authorized_keys  id_rsa  id_rsa.pub  known_hosts
hadoop@master:~/.ssh$ rm authorized_keys
hadoop@master:~/.ssh$ ls
id_rsa  id_rsa.pub  known_hosts
hadoop@master:~/.ssh$
```

图 3-3-37　删除登录凭证

在 slave 虚拟机上复制登录凭证到 master 虚拟机（需要输入 master 虚拟机的登录密码），如图 3-3-38 所示。

```
hadoop@slave:~/.ssh$ scp authorized_keys hadoop@master:~/.ssh
The authenticity of host 'master (192.168.200.30)' can't be established.
ECDSA key fingerprint is SHA256:VgyDdkeQEmesGodyezpy1YJHEHmTeIwIWN/EvGhUDp4.
Are you sure you want to continue connecting (yes/no)? yes
Warning: Permanently added 'master,192.168.200.30' (ECDSA) to the list of known hosts.
hadoop@master's password:
authorized_keys
hadoop@slave:~/.ssh$
```

图 3-3-38　复制登录凭证

(6) 测试集群间的 SSH 免密码登录

在 master 虚拟机上通过 SSH 登录 slave 虚拟机，如图 3-3-39 所示。

```
hadoop@master:~$ ssh slave
Welcome to Ubuntu 16.04.5 LTS (GNU/Linux 4.15.0-43-generic x86_64)

 * Documentation:  https://help.ubuntu.com
 * Management:     https://landscape.canonical.com
 * Support:        https://ubuntu.com/advantage

0 个可升级软件包。
0 个安全更新。

New release '18.04.1 LTS' available.
Run 'do-release-upgrade' to upgrade to it.

Last login: Sun Feb  3 09:32:42 2019 from 192.168.200.10
hadoop@slave:~$ exit
注销
Connection to slave closed.
hadoop@master:~$
```

图 3-3-39　在 master 虚拟机上登录 slave 虚拟机

在 slave 虚拟机上通过 SSH 登录 master 虚拟机，如图 3-3-40 所示。

```
hadoop@slave:~$ ssh master
Welcome to Ubuntu 16.04.5 LTS (GNU/Linux 4.15.0-43-generic x86_64)

 * Documentation:  https://help.ubuntu.com
 * Management:     https://landscape.canonical.com
 * Support:        https://ubuntu.com/advantage

0 个可升级软件包。
0 个安全更新。

New release '18.04.1 LTS' available.
Run 'do-release-upgrade' to upgrade to it.

Last login: Sun Feb  3 09:32:36 2019 from 192.168.200.10
hadoop@master:~$ exit
注销
Connection to master closed.
hadoop@slave:~$ 
```

图 3-3-40　在 slave 虚拟机上登录 master 虚拟机

5．启动并测试

（1）在 master 虚拟机上执行格式化

集群模式的 NameNode 格式化只需要在 master 虚拟机上执行即可，执行之前，请检查 $HADOOP_HOME/tmp 的目录结构和权限设置。执行命令：

```
hdfs namenode –format
```

格式化完成以后，可以看到 master 虚拟机的 tmp 目录已经发生变化，如图 3-3-41 所示，但 slave 虚拟机的 tmp 目录没有变化。

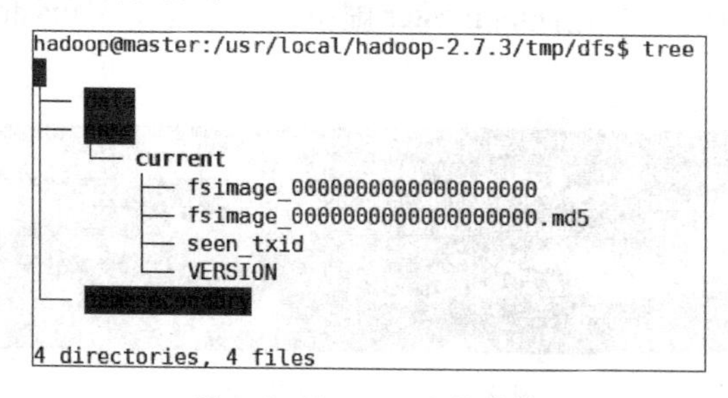

图 3-3-41　tmp 目录结构

（2）启动 Hadoop 集群服务，如图 3-3-42 所示

```
hadoop@master:~$ start-all.sh
This script is Deprecated. Instead use start-dfs.sh and start-yarn.sh
Starting namenodes on [master]
master: starting namenode, logging to /usr/local/hadoop-2.7.3/logs/hadoop
master: starting datanode, logging to /usr/local/hadoop-2.7.3/logs/hadoop
slave: starting datanode, logging to /usr/local/hadoop-2.7.3/logs/hadoop-
Starting secondary namenodes [0.0.0.0]
0.0.0.0: starting secondarynamenode, logging to /usr/local/hadoop-2.7.3/l
starting yarn daemons
starting resourcemanager, logging to /usr/local/hadoop-2.7.3/logs/yarn-ha
slave: starting nodemanager, logging to /usr/local/hadoop-2.7.3/logs/yarn
master: starting nodemanager, logging to /usr/local/hadoop-2.7.3/logs/yar
```

图 3-3-42　启动 Hadoop 集群服务

（3）查看 master 虚拟机进程

检查进程是否正常启动是检查 Hadoop 平台是否搭建成功的重要环节。集群模式下，master 虚拟机应该启动 5 个进程（伪分布模式下 3 个，新加入的 2 个），如图 3-3-43 所示。

（4）查看 slave 虚拟机进程

slave 虚拟机应该启动 2 个进程，如图 3-3-44 所示。

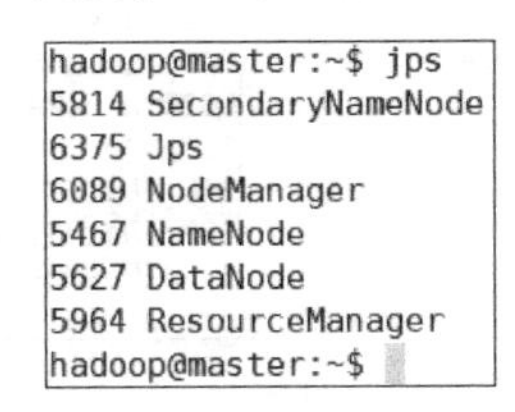

图 3-3-43 master 虚拟机进程

```
hadoop@slave:~$ jps
4688 NodeManager
4560 DataNode
4790 Jps
hadoop@slave:~$
```

图 3-3-44 slave 虚拟机进程

（5）观察 master、slave 的 $HADOOP_HOME/tmp/dfs 目录的变化

对比刚完成格式化的目录结构，如图 3-3-45 和图 3-3-46 所示。

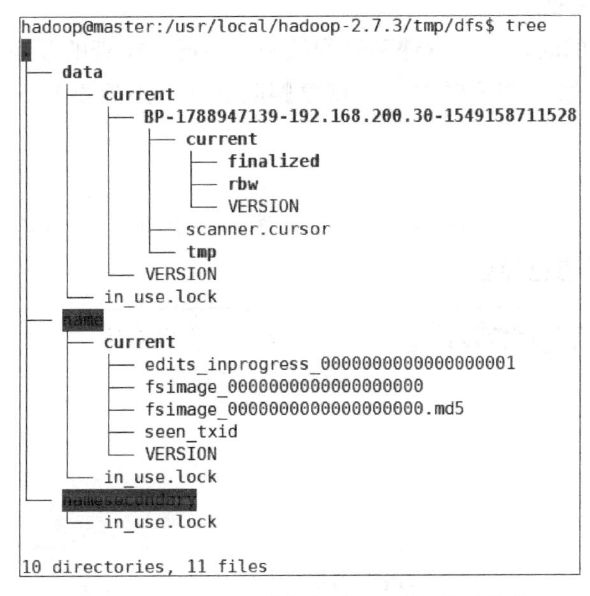

图 3-3-45 master 虚拟机的 tmp/dfs 目录结构

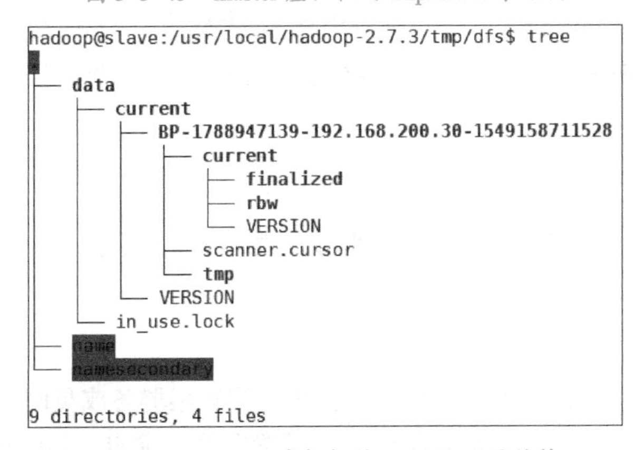

图 3-3-46 slave 虚拟机的 tmp/dfs 目录结构

（6）启动历史服务节点

历史服务节点能够记录作业（job）信息，如任务的 map 数量、reduce 数量、combiner 数量等。历史服务节点的详细配置在 mapred-site.xml 中添加。具体操作如图 3-3-47 和图

3-3-48 所示。

```
hadoop@master:~$ mr-jobhistory-daemon.sh start historyserver
starting historyserver, logging to /usr/local/hadoop-2.7.3/lo
hadoop@master:~$
```

图 3-3-47　启动 history 服务

```
hadoop@master:~$ jps
6610 Jps
5814 SecondaryNameNode
6089 NodeManager
6538 JobHistoryServer
5467 NameNode
5627 DataNode
5964 ResourceManager
hadoop@master:~$
```

图 3-3-48　master 虚拟机 jps 进程

可以看到在 master 虚拟机上的 JobHistoryServer 进程已经启动。

JobHistoryServer 的 Web 访问地址为 http://192.168.200.30:19888。

（7）排除进程缺失故障

在配置集群模式的时候，经常遇到进程缺失的情况。排查的顺序是计算机名→本地解析→ 6 个配置文件。修正部分错误后，需要删除 tmp 目录后重建 tmp 目录，重新格式化 NameNode 才能解决。

（8）查看 Web-UI

访问地址为 http://192.168.200.30:50070，如图 3-3-49 所示。切换到 DataNode 页，可以看到两个 DataNode 节点已经启动。

Datanode Information

In operation

Node	Last contact	Admin State	Capacity	Used	Non DFS Used	Remaining	Bl
slave:50010 (192.168.200.31:50010)	1	In Service	74.68 GB	28 KB	15.33 GB	59.35 GB	0
master:50010 (192.168.200.30:50010)	2	In Service	74.68 GB	28 KB	15.34 GB	59.34 GB	0

图 3-3-49　集群 Web 主界面

6. 运行案例

运行案例 WordCount 和 grep 的过程与伪分布模式完全相同。

小　结

本任务中比较耗时的环节有：创建新虚拟机、配置集群各成员间 SSH 免密码登录、配置 $HADOOP_HOME/etc/hadoop 目录下的 6 个配置文件、排错。其中排错环节不好把握，甚至有可能需要删除目录从零开始。所以，要做好充分的准备，尽量避免中途出错。每完成一个环节就立刻测试，不要把错误传递到下一个环节。教师在安排教学项目的时候，提前准备好软件等资料，以免学生长时间等待。

任务 4　安装 ZooKeeper 组件

学习目标

- 了解 ZooKeeper 在服务器集群中的作用。
- 掌握配置 ZooKeeper 的基本方法。
- 掌握 ZooKeeper 客户端的基本用法。

任务描述

本任务要求在已经安装了 SSH 免密码登录、配置好本地解析的 3 台虚拟机中配置 ZooKeeper 组件，最后完成测试。3 台虚拟机的基本参数见表 3-4-1。

表 3-4-1　计算机名与 IP 地址对照

序　号	计算机名	IP 地址	备　注
1	master1	192.168.200.180	
2	master2	192.168.200.181	
3	slave	192.168.200.182	

虚拟机在 Oracle VM VirtualBox 中的列表如图 3-4-1 所示。

图 3-4-1　虚拟机列表

任务分析

ZooKeeper 的中文翻译为动物园管理员。大家可以发现一个有意思的现象，在 Apache 的开源家族中，一些项目喜欢用动物来标记，比如，Hadoop 是一只黄色的玩具大象、MySQL 是一只蓝色的海豚、Tomcat 是一只猫等。现在有一个开源项目被取名为动物园管理员（ZooKeeper），这个项目的作用大家可以猜到了吧。ZooKeeper 的作用就是提供管理和协调分布式服务器集群。当集群中某服务器因故障下线或者某服务器修复成功再次上线，ZooKeeper 通过一个特定的协议通知集群成员，并自动采取应对措施，保证系统的健壮性。

前面学习了搭建集群模式 Hadoop，如果其中一个 DataNode 因故障下线，也许不会影响 Hadoop 的使用，如果是 NameNode 节点故障呢？后果不敢想象。最安全的做法是在 Hadoop 中建立多个 NameNode 节点，其中一个 NameNode 发生故障后，另外一个能够立刻接管工作。而这些情况发生后的应对，都依赖 ZooKeeper 组件。所以，ZooKeeper 是搭建高可用（Highly Available，HA）系统的必备组件。

请自行从课程网站或者 Apache 官方网站上下载安装包，并使用 Xftp 工具复制到虚拟机的 ~/soft 目录下。软件包见表 3-4-2。

表 3-4-2　软件包

序　号	组件名称	包　名	版　本
1	jdk	jdk-8u211-linux-x64.tar.gz	8.211
2	ZooKeeper	apache-zookeeper-3.5.5-bin.tar.gz	3.5.5

配置过程中，请注意：

1）搭建 ZooKeeper 至少需要 3 台服务器，伪分布模式除外。

2）开始搭建 ZooKeeper 之前，请参照前面项目的学习内容，完成以下准备工作：

- 配置 3 台虚拟机之间的本地解析。
- 配置虚拟机网络 IP 地址，保证虚拟机和宿主机网络联通。
- 配置 3 台虚拟机之间的 SSH 免密码登录。

3）因为 3 台虚拟机的配置基本相同，所以，主要配置工作只在一台虚拟机上进行，其他两台的配置使用网络复制命令完成。

任务实施

1）使用 Xshell 连接 3 台虚拟机，如图 3-4-2 所示。

码 3-4-1

码 3-4-2

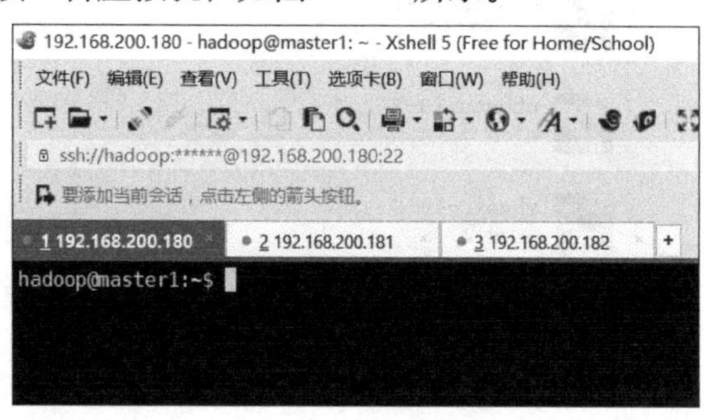

图 3-4-2　Xhsell 连接虚拟机

2）解压缩安装包到指定目录。在 master1 虚拟机中，将 JDK、ZooKeeper 包解压缩到 /usr/local 目录下，如图 3-4-3 所示（ZooKeeper 解压缩过程略过）。

图 3-4-3　解压缩 JDK

将解压缩到 /usr/local 下的两个安装目录改名为 jdk 和 zookeeper，并赋予当前用户权限，如图 3-4-4 所示。

```
1 192.168.200.180 | 2 192.168.200.181 | 3 192.168.200.182 | 4 192.168.200.180
hadoop@master1:~$ cd /usr/local
hadoop@master1:/usr/local$ sudo mv jdk1.8.0_211/ jdk
hadoop@master1:/usr/local$ sudo mv apache-zookeeper-3.5.5-bin/ zookeeper
hadoop@master1:/usr/local$ sudo chown -R  hadoop:hadoop jdk zookeeper
hadoop@master1:/usr/local$ ll
总用量 48
drwxr-xr-x 12 root   root   4096 7月   7 10:56 ./
drwxr-xr-x 11 root   root   4096 4月  21  2016 ../
drwxr-xr-x  2 root   root   4096 4月  21  2016 bin/
drwxr-xr-x  2 root   root   4096 4月  21  2016 etc/
drwxr-xr-x  2 root   root   4096 4月  21  2016 games/
drwxr-xr-x  2 root   root   4096 4月  21  2016 include/
drwxr-xr-x  7 hadoop hadoop 4096 4月   2 11:51 jdk/
drwxr-xr-x  4 root   root   4096 4月  21  2016 lib/
lrwxrwxrwx  1 root   root      9 7月   4 21:43 man -> share/man/
drwxr-xr-x  2 root   root   4096 4月  21  2016 sbin/
drwxr-xr-x  8 root   root   4096 4月  21  2016 share/
drwxr-xr-x  2 root   root   4096 4月  21  2016 src/
drwxr-xr-x  6 hadoop hadoop 4096 7月   7 10:55 zookeeper/
hadoop@master1:/usr/local$
```

图 3-4-4　改名及修改权限

3）配置环境变量。将环境变量语句写入 ~/.bashrc 中，配置的内容只对当前用户有效。操作及文件内容如图 3-4-5 和图 3-4-6 所示。

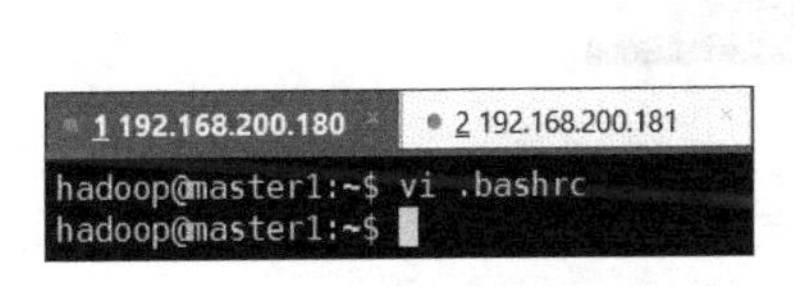

图 3-4-5　修改 .bashrc 文件

```
# configuration for jdk
export JAVA_HOME=/usr/local/jdk
export CLASSPATH=$JAVA_HOME/jre/lib/ext:$JAVA_HOME/lib/tools.jar
export PATH=$JAVA_HOME/bin:$PATH

# configuration for zookeeper
export ZOOKEEPER_HOME=/usr/local/zookeeper
export PATH=$ZOOKEEPER_HOME/bin:$PATH
```

图 3-4-6　.bashrc 文件内容

保存退出后，请使用 source .bashrc 命令加载配置文件，测试如图 3-4-7 所示。

```
hadoop@master1:~$ java -version
java version "1.8.0_211"
Java(TM) SE Runtime Environment (build 1.8.0_211-b12)
Java HotSpot(TM) 64-Bit Server VM (build 25.211-b12, mixed mode)
hadoop@master1:~$ zkEnv.sh
hadoop@master1:~$
```

图 3-4-7　测试 JDK

如果能看到上面的命令执行结果就表明环境变量配置成功。

4）配置 ZooKeeper 专用配置文件。先复制生成专用配置文件 $ZOOKEEPER/conf/zoo.cfg，如图 3-4-8 所示。

```
hadoop@master1:~$ cd /usr/local/zookeeper/conf
hadoop@master1:/usr/local/zookeeper/conf$ ls
configuration.xsl  log4j.properties  zoo_sample.cfg
hadoop@master1:/usr/local/zookeeper/conf$ cp zoo_sample.cfg zoo.cfg
hadoop@master1:/usr/local/zookeeper/conf$ ls
configuration.xsl  log4j.properties  zoo.cfg  zoo_sample.cfg
hadoop@master1:/usr/local/zookeeper/conf$
```

图 3-4-8　复制生成配置文件

配置文件内容如图 3-4-9 所示。

```
hadoop@master1:/usr/local/zookeeper/conf$ vi zoo.cfg

# The number of milliseconds of each tick
tickTime=2000
# The number of ticks that the initial
# synchronization phase can take
initLimit=10
# The number of ticks that can pass between
# sending a request and getting an acknowledgement
syncLimit=5
# the directory where the snapshot is stored.
# do not use /tmp for storage, /tmp here is just
# example sakes.

dataDir=/usr/local/zookeeper/data
dataLogDir=/usr/local/zookeeper/logs

# the port at which the clients will connect
clientPort=2181
# the maximum number of client connections.
# increase this if you need to handle more clients
#maxClientCnxns=60
#

server.1=master1:2888:3888
server.2=master2:2888:3888
server.3=slave:2888:3888

# Be sure to read the maintenance section of the
```

图 3-4-9　配置文件内容

5）在 ZooKeeper 目录下创建 data，并在目录下建立 myid 文件，文件内容为 id 号（单个数字），如图 3-4-10 所示。

```
hadoop@master1:/usr/local/zookeeper$ mkdir data
hadoop@master1:/usr/local/zookeeper$ cd data
hadoop@master1:/usr/local/zookeeper/data$ echo 1 > myid
hadoop@master1:/usr/local/zookeeper/data$ ls
myid
hadoop@master1:/usr/local/zookeeper/data$ cat myid
1
hadoop@master1:/usr/local/zookeeper/data$
```

图 3-4-10　创建目录并生成 myid

6）打包 master1 的 JDK 和 ZooKeeper 包，并分发到另外两台虚拟机上，如图 3-4-11 和图 3-4-12 所示。

```
hadoop@master1:~$ cd /usr/local
hadoop@master1:/usr/local$ ls
bin  etc  games  include  jdk  lib  man  sbin  share  src  zookeeper
hadoop@master1:/usr/local$ sudo tar -zcvf jdk.tar.gz  ./jdk/
[sudo] hadoop 的密码:
```

图 3-4-11　打包 JDK

```
hadoop@master1:/usr/local$ ls
bin  etc  games  include  jdk  jdk.tar.gz  lib  man  sbin  share  src  zookeeper
hadoop@master1:/usr/local$ sudo tar -zcvf zoo.tar.gz  ./zookeeper/
```

图 3-4-12　打包 ZooKeeper

用 scp 命令复制压缩包到 master2、slave 虚拟机，如图 3-4-13 所示。

```
hadoop@master1:/usr/local$ ls
bin  etc  games  include  jdk  jdk.tar.gz  lib  man  sbin  share  src  zookeeper  zoo.tar.gz
hadoop@master1:/usr/local$ scp jdk.tar.gz hadoop@master2:~
jdk.tar.gz
hadoop@master1:/usr/local$ scp jdk.tar.gz hadoop@slave:~
jdk.tar.gz
hadoop@master1:/usr/local$ scp zoo.tar.gz hadoop@master2:~
zoo.tar.gz
hadoop@master1:/usr/local$ scp zoo.tar.gz hadoop@slave:~
zoo.tar.gz
hadoop@master1:/usr/local$
```

图 3-4-13　复制分发

将压缩包解压缩到 /usr/local 目录下。注意：下面的命令请分别在 master2、slave 虚拟机上执行（master2 上的操作截图略过），如图 3-4-14 和图 3-4-15 所示。

```
hadoop@slave:~$ ls
examples.desktop  jdk.tar.gz  soft  zoo.tar.gz  公共的  模板
hadoop@slave:~$ sudo tar -zxvf jdk.tar.gz -C /usr/local
[sudo] hadoop 的密码：
```

图 3-4-14　解压缩 JDK 包

```
hadoop@slave:~$ ls
examples.desktop  jdk.tar.gz  soft  zoo.tar.gz  公共的  模板
hadoop@slave:~$ sudo tar -zxvf zoo.tar.gz -C /usr/local
```

图 3-4-15　解压缩 ZooKeeper 包

7）将 master1 的环境变量文件 .bashrc 复制到 master2、slave 虚拟机，并加载（slave 机加载截图略过），如图 3-4-16 和图 3-4-17 所示。

```
hadoop@master1:~$ scp .bashrc hadoop@master2:~
.bashrc
hadoop@master1:~$ scp .bashrc hadoop@slave:~
.bashrc
hadoop@master1:~$
```

图 3-4-16　复制文件

```
hadoop@master2:~$ source .bashrc
hadoop@master2:~$
```

图 3-4-17　加载

8）修改 master2、slave 虚拟机 ZooKeeper 的 myid 为 2、3，如图 3-4-18 和图 3-4-19 所示。

```
hadoop@master2:~$ cd /usr/local/zookeeper/data/
hadoop@master2:/usr/local/zookeeper/data$ ls
myid
hadoop@master2:/usr/local/zookeeper/data$ rm -f myid
hadoop@master2:/usr/local/zookeeper/data$ echo 2 > myid
hadoop@master2:/usr/local/zookeeper/data$ vi myid
```

图 3-4-18　master2 虚拟机修改 myid

```
hadoop@slave:~$ cd /usr/local/zookeeper/data/
hadoop@slave:/usr/local/zookeeper/data$ ls
myid
hadoop@slave:/usr/local/zookeeper/data$ rm -f myid
hadoop@slave:/usr/local/zookeeper/data$ echo 3 > myid
hadoop@slave:/usr/local/zookeeper/data$
```

图 3-4-19　slave 虚拟机修改 myid

9）分别在 3 台虚拟机上启动 ZooKeeper 并查看服务状态。

因为 ZooKeeper 至少需要 3 台服务器才能正常工作，所以必须先逐个启动虚拟机的 ZooKeeper 服务，再逐个检查服务状态，如图 3-4-20 ～图 3-4-22 所示。

```
hadoop@master1:~$ zkServer.sh start
ZooKeeper JMX enabled by default
Using config: /usr/local/zookeeper/bin/../conf/zoo.cfg
Starting zookeeper ... STARTED
hadoop@master1:~$
```

图 3-4-20　master1 启动 ZooKeeper

```
hadoop@master2:~$ zkServer.sh start
ZooKeeper JMX enabled by default
Using config: /usr/local/zookeeper/bin/../conf/zoo.cfg
Starting zookeeper ... STARTED
hadoop@master2:~$
```

图 3-4-21　master2 启动 ZooKeeper

```
hadoop@slave:~$ zkServer.sh start
ZooKeeper JMX enabled by default
Using config: /usr/local/zookeeper/bin/../conf/zoo.cfg
Starting zookeeper ... STARTED
hadoop@slave:~$
```

图 3-4-22　slave 启动 ZooKeeper

检查服务状态，其中一台虚拟机的服务为“leader”，其余虚拟机的服务为“follower”；检查 java 进程，有“QuorumPeerMain”说明配置成功，如图 3-4-23 ～图 3-4-28 所示。

```
hadoop@master1:~$ zkServer.sh status
ZooKeeper JMX enabled by default
Using config: /usr/local/zookeeper/bin/../conf/zoo.cfg
Client port found: 2181. Client address: localhost.
Mode: follower
hadoop@master1:~$
```

图 3-4-23　master1 主机状态

```
hadoop@master2:~$ zkServer.sh status
ZooKeeper JMX enabled by default
Using config: /usr/local/zookeeper/bin/../conf/zoo.cfg
Client port found: 2181. Client address: localhost.
Mode: leader
hadoop@master2:~$
```

图 3-4-24　master2 主机状态

```
hadoop@slave:~$ zkServer.sh status
ZooKeeper JMX enabled by default
Using config: /usr/local/zookeeper/bin/../conf/zoo.cfg
Client port found: 2181. Client address: localhost.
Mode: follower
hadoop@slave:~$
```

图 3-4-25　slave 主机状态

```
hadoop@master1:~$ jps
3598 Jps
3359 QuorumPeerMain
hadoop@master1:~$
```

图 3-4-26　master1 主机 jps 进程

```
hadoop@master2:~$ jps
3632 Jps
3383 QuorumPeerMain
hadoop@master2:~$
```

图 3-4-27　master2 主机 jps 进程

图 3-4-28　slave 主机 jps 进程

10）ZooKeeper 启动后，会在内存中创建一个类似于目录文件结构的名称空间。所有依赖于 ZooKeeper 的高可用组件都会在这个名称空间上创建自己独有的结构。里面的节点分为永久节点和临时节点，临时节点随着会话的断开而自动删除。每一个客户端都会被设置成一个节点，当节点发生更改时，就会通知到所有客户端并删除这个节点。ZooKeeper 名称结构如图 3-4-29 所示。

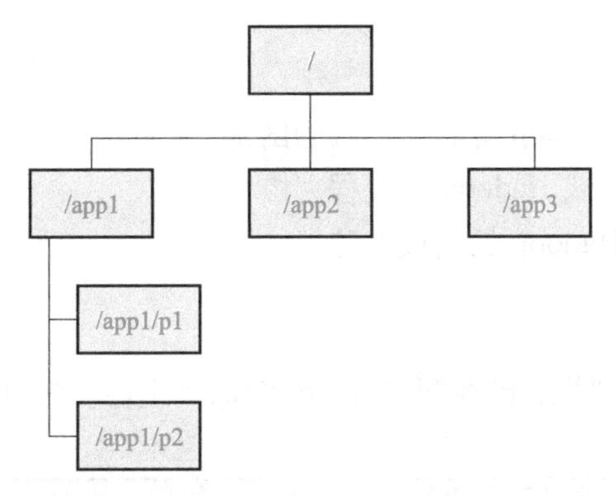

图 3-4-29　ZooKeeper 名称结构图

ZooKeeper 的节点操作可以通过客户端命令和程序两种方式来进行。启动 ZooKeeper 客户端后就可以执行命令，如图 3-4-30 和图 3-4-31 所示。

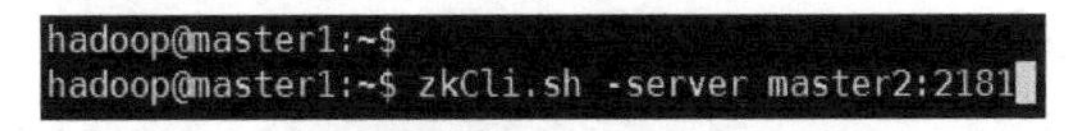

图 3-4-30　启动客户端

```
2019-07-09 05:51:40,418 [myid:master2:2181] - INFO  [main-S
45346, server: master2/192.168.200.181:2181
[zk: master2:2181(CONNECTING) 0] 2019-07-09 05:51:40,526 [m
aster2/192.168.200.181:2181, sessionid = 0x200005b0a5b0000,

WATCHER::

WatchedEvent state:SyncConnected type:None path:null

[zk: master2:2181(CONNECTED) 0]
```

图 3-4-31　连接成功

连接成功后就可以看到命令提示符，常用命令见表 3-4-3。

表 3-4-3　常用命令

命　令	功　能	示　例
ls	查看节点结构	ls /zookeeper
create	建立节点	create /zk_test
set	设置节点信息	set /zk_test 123
get	查看节点详细信息	get /zookeeper
delete	删除节点	delete /zk_test

小　结

本任务完成了 Hadoop 生态组件中基础组件 ZooKeeper 的配置，需要修改的配置文件内容不多，重点在于理解 ZooKeeper 在分布式集群中的作用和 ZooKeeper 的名称空间。为下一步搭建高可用模式 Hadoop 做好准备。

任务 5 配置高可用模式 Hadoop

学习目标

- 了解高可用模式 Hadoop 与其他模式的区别。
- 熟悉搭建高可用模式 Hadoop 的过程。
- 熟悉高可用模式 Hadoop 的测试方法。

任务描述

本任务准备了 3 台虚拟机，已经配置好 ZooKeeper 组件。虚拟机的基本参数见表 3-5-1。

表 3-5-1 虚拟机的基本参数

序号	计算机名	IP 地址	备注
1	master1	192.168.200.180	配置为 NameNode+DataNode 节点
2	master2	192.168.200.181	配置为 NameNode+DataNode 节点
3	slave	192.168.200.182	配置为 DataNode 节点

要求搭建一个由 3 个节点组成的高可用模式 Hadoop 集群。

任务分析

Hadoop 高可用模式简称 Hadoop HA 模式。Hadoop 高可用模式开启于 2.0 版本后，主要用于解决：当 NameNode 节点因为故障死机或者升级软硬件需要重启时，Hadoop 会暂时中止服务的问题。Hadoop 高可用模式中有两个 NameNode，分别处于 Active/Standby 状态，当 Active 状态的 NameNode 下线时，另外一个处于 Standby 状态的 NameNode 就可以自动切换到 Active 状态提供服务，避免集群服务中断。

Hadoop 高可用模式是企业应用模式，相对于集群模式，在搭建过程中，需要注意以下问题：

1）如果硬件条件较好，建议提供 5 台或以上的虚拟机。

2）先在集群中安装好 ZooKeeper 组件和集群模式 Hadoop，并保证能正常工作。如果对集群模式 Hadoop 非常熟悉，也可以在 ZooKeeper 搭建完成后，跳过集群模式 Hadoop 直接从零开始搭建高可用模式 Hadoop，本任务将采用这种方法。

码 3-5-1

码 3-5-2

3）除非特别说明，搭建过程中的配置文件编写都在 master1 虚拟机中操作，也可以按照截图中的命令提示符来判断。

4）搭建完成后的系统测试过程也比较复杂，格式化、服务启动都必须按照顺序进行，启动过程中要密切关注系统输出信息，判断进程加载成功与否。

码 3-5-3

任务实施

1）在 master1、master2、salve 3 台虚拟机组成的集群中安装 ZooKeeper 组件，并测试。

码 3-5-4

2）将 Hadoop-2.7.3 安装包解压缩到 /usr/local 目录，并改名为 /usr/local/hadoop，如图 3-5-1 和图 3-5-2 所示。

```
hadoop@master1:~/soft$ sudo tar -zxvf hadoop-2.7.3.tar.gz -C /usr/local
```

图 3-5-1 解压缩 Hadoop 安装包

3）在 /usr/local/hadoop 目录下创建 tmp 子目录，如图 3-5-3 所示。

```
hadoop@master1:~$ cd /usr/local
hadoop@master1:/usr/local$ sudo mv hadoop-2.7.3/ hadoop
hadoop@master1:/usr/local$ sudo chown hadoop:hadoop ./hadoop/
hadoop@master1:/usr/local$
```

图 3-5-2 目录改名并修改权限

```
hadoop@master1:~$ mkdir /usr/local/hadoop/tmp
hadoop@master1:~$
```

图 3-5-3 创建 tmp 子目录

4）编写 /usr/local/hadoop/etc/hadoop/hdfs-site.xml 文件，共 16 个属性和值，如图 3-5-4 ~ 图 3-5-7 所示。

```
hadoop@master1:~$ vi /usr/local/hadoop/etc/hadoop/hdfs-site.xml
```

图 3-5-4 修改 hdfs-site.xml 文件

```
<property>
        <name>dfs.replication</name>
        <value>3</value>
</property>
<property>
        <name>dfs.namenode.name.dir</name>
        <value>/usr/local/hadoop/tmp/dfs/name</value>
</property>
<property>
        <name>dfs.datanode.data.dir</name>
        <value>/usr/local/hadoop/tmp/dfs/data</value>
</property>
<property>
        <name>dfs.nameservices</name>
        <value>bdcluster</value>
</property>
<property>
        <name>dfs.ha.namenodes.bdcluster</name>
        <value>nn1,nn2</value>
</property>
<property>
        <name>dfs.namenode.rpc-address.bdcluster.nn1</name>
        <value>master1:9000</value>
</property>
<property>
        <name>dfs.namenode.rpc-address.bdcluster.nn2</name>
        <value>master2:9000</value>
</property>
```

图 3-5-5 hdfs-site.xml 文件内容 1

```
<property>
        <name>dfs.namendoe.http-address.bdcluster.nn1</name>
        <value>master1:50070</value>
</property>
<property>
        <name>dfs.namendoe.http-address.bdcluster.nn2</name>
        <value>master2:50070</value>
</property>
<property>
        <name>dfs.namenode.shared.edits.dir</name>
        <value>qjournal://slave:8485/bdcluster</value>
</property>
<property>
        <name>dfs.journalnode.edits.dir</name>
        <value>/usr/local/hadoop/tmp/journal</value>
</property>
<property>
        <name>dfs.ha.automatic-failover.enabled</name>
        <value>true</value>
</property>
<property>
        <name>dfs.client.failover.proxy.provider.bdcluster</name>
        <value>org.apache.hadoop.hdfs.server.namenode.ha.ConfiguredFailoverProxyProvider</value>
</property>
```

图 3-5-6 hdfs-site.xml 文件内容 2

```
<property>
        <name>dfs.ha.fencing.methods</name>
        <value>
                sshfence
                shell(/bin/true)
        </value>
</property>
<property>
        <name>dfs.ha.fencing.ssh.private-key-files</name>
        <value>/root/.ssh/id_rsa</value>
</property>
<property>
        <name>dfs.ha.fencing.ssh.connect-timeout</name>
        <value>30000</value>
</property>
```

图 3-5-7　hdfs-site.xml 文件内容 3

5）编写 /usr/local/hadoop/etc/hadoop/core-site.xml 文件，共 3 个属性和值，如图 3-5-8 和图 3-5-9 所示。

```
hadoop@master1:~$ vi /usr/local/hadoop/etc/hadoop/core-site.xml
```

图 3-5-8　修改 core-site.xml 文件

```
<property>
        <name>hadoop.tmp.dir</name>
        <value>/usr/local/hadoop/tmp</value>
</property>
<property>
        <name>fs.defaultFS</name>
        <value>hdfs://bdcluster</value>
</property>
<property>
        <name>ha.zookeeper.quorum</name>
        <value>master1:2181,master2:2181,slave:2181</value>
</property>
```

图 3-5-9　core-site.xml 文件内容

6）编写 /usr/local/hadoop/etc/hadoop/mapred-site.xml 文件，共 3 个属性和值。先通过模板文件 mapred-site.xml.template 复制生成 mapred-site.xml，如图 3-5-10 和图 3-5-11 所示。

```
hadoop@master1:~$ vi /usr/local/hadoop/etc/hadoop/mapred-site.xml
```

图 3-5-10　修改 mapred-site.xml 文件

```
<property>
        <name>mapreduce.framework.name</name>
        <value>yarn</value>
</property>
<property>
        <name>mapreduce.jobhistory.address</name>
        <value>0.0.0.0:10020</value>
</property>
<property>
        <name>mapreduce.jobhistory.webapp.address</name>
        <value>0.0.0.0:19888</value>
</property>
```

图 3-5-11　mapred-site.xml 文件内容

7）编写 /usr/local/hadoop/etc/hadoop/yarn-site.xml 文件，共 8 个属性和值，如图 3-5-12 和图 3-5-13 所示。

```
hadoop@master1:~$ vi /usr/local/hadoop/etc/hadoop/yarn-site.xml
```

图 3-5-12　修改 yarn-site.xml 文件

```
<property>
        <name>yarn.nodemanager.aux-service</name>
        <value>mapreduce_shuffle</value>
</property>
<property>
        <name>yarn.resourcemanager.ha.enabled</name>
        <value>true</value>
</property>
<property>
        <name>yarn.resourcemanager.recovery.enabled</name>
        <value>true</value>
</property>
<property>
        <name>yarn.resourcemanager.cluster-id</name>
        <value>yrc</value>
</property>
<property>
        <name>yarn.resourcemanager.ha.rm-ids</name>
        <value>rm1,rm2</value>
</property>
<property>
        <name>yarn.resourcemanager.hostname.rm1</name>
        <value>master1</value>
</property>
<property>
        <name>yarn.resourcemanager.hostname.rm2</name>
        <value>master2</value>
</property>
<property>
        <name>yarn.resourcemanager.zk-address</name>
        <value>master1:2181,master2:2181,slave:2181</value>
</property>
```

图 3-5-13　yarn-site.xml 文件内容

8）编写 /usr/local/hadoop/etc/hadoop/slaves 文件。文件中的每一行是 DataNode 节点的一个主机名，如图 3-5-14 和图 3-5-15 所示。

```
hadoop@master1:~$ vi /usr/local/hadoop/etc/hadoop/slaves
```

图 3-5-14　修改 slaves 文件

```
master1
master2
slave
```

图 3-5-15　slaves 文件内容

9）在 /usr/local/hadoop/etc/hadoop 下的 hadoop-env.sh、yarn-env.sh、mapred-env.sh 3 个配置文件中设置 JAVA_HOME 的值，增加以下语句：

```
export JAVA_HOME=/usr/local/jdk
```

如果存在 JAVA_HOME 配置语句，则注释后再增加。

10）配置 Hadoop 环境变量，内容与集群模式一样，如图 3-5-16 和图 3-5-17 所示。

```
hadoop@master1:~$ vi .bashrc
```

图 3-5-16　编辑 .bashrc 文件

```
# configuration for jdk
export JAVA_HOME=/usr/local/jdk
export CLASSPATH=$JAVA_HOME/jre/lib/ext:$JAVA_HOME/lib/tools.jar
export PATH=$JAVA_HOME/bin:$PATH

# configuration for zookeeper
export ZOOKEEPER_HOME=/usr/local/zookeeper
export PATH=$ZOOKEEPER_HOME/bin:$PATH

# configuration for Hadoop
export HADOOP_HOME=/usr/local/hadoop
export PATH=$HADOOP_HOME/bin:$HADOOP_HOME/sbin:$PATH
export HADOOP_COMMON_LIB_NATIVE_DIR=$HADOOP_HOME/lib/native
export HADOOP_OPTS="-Djava.library.path=$HADOOP_HOME/lib:$HADOOP_COMMON_LIB_NATIVE_DIR"
```

图 3-5-17　.bashrc 文件内容

11）加载环境变量，在 master1 虚拟机上测试 hadoop version 命令，如图 3-5-18 所示。

```
hadoop@master1:~$ source .bashrc
hadoop@master1:~$ hadoop version
Hadoop 2.7.3
Subversion https://git-wip-us.apache.org/repos/asf/hadoop.git -r baa91f7c
Compiled by root on 2016-08-18T01:41Z
Compiled with protoc 2.5.0
From source with checksum 2e4ce5f957ea4db193bce3734ff29ff4
This command was run using /usr/local/hadoop/share/hadoop/common/hadoop-c
hadoop@master1:~$
```

图 3-5-18　加载 .bashrc 并测试

12）将 /usr/local/hadoop 目录打包，使用 scp 命令分发到 master2、slave 虚拟机，然后将打包文件解压缩到 /usr/local 目录，如图 3-5-19 ～图 3-5-22 所示。

```
hadoop@master1:/usr/local$ sudo tar -zcvf hadoop.tar.gz ./hadoop/
```

图 3-5-19　打包

```
hadoop@master1:/usr/local$ scp hadoop.tar.gz hadoop@master2:~
hadoop.tar.gz
hadoop@master1:/usr/local$ scp hadoop.tar.gz hadoop@slave:~
hadoop.tar.gz
hadoop@master1:/usr/local$
```

图 3-5-20　复制分发

在 master2 虚拟机上执行如图 3-5-21 所示的命令。

```
hadoop@master2:~$ sudo tar -zxvf hadoop.tar.gz -C /usr/local
```

图 3-5-21　解压缩 1

在 slave 虚拟机上执行如图 3-5-22 所示的命令。

```
hadoop@slave:~$ sudo tar -zxvf hadoop.tar.gz -C /usr/local
```

图 3-5-22　解压缩 2

13）将 master1 上的 ~/.bashrc 文件复制到 master2、slave，并加载。如图 3-5-23 所示。

```
hadoop@master1:~$ scp .bashrc hadoop@master2:~
.bashrc
hadoop@master1:~$ scp .bashrc hadoop@slave:~
.bashrc
hadoop@master1:~$
```

图 3-5-23　复制分发 .bashrc 文件

在 master2 虚拟机上执行如图 3-5-24 所示的命令，在 slave 虚拟机上执行如图 3-5-25 所示的命令。

```
hadoop@master2:~$ source .bashrc
hadoop@master2:~$
```

图 3-5-24　加载 .bashrc（1）

```
hadoop@slave:~$ source .bashrc
hadoop@slave:~$
```

图 3-5-25　加载 .bashrc（2）

14）初始化过程。

① 在 3 台虚拟机上依次启动 ZooKeeper 组件（此处只截取 master1 主机上执行的命令），如图 3-5-26 所示。

```
hadoop@master1:~$ zkServer.sh start
ZooKeeper JMX enabled by default
Using config: /usr/local/zookeeper/bin/../conf/zoo.cfg
Starting zookeeper ... STARTED
```

图 3-5-26 启动 ZooKeeper

在 3 台虚拟机上依次检查 ZooKeeper 的角色，一个 leader，两个 follower，如图 3-5-27 所示。

```
hadoop@master1:~$ zkServer.sh status
ZooKeeper JMX enabled by default
Using config: /usr/local/zookeeper/bin/../conf/zoo.cfg
Client port found: 2181. Client address: localhost.
Mode: follower
```

图 3-5-27 查看 ZooKeeper 状态

② 启动所有节点的 journalnode 进程，如图 3-5-28 所示。

```
hadoop@master1:~$ hadoop-daemons.sh start journalnode
master2: starting journalnode, logging to /usr/local/hadoop/logs/hadoop-hadoop-journalnode-master2.out
slave: starting journalnode, logging to /usr/local/hadoop/logs/hadoop-hadoop-journalnode-slave.out
master1: starting journalnode, logging to /usr/local/hadoop/logs/hadoop-hadoop-journalnode-master1.out
hadoop@master1:~$
```

图 3-5-28 启动 journalnode 进程

启动完成后，检查 3 台虚拟机的进程，如图 3-5-29 所示。

③ 在 master1 虚拟机上执行格式化命令，因为两个 NameNode 管理同一个元数据，所以只需要在一个 NameNode 上格式化，如图 3-5-30 所示。

```
hadoop@master1:~$ jps
9218 Jps
9123 JournalNode
8871 QuorumPeerMain
hadoop@master1:~$
```

图 3-5-29 jps 进程

```
hadoop@master1:~$ hdfs namenode -format
```

图 3-5-30 格式化名称节点

如果返回如图 3-5-31 和图 3-5-32 所示的信息表示格式化成功。

```
ockPoolId: BP-439723962-192.168.200.180-1562848018622
/usr/local/hadoop/tmp/dfs/name has been successfully formatted.
```

图 3-5-31 返回信息 1

```
19/07/11 20:26:59 INFO util.ExitUtil: Exiting with status 0
19/07/11 20:26:59 INFO namenode.NameNode: SHUTDOWN_MSG:
/************************************************************
SHUTDOWN_MSG: Shutting down NameNode at master1/192.168.200.180
************************************************************/
```

图 3-5-32 返回信息 2

④ 先启动 master1 虚拟机上的 NameNode 进程，如图 3-5-33 和图 3-5-34 所示。

```
hadoop@master1:~$ hadoop-daemon.sh start namenode
starting namenode, logging to /usr/local/hadoop/logs/hadoop-hadoop-namenode-master1.out
hadoop@master1:~$
```

图 3-5-33 启动 NameNode 进程

```
hadoop@master1:~$ jps
9633 NameNode
9700 Jps
9478 JournalNode
8871 QuorumPeerMain
```

图 3-5-34 进程列表

⑤ 在 master2 虚拟机上同步 master1 虚拟机上的元数据，如图 3-5-35 所示。

如果在输出信息中观察到如图 3-5-36 所示的内容，则表示同步成功。

```
hadoop@master2:~$ hdfs namenode -bootstrapStandby
```

图 3-5-35　同步 NameNode

```
19/07/11 20:34:03 INFO util.ExitUtil: Exiting with status 0
19/07/11 20:34:03 INFO namenode.NameNode: SHUTDOWN_MSG:
/************************************************************
SHUTDOWN_MSG: Shutting down NameNode at master2/192.168.200.181
************************************************************/
```

图 3-5-36　同步成功

⑥ 停止 master1 虚拟机上的 NameNode 进程，如图 3-5-37 所示。

⑦ 在 master1 虚拟机上同时开启 3 台虚拟机上的 DataNode 进程，如图 3-5-38 所示。

```
hadoop@master1:~$ hadoop-daemon.sh  stop  namenode
stopping namenode
hadoop@master1:~$
hadoop@master1:~$ jps
10003 Jps
9478 JournalNode
8871 QuorumPeerMain
hadoop@master1:~$
```

图 3-5-37　停止 master1 虚拟机的 NameNode 进程

```
hadoop@master1:~$ hadoop-daemons.sh start datanode
master1: starting datanode, logging to /usr/local/hadoop/lo
slave: starting datanode, logging to /usr/local/hadoop/logs
master2: starting datanode, logging to /usr/local/hadoop/lo
hadoop@master1:~$ jps
10100 DataNode
10148 Jps
9478 JournalNode
8871 QuorumPeerMain
hadoop@master1:~$
```

图 3-5-38　启动所有虚拟机的 DataNode 进程

⑧ 初始化 zkfc，如图 3-5-39 和图 3-5-40 所示。

```
hadoop@master1:~$ hdfs zkfc -formatZK
```

图 3-5-39　格式化 ZooKeeper 节点

```
INFO ha.ActiveStandbyElector: Session connected.
INFO ha.ActiveStandbyElector: Successfully created /hadoop-ha/bdcluster in ZK.
INFO zookeeper.ClientCnxn: EventThread shut down
```

图 3-5-40　初始化成功

进入 ZooKeeper 客户端，使用 ls 命令，可以看到 hadoop-ha 节点，如图 3-5-41 和图 3-5-42 所示。

```
hadoop@master1:~$ zkCli.sh
```

图 3-5-41　启动 ZooKeeper 客户端

```
WatchedEvent state:SyncConnected type:None path:null
[zk: localhost:2181(CONNECTED) 0] ls /
[hadoop-ha, zk_test, zookeeper]
[zk: localhost:2181(CONNECTED) 1]
```

图 3-5-42　查看 ZooKeeper 节点

⑨ 分别在 master1 虚拟机和 master2 虚拟机上单步启动 zkfc，如图 3-5-43 和图 3-5-44 所示。

```
hadoop@master1:~$ hadoop-daemon.sh start zkfc
starting zkfc, logging to /usr/local/hadoop/logs/hadoop-hadoop-
hadoop@master1:~$ jps
10352 Jps
10307 DFSZKFailoverController
10100 DataNode
9478 JournalNode
8871 QuorumPeerMain
hadoop@master1:~$
```

图 3-5-43　启动 master1 虚拟机的 zkfc

```
hadoop@master2:~$ hadoop-daemon.sh start zkfc
starting zkfc, logging to /usr/local/hadoop/logs/hadoop
hadoop@master2:~$ jps
9056 DFSZKFailoverController
8052 QuorumPeerMain
8537 JournalNode
9101 Jps
8910 DataNode
hadoop@master2:~$
```

图 3-5-44　启动 master2 虚拟机的 zkfc

⑩ 分别在 master1 和 master2 虚拟机上单步启动 NameNode，如图 3-5-45 和图 3-5-46 所示。

```
hadoop@master1:~$ hadoop-daemon.sh start namenode
starting namenode, logging to /usr/local/hadoop/logs/hadoop
hadoop@master1:~$ jps
10307 DFSZKFailoverController
10100 DataNode
9478 JournalNode
10471 Jps
8871 QuorumPeerMain
10394 NameNode
hadoop@master1:~$
```

图 3-5-45　启动 master1 虚拟机的 NameNode 进程

```
hadoop@master2:~$ hadoop-daemon.sh start namenode
starting namenode, logging to /usr/local/hadoop/logs/hadoop
hadoop@master2:~$ jps
9056 DFSZKFailoverController
8052 QuorumPeerMain
9222 Jps
8537 JournalNode
9149 NameNode
8910 DataNode
hadoop@master2:~$
```

图 3-5-46　启动 master2 虚拟机的 NameNode 进程

⑪ 在 master1 虚拟机上启动 yarn，如图 3-5-47 所示。

从上面可以看到 ResourceManager 只启动了一个，master2 虚拟机上的 ResourceManager 进程需要单独启动，如图 3-5-48 所示。

```
hadoop@master1:~$ start-yarn.sh
starting yarn daemons
starting resourcemanager, logging to /usr/local/hadoo
slave: starting nodemanager, logging to /usr/local/ha
master2: starting nodemanager, logging to /usr/local/
master1: starting nodemanager, logging to /usr/local/
hadoop@master1:~$
```

图 3-5-47　启动 yarn

```
hadoop@master2:~$ yarn-daemon.sh start resourcemanager
starting resourcemanager, logging to /usr/local/hadoop/logs/
hadoop@master2:~$
```

图 3-5-48　单独启动 master2 虚拟机的 yarn

⑫ 最后，检查 3 台虚拟机的进程，如图 3-5-49 ～图 3-5-51 所示。

```
hadoop@master1:~$ jps
11072 Jps
10578 ResourceManager
10307 DFSZKFailoverController
10100 DataNode
10724 NodeManager
9478 JournalNode
8871 QuorumPeerMain
10394 NameNode
hadoop@master1:~$
```

图 3-5-49　master1 虚拟机的列表进程

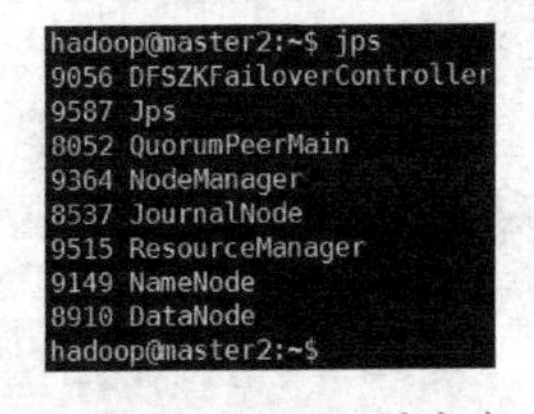

图 3-5-50　master2 虚拟机的列表进程

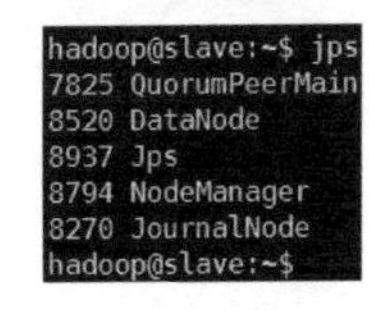

图 3-5-51　slave 虚拟机的列表进程

15）首次启动高可用模式 Hadoop 小结。

说明：日常启动可以通过执行 start_all.sh 命令来完成。

① 启动 ZooKeeper（过程略过，请参考前面的内容）。

② 启动所有节点的 journalnode 进程，如图 3-5-52 所示。

③ 启动所有节点的 DataNode 进程，如图 3-5-53 所示。

```
hadoop@master1:~$ hadoop-daemons.sh start journalnode
slave: starting journalnode, logging to /usr/local/had
master1: starting journalnode, logging to /usr/local/h
master2: starting journalnode, logging to /usr/local/h
hadoop@master1:~$
```

图 3-5-52　启动所有节点的 journalnode 进程

```
hadoop@master1:~$ hadoop-daemons.sh start datanode
master2: starting datanode, logging to /usr/local/h
master1: starting datanode, logging to /usr/local/h
slave: starting datanode, logging to /usr/local/had
hadoop@master1:~$
```

图 3-5-53　启动所有节点的 DataNode 进程

④ 在两台 NameNode 所在的虚拟机（master1、master2）上分别启动 zkfc 进程，如图 3-5-54 和图 3-5-55 所示。

```
hadoop@master1:~$ hadoop-daemon.sh start zkfc
starting zkfc, logging to /usr/local/hadoop/lo
hadoop@master1:~$
```

图 3-5-54　启动 master1 虚拟机的 zkfc 进程

```
hadoop@master2:~$ hadoop-daemon.sh start zkfc
starting zkfc, logging to /usr/local/hadoop/lo
hadoop@master2:~$
```

图 3-5-55　启动 master2 虚拟机的 zkfc 进程

⑤ 分别启动 master1、master2 虚拟机的 NameNode 进程，如图 3-5-56 和图 3-5-57 所示。

```
hadoop@master1:~$ hadoop-daemon.sh start namenode
starting namenode, logging to /usr/local/hadoop/log
hadoop@master1:~$
```

图 3-5-56　启动 master1 虚拟机的 NameNode 进程

```
hadoop@master2:~$ hadoop-daemon.sh start namenode
starting namenode, logging to /usr/local/hadoop/log
hadoop@master2:~$
```

图 3-5-57　启动 master2 虚拟机的 NameNode 进程

⑥ 在 master1 虚拟机上启动所有节点的 yarn 进程，如图 3-5-58 所示。

⑦ 在 master2 虚拟机上单独启动 ResourceManager 进程，如图 3-5-59 所示。

```
hadoop@master1:~$ start-yarn.sh
starting yarn daemons
starting resourcemanager, logging to /usr/l
master2: starting nodemanager, logging to /
slave: starting nodemanager, logging to /us
master1: starting nodemanager, logging to /
hadoop@master1:~$ jps
```

图 3-5-58　启动 yarn

```
hadoop@master2:~$ yarn-daemon.sh start resourcemanager
starting resourcemanager, logging to /usr/local/hadoop/
hadoop@master2:~$
```

图 3-5-59　启动 master2 虚拟机的 ResourceManager 进程

16）关闭 Hadoop 高可用模式集群，如图 3-5-60 所示。

```
hadoop@master1:~$ stop-all.sh
This script is Deprecated. Instead use
Stopping namenodes on [master1 master2]
master1: stopping namenode
master2: stopping namenode
master2: stopping datanode
master1: stopping datanode
slave: stopping datanode
Stopping journal nodes [slave]
slave: stopping journalnode
Stopping ZK Failover Controllers on NN
master1: stopping zkfc
master2: stopping zkfc
stopping yarn daemons
stopping resourcemanager
slave: stopping nodemanager
master1: stopping nodemanager
master2: stopping nodemanager
no proxyserver to stop
hadoop@master1:~$
```

图 3-5-60　关闭 Hadoop 高可用模式集群

在 master1 虚拟机上执行 stop-all.sh 后，在输出信息上可以看到 master2 虚拟机上的 ResourceManager 进程无法停止，需要手工在 master2 虚拟机上单独停止；master1 虚拟机和 master2 虚拟机上的 journalnode 进程需要单独停止，如图 3-5-61 和图 3-5-62 所示。

```
hadoop@master1:~$ hadoop-daemons.sh stop journalnode
slave: no journalnode to stop
master2: stopping journalnode
master1: stopping journalnode
hadoop@master1:~$
```

图 3-5-61　停止 journalnode 进程

```
hadoop@master2:~$ yarn-daemon.sh stop resourcemanager
stopping resourcemanager
resourcemanager did not stop gracefully after 5 second
hadoop@master2:~$
```

图 3-5-62　停止 ResourceManager 进程

17）高可用模式 Hadoop 的 Web 界面。

① 用浏览器打开 master1 虚拟机的 50070 端口，显示处于 standby 状态，如图 3-5-63 所示。

② 用浏览器打开 master2 虚拟机的 50070 端口，显示处于 active 状态，如图 3-5-64 所示。

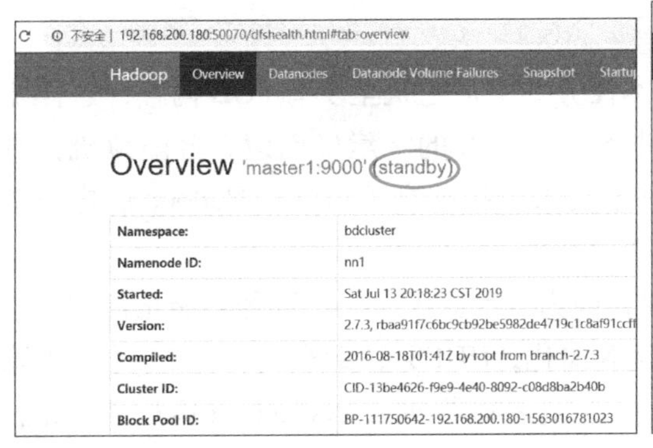

图 3-5-63　master1 虚拟机的节点状态

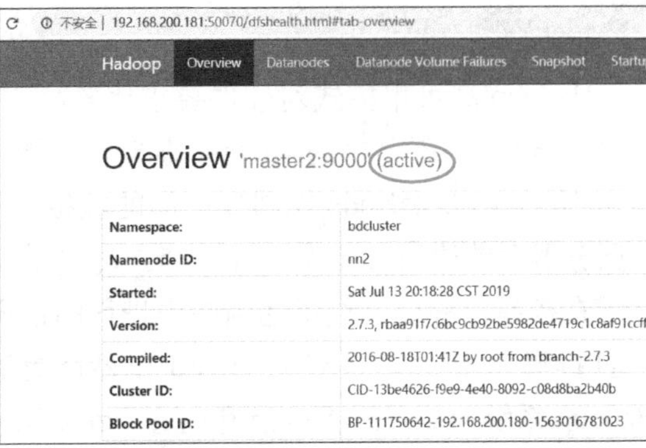

图 3-5-64　master2 虚拟机的节点状态

18）测试高可用模式 Hadoop。

从两个 NameNode 节点的状态可以看出：一个节点处于激活（active）状态，一个处于备用（standby）状态。下面将手工停止处于激活状态节点（master2）的 namenode 进程，然后观察处于备用状态的节点（master1）是否能自动切换到激活状态。

① 在 master2 虚拟机上手工停止 namenode 进程，如图 3-5-65 所示。

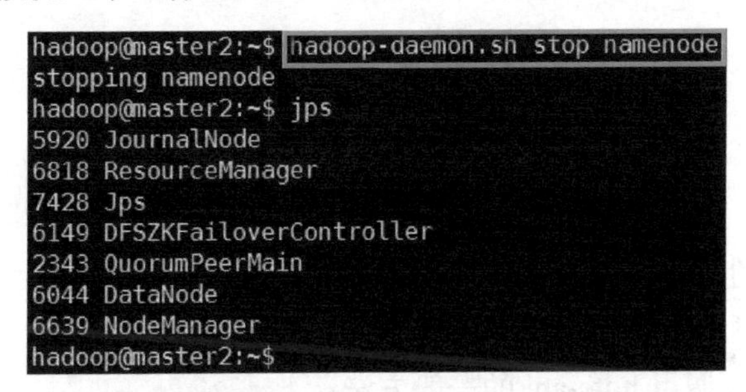

图 3-5-65　停止 master2 虚拟机的 namenode 进程

② 用浏览器查看 master1 虚拟机和 master2 虚拟机的 50070 端口。可以看到 master1 虚拟机的节点已经切换到 active 状态，master2 虚拟机的节点则因为停止了 namenode 进程而无法访问。至此，Hadoop 高可用模式搭建成功，有兴趣的同学可以在 master2 虚拟机上重新启动 namenode 进程，观察两个 NameNode 节点的状态，如图 3-5-66 和图 3-5-67 所示。

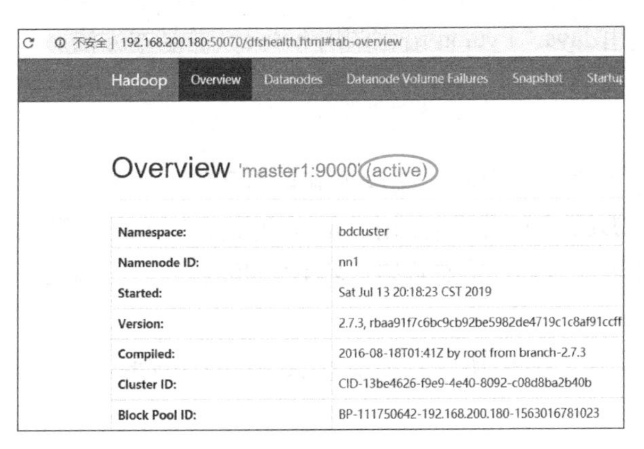

图 3-5-66　master1 虚拟机的状态

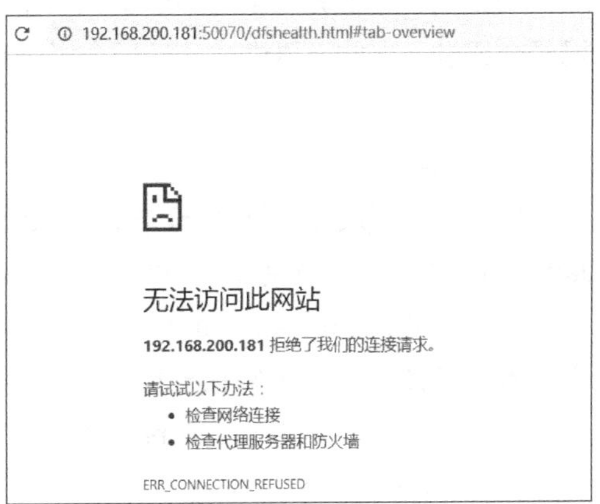

图 3-5-67　master2 虚拟机的状态

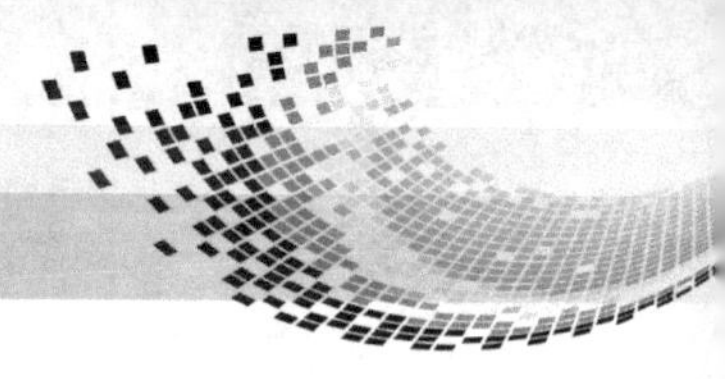

小　结

Hadoop 高可用模式对硬件要求比较高，本任务要求宿主机至少有 8GB 内存，这样才能开出 3 台 1GB 内存的 Ubuntu 虚拟机。硬件条件比较好的，建议创建 5 台虚拟机，将 NameNode 和 DataNode 规划到不同的虚拟机中。另外，搭建高可用模式 Hadoop 的虚拟机或服务器台数请使用奇数，如 3、5、7、9 等。

在搭建过程中，经常遇到缺失进程的情况，因为各种原因，一些进程不能正常启动。一旦排除故障后，最好将 HDFS 和 zkfc 重新格式化。HDFS 重新格式化前需要先删除 Hadoop 系统 tmp 目录下的所有内容；zkfc 重新格式化前需要进入 ZooKeeper 客户端，先删除 hadoop-ha 和 yarn-leader-election 节点。

在配置过程中，在配置文件 hdfs-core.xml 中，dfs.namenode.shared.edits.dir 的值需要配置为不运行 namenode 进程的主机。本例为 qjournal://slave:8485/bdcluster，如果有 5 台以上主机，此处将它们添加进来，比如，qjournal://slave1:8485;slave2:8485;slave3:8485/bdcluster。不同主机之间用分号分开。

任务 6　HDFS

学习目标

- 熟悉 HDFS 的特点。
- 掌握 HDFS 常用 shell 命令的用法。
- 了解用 Python 调用 hdfs-api 的一般方法。
- 了解用 Java 调用 hdfs-api 的一般方法。

任务描述

HDFS 是 Hadoop 核心框架，是当年谷歌发布的 3 篇著名论文之一，也是其他大数据组件运行的基础。本任务先学习 HDFS 的特点，然后介绍部分常用的 shell 命令，有些命令在前面已经介绍过，在此不再讲述。最后介绍分别用 Java、Python 语言调用 hdfs-api 的基本方法。

任务分析

hdfs-shell 命令需要在已经启动 Hadoop 服务的伪分布、集群或高可用环境下才能执行。Java 下调用 API 建议使用 IntelliJ IDEA 为 IDE，同时需要使用 Maven 框架，Python 下调用 API 建议使用 JetBrains PyCharm 为 IDE，开始学习前，先安装好这些 IDE 并调试到正常状态。学习本任务还需要以下知识支撑，请提前准备。

1）在 Python 中用 pip 或 pip3 在线安装指定的模块，并能够在 JetBrains PyCharm 中编写简单的 Python 程序。

2）熟悉 Maven 框架，能够使用 IntelliJ IDEA 创建 Maven 项目，编写 Maven 依赖并编

写简单的 Java 应用程序。

任务实施

1. HDFS

HDFS 是适合运行在通用硬件上的分布式文件系统。它和现有的分布式文件系统有很多共同点，但它和其他分布式文件系统的区别也很明显。首先，HDFS 是一个高容错性的系统，适合部署在性能一般的机器上。其次，HDFS 能提供高吞吐量的数据访问，非常适合大规模数据集的应用，实现了流式读取文件系统数据。

（1）高容错性

硬件错误是常态而不是异常，换句话说，硬件损坏是正常现象。HDFS 由成百上千的服务器构成，每个服务器上存储着文件系统的部分数据，服务器的任何一个组件在任何时刻都可能出错。错误检测和快速、自动恢复是 HDFS 的核心功能。

（2）流式数据访问

运行在 HDFS 上的应用和普通的应用不同，需要流式访问它们的数据集。HDFS 的设计中更多考虑到了数据批处理，而不是用户交互处理。数据批量读而不是随机写。Hadoop 擅长数据分析而不是事务处理。文件采用一次性写多次读的模型，文件一旦写入就无法修改。

（3）大规模数据集

HDFS 上的一个普通文件大小一般都在 G 字节至 T 字节，它支持大文件存储。HDFS 还能提供整体上高的数据传输带宽，能在一个集群里扩展到数百个节点。一个单一的 HDFS 实例应该能支撑数以千万计的文件。

（4）安全模式

NameNode 启动后会进入一个称为安全模式的特殊状态。安全模式中系统检测数据块是否都有最小备份，检测完成一定百分比后会自动退出安全模式。当然，可以用命令让系统退出安全模式而不是自动退出。处于安全模式的 NameNode 不能进行数据块的复制，也不能写入文件。

2. 常用 fs shell 命令

在前面“搭建伪分布模式 Hadoop”内容中已经介绍过部分命令。

1）查看 HDFS 基本信息，如图 3-6-1 所示。

```
hadoop@master:~$ hdfs dfsadmin -report
Configured Capacity: 160379584512 (149.37 GB)
Present Capacity: 126520840192 (117.83 GB)
DFS Remaining: 126089211904 (117.43 GB)
DFS Used: 431628288 (411.63 MB)
DFS Used%: 0.34%
Under replicated blocks: 0
Blocks with corrupt replicas: 0
Missing blocks: 0
Missing blocks (with replication factor 1): 0
```

图 3-6-1 HDFS 基本信息

2）进入 / 退出安全模式，如图 3-6-2 和图 3-6-3 所示。

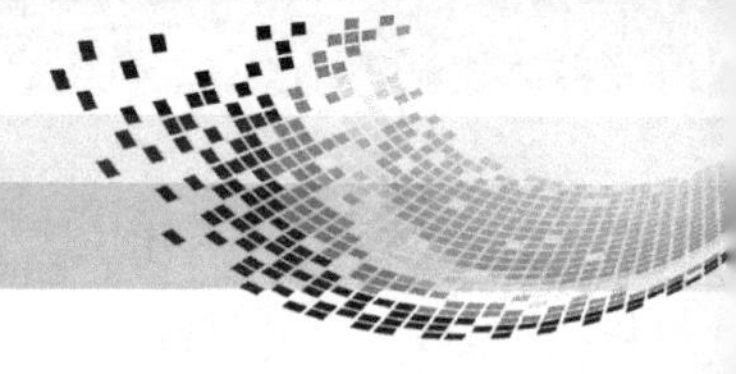

```
hadoop@master:~$ hdfs dfsadmin -safemode enter
Safe mode is ON
```

图 3-6-2 开启安全模式

```
hadoop@master:~$ hdfs dfsadmin -safemode leave
Safe mode is OFF
```

图 3-6-3 关闭安全模式

3）从本地复制到 HDFS（要求源是一个本地文件，目的是 HDFS），如图 3-6-4 所示。

```
hadoop@master:~$ hdfs dfs -copyFromLocal mapper1.py my
hadoop@master:~$
```

图 3-6-4 上传文件

4）从 HDFS 复制到本地（要求源是 HDFS，目的是一个本地文件），如图 3-6-5 所示。

```
hadoop@master:~$ hdfs dfs -copyToLocal my/mapper1.py ~/aaa.py
hadoop@master:~$
```

图 3-6-5 下载文件

5）显示文件 / 目录大小（当目标是目录时，显示目录下的所有文件），如图 3-6-6 所示。

6）显示文件大小，如图 3-6-7 所示。

```
hadoop@master:~$ hdfs dfs -du my
214092195  my/hadoop-2.7.3.tar.gz
186        my/mapper1.py
```

图 3-6-6 显示文件 / 目录大小

```
hadoop@master:~$ hdfs dfs -du -s my
214092381  my
```

图 3-6-7 显示文件大小

7）清空 HDFS 回收站，如图 3-6-8 所示。

```
hadoop@master:~$ hdfs dfs -expunge
19/02/11 16:11:40 INFO fs.TrashPolicyDefault: Namenode
hadoop@master:~$
```

图 3-6-8 清空 HDFS 回收站

8）显示文件 / 目录信息（不含大小），如图 3-6-9 所示。

```
hadoop@master:~$ hdfs dfs -stat my/hadoop-2.7.3.tar.gz
2019-02-09 07:10:10
hadoop@master:~$
```

图 3-6-9 显示文件 / 目录信息

3. Python 调用 API

（1）准备

不管是在 Windows 还是 Linux 操作系统下，都要先在对应版本的 Python 下安装 pyhdfs 模块，执行 pip install pyhdfs。为了避免出错，先启动 JetBrains PyCharm，在“Setting”→“Project xxx”→“Project Interpreter”菜单下查看 Python 对应的版本和路径。如果 pip 版本比较低，还需要先升级 pip 到最新版本。安装完成后，启动 Python，能正常导入 pyhdfs 即可，如图 3-6-10 所示。

```
D:\Python27>python
Python 2.7.15 (v2.7.15:ca079a3ea3, Apr 30 2018, 16:30:26) [M
Type "help", "copyright", "credits" or "license" for more in
>>> from pyhdfs import HdfsClient
>>>
```

图 3-6-10 使用命令行导入 pyhdfs 模块

(2) 创建项目编写代码

执行下面的代码前先准备好测试目录和文件，如图 3-6-11 所示。

```
# -*- coding=utf-8 -*-
from pyhdfs import HdfsClient

# 创建连接
client = HdfsClient(hosts='192.168.200.30:50070',user_name='hadoop')
# 将本地文件传送到hdfs
client.copy_from_local('d://abcd.txt','/user/hadoop/my/abcd.txt')
# 将hdfs文件下载到本地
client.copy_to_local('/user/hadoop/my/mapper1.py','d://aaabbb.txt')
# 在hdfs中创建目录
client.mkdirs("/user/hadoop/kkk2222222")
# 在hdfs中删除目录/文件
client.delete("/user/hadoop/kkk")
```

图 3-6-11 示例代码

(3) 说明

1）不管 JetBrains PyCharm 是运行在 Windows 还是 Linux 下，配置各节点的本地解析。有人认为 HdfsClient 语句中已经指定了 IP，不需要做解析。如果不做，HdfsClient 在创建连接的时候会报错。相比 Windows，在 Linux 环境下调试上面的代码会顺利一些。

2）其他的 API 用法可以在 Hadoop 官网查询。

4. Java 调用 API

(1) 准备 IDE

在 IntelliJ IDEA 或 Eclipse 中创建 Maven 项目。Maven 框架的安装与国内源配置自行查找相关资料。在 Maven 的 pom.xml 中添加依赖，如图 3-6-12 所示。

(2) 导入类

如图 3-6-13 所示。

```
<dependency>
    <groupId>org.apache.hadoop</groupId>
    <artifactId>hadoop-common</artifactId>
    <version>2.7.3</version>
</dependency>
<dependency>
    <groupId>org.apache.hadoop</groupId>
    <artifactId>hadoop-hdfs</artifactId>
    <version>2.7.3</version>
</dependency>
```

图 3-6-12 添加 Maven 依赖

```
import org.apache.hadoop.conf.Configuration;
import org.apache.hadoop.fs.FileSystem;
import org.apache.hadoop.fs.Path;
```

图 3-6-13 导入类

(3) 从 HDFS 上上传和下载文件的代码段

运行前，先在本地和 HDFS 特定目录准备测试文件。本代码仅说明一般调用过程，适合处理小文件，如图 3-6-14 所示。执行结果如图 3-6-15 所示。大文件上传下载一般采用流方式，如图 3-6-16 所示。

```
package com.mrtest;
import org.apache.hadoop.conf.Configuration;
import org.apache.hadoop.fs.FileSystem;
import org.apache.hadoop.fs.Path;

public class Myhdfs {
    public static void main(String[] args) throws Exception {
        Configuration conf = new Configuration(); // 定义配置对象
        conf.set("fs.defaultFS", "hdfs://192.168.200.30:9000"); //通过配置文件的key设置value的值
        System.setProperty("HADOOP_USER_NAME", "hadoop"); // 更改操作用户为hadoop,按实际修改
        FileSystem fs = FileSystem.get(conf); //创建hdfs文件系统实例
        System.out.println(fs); //输出hdfs文件系统信息
        //从本地复制文件到hdfs
        fs.copyFromLocalFile(new Path( pathString: "d:/abcd.txt"), new Path( pathString: "my"));
        //从hdfs复制文件到本地
        fs.copyToLocalFile(new Path( pathString: "my/mapper1.py"), new Path( pathString: "d:/aabb.txt"));
        fs.close(); //关闭文件实例
    }
}
```

图 3-6-14　文件代码

```
Myhdfs ×
"C:\Program Files\Java\jdk1.8.0_181\bin\java.exe" ...
DFS[DFSClient[clientName=DFSClient_NONMAPREDUCE_-1657829695_1, ugi=hadoop (auth:SIMPLE)]

Process finished with exit code 0
```

图 3-6-15　执行结果

```
package com.mrtest;
import java.io.File;
import java.io.FileInputStream;
import java.io.InputStream;
import org.apache.hadoop.conf.Configuration;
import org.apache.hadoop.fs.FSDataOutputStream;
import org.apache.hadoop.fs.FileSystem;
import org.apache.hadoop.fs.Path;
import org.apache.hadoop.io.IOUtils;
/*
流方式上传文件
 */
public class Myhdfs1 {
    public static void main(String[] args) throws Exception {
        Configuration conf = new Configuration();
        System.setProperty("HADOOP_USER_NAME", "hadoop");
        conf.set("fs.defaultFS", "hdfs://192.168.200.30:9000");
        FileSystem fs = FileSystem.get(conf);
        InputStream in = new FileInputStream(new File( pathname: "d:/abcd.txt"));
        FSDataOutputStream out = fs.create(new Path( pathString: "my/aaa.txt"));
        IOUtils.copyBytes(in, out, buffSize: 4096, close: true);
        fs.close();
    }
}
```

图 3-6-16　流方式文件处理

小　结

本任务所涉及的内容逻辑性较低，但比较宽泛，含两种编程语言和对应的 IDE，如果没

有做好足够准备，完成有一定难度。

任务 7　Hadoop 调优

学习目标

- 掌握从硬件调优到 MapReduce 调优的基本方法。
- 实现一个简单调优案例。

任务描述

本次学习，将了解如何配置硬件，调整操作系统、Hadoop 配置参数来让 Hadoop 发挥较好的性能。说明一点，受限于实际环境，在校学习阶段很难接触到大中型生产环境，简单调优以后的效果无法直观呈现。学习过程中，将先讲解一般的流程和参数说明，然后用一个简单的案例来模拟。

任务分析

搭建一个高性能的 Hadoop 生产平台，首先要根据平台的用途及功能做详细规划，这个过程需要花费大量时间，召开各层面大大小小的会议来论证，一旦规划不合理，将会带来不可预计的风险和损失。规划完成后就进入实施阶段，这个阶段包括：主从服务器安装操作系统、网络设备安装调试、服务器操作系统调整、Hadoop 参数调整、平台测试等环节。其中操作系统调整、Hadoop 参数调整在测试过程中需要反复多次更正才能达到较好的效果。

任务实施

1．硬件选择

（1）服务器

作为 Hadoop 主从节点的服务器，在选配的时候要遵循以下原则：主节点稳定性大于性能，从节点在兼顾稳定性的前提下，尽量选择高性能。主节点运行 NameNode 和 ResourceManager 进程，较大的内存配置能提高存储文件的总量，即使文件实际上不保存在主节点。从节点承担了全部的存储和计算，内存配置参照公式：vcore（虚拟 CPU）×2GB。从节点的硬盘决定了整个 Hadoop 平台的性能，最好的方案是用固态硬盘取代传统的硬盘，硬盘的大小根据需要存储的数据量大小来确定。数据量大小不仅要考虑当前的数据，还要考虑随时间增加的增量，一般情况下，保证 1 年内不需增加从节点。总而言之，主节点的配置应该高于从节点。

（2）网络交换机

Hadoop 集群是 I/O 密集型不是计算密集型集群，提升计算性能通过增加从节点就可以

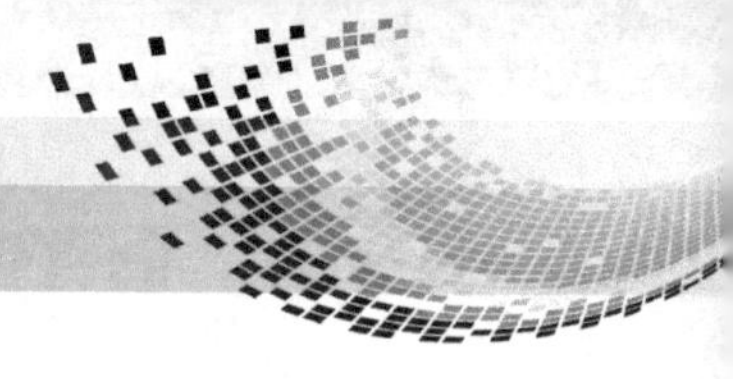

做到。网络交换机的速度直接影响集群间的I/O，建议使用万兆交换机和模块。

2．操作系统

操作系统的一些参数影响Hadoop的性能，比如，硬盘swap分区、打开文件数、监听队列数等。

（1）避免使用swap分区

因为使用Hadoop将数据交换到swap分区可能会导致超时。Linux使用vm.swappiness来控制swap分区的使用，值为0～100，默认为60。建议修改为20，也就是说当内存使用率不足20%时再使用swap分区。修改命令如图3-7-1所示。

```
hadoop@master:~$ sudo vi /proc/sys/vm/swappiness
```

图3-7-1　修改交换分区大小

（2）同时打开文件数

Hadoop经常需要读写大量文件，所以需要增大此参数。默认值为300 230，建议修改为6 553 560。修改命令如图3-7-2所示。

```
hadoop@master:~$ sudo vi /proc/sys/fs/file-max
```

图3-7-2　修改同时打开文件数

（3）Socket的监听上限

该参数全称为net.core.somaxconn，描述了系统中每一个端口最大的监听队列的长度，默认值为128，建议调整到1024，调整命令如图3-7-3所示。

```
hadoop@master:~$ sudo vi /proc/sys/net/core/somaxconn
```

图3-7-3　修改端口监听队列长度

3．Hadoop参数

（1）HDFS调优

1）设置合适的块大小。

默认的块（dfs.block.size）大小从2.7.3版本开始，block size由64MB变成了128MB。block.size的大小是需要根据输入文件的大小以及计算时产生的map来综合考量的。一般来说，文件大，集群数量少，还是建议将block size设置大一些好。比如，1TB的输入文件，如果采用默认的块大小64MB，在HDFS上将产生16 000个块，以TextInputFormat来处理文件，那么将会产生16 000个map，明显不合理。将块大小设置为512MB，16 000个块将减少为2000，大大提升了计算效率。配置该参数，需要修改hdfs-site.xml文件，内容如图3-7-4所示。

```
<property>
    <name>dfs.block.size</name>
    <value>512m</value>
</property>
```

图3-7-4　设置块大小

2）设置数据备份数。

从数据安全角度出发，本参数设置 HDFS 数据在集群中的备份数，参数为 dfs.replication，默认值为 3，建议设置为 3。配置文件为 hdfs-site.xml，如图 3-7-5 所示。

```
<property>
     <name>dfs.replication</name>
     <value>3</value>
</property>
```

图 3-7-5 设置数据块的备份数

3）设置中间结果暂存目录到多个硬盘。

Hadoop 在执行计算时会产生大量的中间数据，如果节点安装有多块硬盘，建议将中间数据分散保存到多个硬盘。该参数在 mapred-site.xml 中配置，参数为：mapred.local.dir，参数值为目录名，多个目录之间用逗号分开，该参数默认值为 ${hadoop.tmp.dir}/mapred/local，如图 3-7-6 所示。

```
<property>
   <name>mapred.local.dir</name>
   <value>/mnt/aaa,/mnt/bbb,/mnt/ccc</value>
</property>
```

图 3-7-6 设置暂存目录

4）设置 DataNode 处理 RPC 的线程数。

参数名为 dfs.namenode.handler.count，描述来自 DataNode 的 RPC 请求的线程数量，默认值为 10，建议设置为 DataNode 数量的 10%，一般在 10 ～ 200 个。设置太小，DataNode 在传输数据的时候日志中会报告“connecton refused”信息，建议在 DataNode 上设置为 20。配置文件为 hdfs-site.xml。

（2）yarn 调优

yarn 管理集群中所有机器的可用计算资源，如内存、CPU 等，将其打包成 Container（容器）。基于这些资源，yarn 会调度应用（如 MapReduce）发来的资源请求，然后通过分配 Container 来给每个应用提供处理能力，Container 是 yarn 中处理能力的基本单元，是对内存、CPU 等的封装。yarn-site.xml 是配置文件，语法请参照前面的内容。

1）yarn.nodemanager.resource.memory-mb。

表示该节点上 yarn 可使用的物理内存总量，默认是 8192MB。如果节点内存资源不足 8GB，则需要减小这个值，yarn 不会自动读取物理内存总量。配置值的单位是 MB。

2）yarn.nodemanager.vmem-pmem-ratio。

表示物理内存与虚拟内存使用之比。项目每使用 1MB 物理内存最多可使用的虚拟内存量，默认是 2.1。

3）yarn.scheduler.minimum-allocation-mb（容器）。

单个项目可申请的最少物理内存量，默认是 1024MB。

4）yarn.scheduler.maximum-allocation-mb（容器）。

单个项目可申请的最多物理内存量，默认是 8192MB。

5）yarn.nodemanager.resource.cpu-vcores。

表示节点上 yarn 可使用的虚拟 CPU 个数，默认是 8。推荐将该值设置为与物理 CPU 核数相同。同样，yarn 不会自动读取节点的物理 CPU 总数。

6）yarn.scheduler.minimum-allocation-vcores（容器）。

单个项目可申请的最小虚拟 CPU 个数，默认是 1。

7）yarn.scheduler.maximum-allocation-vcores（容器）。

单个项目可申请的最多虚拟 CPU 个数，默认是 32。

（3）MapReduce 调优

MapReduce 调优遵循三项原则：增大作业并行程度；给每个项目分配足够的资源；在满足前面两项的前提下，尽量给 shuffle 预留资源。增大作业并行程度实质是改变输入分片（input split）的大小。输入分片是一个逻辑概念，每一个 Map 项目的输入，尽量让输入分片与块大小一样，这样就能实现计算本地化，减少不必要的网络传输。MapReduce 调优参数在 mapred-site.xml 文件中配置。

1）mapred.min.split.size。

split 最小值，单位是 B，默认值为 1。

2）mapred.max.split.size。

split 最大值，单位是 B，默认值为 9 223 372 036 854 775 807。

3）mapreduce.task.io.sort.mb。

配置排序 Map 输出时所能使用的内存缓冲区的大小，默认为 100MB，实际开发中可以适当设置大一些，建议修改为 300 ～ 600MB。

4）mapreduce.map.sort.spill.percent。

Map 输出内存缓冲和用来开始硬盘溢出写过程的记录边界索引的阈值百分比，即最大使用环形缓冲内存的阈值。默认是 80%（0.80）。建议直接设置为 100%（1.00）。

5）mapreduce.task.io.sort.factor。

排序文件时，一次最多合并的流数。默认值为 10，建议将这个值设置为 100。

6）mapreduce.map.output.compress。

是否压缩 Map 的输出，如果是大文件，可以开启压缩，这样可以减少网络传输，但会增加 CPU 负担。默认值是 false。

7）mapreduce.reduce.input.buffer.percent。

在 Reduce 的过程中，在内存中保存 Map 输出的空间占堆栈的比例，Reduce 阶段开始时，内存中的 Map 的输出大小不能大于这个值。默认情况下，在 Reduce 开始项目之前，所有的 Map 输出都合并到硬盘上，以便为 Reducer 提供尽可能多的内存。如果 Reducer 需要的内存比较小，可以通过增加这个值来最小化访问硬盘的次数来提高程序运行效率。默认值为 0。

（4）调优案例

1）案例描述。

参照一般教学条件，学生用机至少 8GB 内存，i5 以上 CPU，1TB 硬盘。在学生机上用

Oracle VM VirtualBox 安装 3 台虚拟机，每台虚拟机 1 个虚拟 CPU、2GB 内存、40GB 虚拟硬盘、网络桥接，安装 ubuntu-16-desktop 操作系统。向学生提供一个 6GB 左右的测试数据。诸多安装过程省略，这里只考虑操纵系统和 Hadoop 参数调整。

2）操作系统调整。

- 关闭虚拟机的 swap 分区，具体方法参照前面的表述。
- 调整虚拟机文件描述符大小：sudo vi /etc/security/limits.conf，如图 3-7-7 所示。

```
hadoop@master:~$ ulimit -SHn 65535
```

```
* soft    nofile    65535
* hard    nofile    65535
* soft    nproc     65535
* hard    nproc     65535
```

图 3-7-7　调整虚拟机文件描述符大小

- 文件系统

推荐使用 ext3 文件格式格式化 Hadoop 磁盘，ext4 和 xfs 都有丢数据的风险。

- 关闭 THP，切换到 root 后执行以下命令，如图 3-7-8 所示。

```
hadoop@master:~$ su root
密码：
root@master:/home/hadoop# echo never > /sys/kernel/mm/transparent_hugepage/enabled
root@master:/home/hadoop# echo never > /sys/kernel/mm/transparent_hugepage/defrag
root@master:/home/hadoop# su hadoop
hadoop@master:~$
```

图 3-7-8　切换 root 后关闭 THP

（5）Hadoop 调整（具体语法请参照 xml 格式）

1）hdfs-site.xml。

```
dfs.block.size = 128m     # 6GB 的文件大约产生 48 个 block。
dfs.replication = 1       # 测试，暂不考虑安全。
dfs.datanode.handler.count = 3    # 默认值
dfs.namenode.handler.count = 10   # 默认值
```

2）mapred-site.xml。

```
mapreduce.task.io.sort.mb = 200
mapreduce.map.sort.spill.percent = 1.0
mapreduce.reduce.input.buffer.percent = 0.1
```

由 3 个小虚拟机组成的集群，参数调整效果很小，建议大部分采用默认值。调整完成后，把数据文件上传到 HDFS，然后编写 MapReduce 程序测试性能。也可以自行准备文本数据来运行 Hadoop 自带的测试案例 wordcount。测试过程中可能会抛出异常，建议调整回默认值后再小范围调整。

小　结

Hadoop 调优是学习过程中比较难的内容，需要耐心和细心，加上受学校实训条件限制，很难得到全面测试。平时可以做好笔记，有机会在实际生产环境中测试就可以一一得到印证。

任务 8　安装 Hive 数据仓库

学习目标

- 了解 Hive 数据仓库的基本特点。
- 掌握 Hive 数据仓库的安装方法。
- 掌握 Hive 数据仓库的基本用法。

任务描述

通过前面的学习，已经能够熟练安装配置 Hadoop 数据平台。现在来学习如何在 Hadoop 平台上部署 Hive 数据仓库。在本次学习中，了解 Hive 数据仓库特点之后，将从互联网上获取合适的 Hive 编译包，然后将 Hive 部署在前面已经搭建好的 Hadoop 集群中，最后在 Hive 中创建库、表、执行查询。

任务分析

Hive 的配置与安装遵循 Linux 下安装软件的一般流程：将安装包解压到指定目录；配置环境变量；配置软件专用配置文件；调试。安装过程中请注意以下两点：

- 注意 Hive 编译包的选择，并不是最新就是最好的，合适才是最好的。请根据 JDK、Hadoop 的版本来选择。
- 本次学习 Hive 中的元数据库将使用 MySQL，而不是系统默认的 Derby。

任务实施

1．Hive 简述

Hive 数据仓库是建立在 Hadoop 基础上的数据工具，安装 Hive 之前，要保证 Hadoop 可用。Hive 用元数据库来保存数据表结构和文件目录等信息，数据保存在 HDFS 上。Hive 的数据查询语言称为 HQL，与 SQL 类似，在执行 HQL 的时候，会自动启动 MapReduce 计算而得到查询结果，对于不会编写 MapReduce 程序的用户来说比较方便。

（1）应用场景

Hive 能提供 CLI、Client、WUI 3 种操作接口，因为基于 Hadoop 平台，不提供数据修改功能，并且有比较高的延时，所以不适合在大数据集上提供低延时的查询服务，不能用于联机事务处理。Hive 最适合的场景是大数据集的批处理作业。

（2）数据存储格式

Hive 没有固定的数据存储格式，也没有索引，用户可以自由地组织 Hive 数据，但要在创建表的时候告诉 Hive 数据中的列分隔符和行分隔符，Hive 就可以解析数据。Hive 的数据都存储在 HDFS 中，Hive 基本的数据模型有：表（Table）、外部表（External Table）、分区（Partition）、桶（Bucket）。

2．安装 Hive

1）选择版本并下载。登录 Hive 官网可以看到 Hive 的最新版本是 3.×.×，根据英文说明，3.×.× 版本需要 Hadoop 3.×.× 支持，所以选择 1.2.2 版本。然后切换到清华大学镜像下载 apache-hive-1.2.2-bin.tar.gz 编译包，不要下载另外一个 12MB 的源文件包。

2）解压并安装。利用 Oracle VM VirtualBox 的共享文件夹将编译包复制到虚拟机 master 中，解压后移动目录到 /usr/local，如图 3-8-1 和图 3-8-2 所示。

```
hadoop@master:~$ cp /media/sf_windows/apache-hive-1.2.2-bin.tar.gz .
hadoop@master:~$ tar -zxvf apache-hive-1.2.2-bin.tar.gz
```

图 3-8-1 复制并解压安装包

```
hadoop@master:~$ sudo mv apache-hive-1.2.2-bin  /usr/local/hive-1.2.2
hadoop@master:~$
```

图 3-8-2 移动目录

3）编辑环境变量，如图 3-8-3 和图 3-8-4 所示。

```
hadoop@master:~$ sudo vi /etc/profile
```

图 3-8-3 编辑环境变量

```
# this is hive configration
export HIVE_HOME=/usr/local/hive-1.2.2
export PATH=$HIVE_HOME/bin:$PATH
```

图 3-8-4 文件内容

编辑完成后加载并测试，如图 3-8-5 所示。

```
hadoop@master:~$ source /etc/profile
hadoop@master:~$ hive
```

图 3-8-5 加载环境变量文件并测试

能看到 Hive 命令在执行就表明无错误。如果执行 Hive 报错，则可能因为 Hadoop 没有启动或 Hive 还没有配置完成。

4）启动 Hive。因为 Hive 基于 Hadoop，所以需要先启动 Hadoop。此时 Hive 就能正常启动了，即使没有配置任何 Hive 文件，Hive 使用的元数据是 Derby，如图 3-8-6 ～图 3-8-8 所示。

```
hadoop@master:~$ start-all.sh
This script is Deprecated. Instead use start-dfs.sh and start-yarn.sh
```

图 3-8-6 启动 Hadoop

```
hadoop@master:~$ jps
6067 NameNode
6693 NodeManager
6565 ResourceManager
6411 SecondaryNameNode
6908 Jps
6220 DataNode
hadoop@master:~$
```

图 3-8-7 master 主机 jps 进程

```
hadoop@master:~$ hive
ls: 无法访问'/usr/local/spark/lib/spark-assembly-*.jar': 没有那个文件或目录

Logging initialized using configuration in jar:file:/usr/local/hive-1.2.2/li
hive>
```

图 3-8-8 启动 Hive

上面的启动信息有条 ls 的错误，本意是加载 Spark 的一些 jar 包，不影响 Hive 使用。如果安装 Spark 后编辑 Hive 文件，可将 lib/spark-assembly-*.jar 替换成 jars/*.jar，如图 3-8-9 所示。

```
hadoop@master:~$ hive

Logging initialized using configuration in jar:file:/usr/local/hive-1.2.2/l
hive>
```

图 3-8-9 修改后重新启动

3. 在线安装元数据库 MySQL

1）执行安装，如图 3-8-10 所示。

注意：安装过程中需要设置 root 用户密码，也请记住这个密码。

2）启动、关闭、查看服务，如图 3-8-11 所示。

```
sudo apt-get install mysql-server
sudo apt-get install mysql-client
sudo apt-get install libmysqlclient-dev
```

图 3-8-10 执行安装

```
sudo service mysql start
sudo service mysql stop
sudo service mysql status
```

图 3-8-11 启动、关闭、查看服务

3）启动并测试，如图 3-8-12 所示。

```
hadoop@master:~$ sudo service mysql restart
hadoop@master:~$ mysql -u root -p
Enter password:
Welcome to the MySQL monitor.  Commands end with ; or \g.
Your MySQL connection id is 3
Server version: 5.7.25-0ubuntu0.16.04.2 (Ubuntu)

Copyright (c) 2000, 2019, Oracle and/or its affiliates. All rights reserved.

Oracle is a registered trademark of Oracle Corporation and/or its
affiliates. Other names may be trademarks of their respective
owners.

Type 'help;' or '\h' for help. Type '\c' to clear the current input statement.

mysql>
```

图 3-8-12 登录 MySQL

重启 MySQL 服务后，用 root 用户登录 MySQL，输入密码后出现命令提示符即表示登录成功。使用 show databases；命令查看系统数据库，如图 3-8-13 所示。

```
mysql> show databases;
+--------------------+
| Database           |
+--------------------+
| information_schema |
| mysql              |
| performance_schema |
| sys                |
+--------------------+
4 rows in set (0.00 sec)

mysql>
```

图 3-8-13 查看数据库

4. 配置 MySQL 的远程访问

需要在 MySQL 中创建 Hive 账号，设置密码，这个账号和密码将被配置到 Hive 的配置文件 hive-site.xml 中，而且要开启此账号的远程访问权限，如图 3-8-14 所示。

```
mysql> create user 'hive'@'%' identified by 'hive';
Query OK, 0 rows affected (0.00 sec)

mysql> grant all privileges on *.* to 'hive'@'%' with grant option;
Query OK, 0 rows affected (0.00 sec)

mysql> flush privileges;
Query OK, 0 rows affected (0.00 sec)

mysql>
```

图 3-8-14 创建远程登录用户

测试，如图 3-8-15 所示。

```
hadoop@master:~$ mysql -u hive -p
Enter password:
Welcome to the MySQL monitor.  Commands end with ; or \g.
Your MySQL connection id is 5
Server version: 5.7.25-0ubuntu0.16.04.2 (Ubuntu)

Copyright (c) 2000, 2019, Oracle and/or its affiliates. All rights reserved.

Oracle is a registered trademark of Oracle Corporation and/or its
affiliates. Other names may be trademarks of their respective
owners.

Type 'help;' or '\h' for help. Type '\c' to clear the current input statement.

mysql>
```

图 3-8-15 登录 MySQL

5. 安装 Hive 数据库仓库

本环节主要讲述如何配置 MySQL 为元数据。如果使用默认的 Derby 为元数据，可以跳过此内容。

1）在 HDFS 上创建目录，如图 3-8-16 所示。

```
hadoop@master:~$ hdfs dfs -mkdir /user/hive
hadoop@master:~$ hdfs dfs -mkdir /user/hive/warehouse
hadoop@master:~$ hdfs dfs -chmod +777  /user/hive/warehouse
hadoop@master:~$ hdfs dfs -chmod +777  /tmp
hadoop@master:~$
```

图 3-8-16 创建 Hive 数据保存目录

tmp 是临时目录，/user/hive/warehouse 是“hive”用户的数据仓库目录，Hive 的数据文件就保存在这个目录中。赋予这两个目录 777 的权限。

2）加载 MySQL 驱动。文件名为 mysql-connector-java-x.x.xx.jar，此文件可以在网上下载。建议选择 5.×.×× 版本，推荐 5.1.38。下载后将文件复制到 $HIVE_HOME/lib 目录下，如图 3-8-17 所示。

```
hadoop@master:/usr/local/hive-1.2.2/lib$ cp /media/sf_windows/mysql-connector-java-5.1.38.jar .
hadoop@master:/usr/local/hive-1.2.2/lib$ ls my*
mysql-connector-java-5.1.38.jar
hadoop@master:/usr/local/hive-1.2.2/lib$
```

图 3-8-17 复制 MySQL 驱动

3）生成配置文件。配置文件名为 hive-site.xml，位于 $HIVE_HOME/conf 目录下。默认情况下这个文件不存在，需要通过复制 hive-default.xml.template 来生成，如图 3-8-18 所示。

```
hadoop@master:~$ cd /usr/local/hive-1.2.2/
hadoop@master:/usr/local/hive-1.2.2$ cd conf
hadoop@master:/usr/local/hive-1.2.2/conf$ ls
beeline-log4j.properties.template  hive-default.xml.template  hive-env.sh.template
hadoop@master:/usr/local/hive-1.2.2/conf$ cp hive-default.xml.template hive-site.xml
hadoop@master:/usr/local/hive-1.2.2/conf$
```

图 3-8-18　生成配置文件 hive-site.xml

4）配置 hive-site.xml 文件。编辑配置文件 hive-site.xml，因为文件内容比较多，通过 vi 的查找功能快速定位，查找“javax.jdo.option”。一共需要修改 4 个与 MySQL 有关的代码段，如图 3-8-19～图 3-8-22 所示。分别是：

① 连接字符串：ConnectionURL。

② 驱动名称：ConnectionDriverName。

③ 登录用户名：ConnectionUserName。

④ 登录用户密码：ConnectionPassword。

```
<property>
  <name>javax.jdo.option.ConnectionURL</name>
  <value>jdbc:mysql://localhost:3306/db?characterEncoding=UTF-8&amp;createDatabaseIfNotExist=true&amp;useSSL=false</value>
  <description>JDBC connect string for a JDBC metastore</description>
</property>
```

图 3-8-19　登录 URL

```
<property>
  <name>javax.jdo.option.ConnectionDriverName</name>
  <value>com.mysql.jdbc.Driver</value>
  <description>Driver class name for a JDBC metastore</description>
</property>
```

图 3-8-20　登录驱动

```
<property>
  <name>javax.jdo.option.ConnectionUserName</name>
  <value>hive</value>
  <description>Username to use against metastore database</description>
</property>
```

图 3-8-21　登录用户名

```
<property>
  <name>javax.jdo.option.ConnectionPassword</name>
  <value>hive</value>
  <description>password to use against metastore database</description>
</property>
```

图 3-8-22　登录用户密码

请注意第一条内容的写法，其中转义符“&”即符号“;”。

5）配置 Hive 的 java.io.tmpdir。需要先在用户目录中创建此目录，然后在 hive-site.xml 中添加此配置，如图 3-8-23 和图 3-8-24 所示。

```
hadoop@master:~$ mkdir hive_tmp
hadoop@master:~$ mkdir hive_tmp/iotmp
hadoop@master:~$ chmod -R  +777 hive_tmp
hadoop@master:~$
```

图 3-8-23　创建 Hive 临时文件夹

```
<property>
  <name>system:java.io.tmpdir</name>
  <value>/home/hadoop/hive_tmp/iotmp</value>
  <description/>
</property>
```

图 3-8-24 配置内容

6）修改特定 tmp 目录

如图 3-8-25 ～图 3-8-27 所示。

将下面 3 个目录均设置为绝对路径：/home/hadoop/hive_tmp/iotmp。

① hive.querylog.location。

② hive.exec.local.scratchdir。

③ hive.downloaded.resources.dir。

```
<property>
  <name>hive.querylog.location</name>
  <value>/home/hadoop/hive_tmp/iotmp</value>
  <description>Location of Hive run time structur
</property>
```

图 3-8-25 Hive 查询日志保存目录

```
<property>
  <name>hive.exec.local.scratchdir</name>
  <value>/home/hadoop/hive_tmp/iotmp</value>
  <description>Local scratch space for Hive jobs</d
</property>
```

图 3-8-26 Hive 任务执行目录

```
<property>
  <name>hive.downloaded.resources.dir</name>
  <value>/home/hadoop/hive_tmp/iotmp</value>
  <description>Temporary local directory for added
</property>
```

图 3-8-27 Hive 下载资源保存目录

7）测试，如图 3-8-28 所示。

输入 Hive 命令后，无报错和警告信息并出现 hive 命令提示符时，就可以输入两个命令测试：“show databases;”和“create database abcd;”，能顺利执行就说明配置成功。

```
hadoop@master:~$ hive

Logging initialized using configuration in jar:file:/
hive> show databases;
OK
default
Time taken: 0.601 seconds, Fetched: 1 row(s)
hive> exit;
hadoop@master:~$ 
```

图 3-8-28 登录 Hive

6. 创建库和表

Hive 的 HQL 命令与 SQL 有很多相似之处，部分命令完全相同，一般涉及 Hive 的独有

概念（外部表、分区、桶）时才有区别。

1）创建数据库，如图 3-8-29 所示。

```
hive> create database abcd;
OK
Time taken: 0.621 seconds
hive>
```

图 3-8-29　创建数据库

创建完成后，因为 Hive 数据保存在 HDFS 中，可以查看 HDFS 的 /user/hive/warehouse 目录，系统创建了目录 /user/hive/warehouse/abcd.db 用于保存数据，如图 3-8-30 所示。

```
hadoop@master:~$ hdfs dfs -ls /user/hive/warehouse
Found 1 items
drwxrwxrwx   - hadoop supergroup          0 2019-02-14 12:23 /user/hive/warehouse/abcd.db
hadoop@master:~$
```

图 3-8-30　查看数据库保存位置

2）在数据库中创建数据表。先切换到数据库 abcd，再创建表，如图 3-8-31 所示。因为创建表的语句比较长，每行末尾按 <Enter> 键换到下一行，最后用“;”表示结束。

```
hive> use abcd;
OK
Time taken: 0.476 seconds
hive> create table mytable1(id int,name string,hobby array<string>,add map<string,string>)
    > row format delimited
    > fields terminated by ','
    > collection items terminated by '-'
    > map keys terminated by ':'
    > ;
OK
Time taken: 0.551 seconds
hive>
```

图 3-8-31　创建数据表

创建完成以后，可以在 HDFS 中看到，系统创建了 mytable1 目录，如图 3-8-32 所示。

```
hadoop@master:~$ hdfs dfs -ls /user/hive/warehouse/abcd.db
Found 1 items
drwxrwxrwx   - hadoop supergroup          0 2019-02-14 13:00 /user/hive/warehouse/abcd.db/mytable1
hadoop@master:~$
```

图 3-8-32　查看数据表保存位置

3）准备数据文件。在用户目录中创建数据文件 data，根据创建表的格式，准备 3 条数据。每个数据项之间用“，”分开，数据项内部用“-”分开，数据字典用“:”分开，如图 3-8-33 和图 3-8-34 所示。

```
hadoop@master:~$ vi data
```

图 3-8-33　制作简单数据

```
1,xming,book-tv-code,beijing:chaoyang-shanghai:pudong
2,xg,bk-tv-code,beijing:chaoyang-shanghai:pudong
3,xig,boo-tv-code,beijing:chaoyang-shanghai:pudong
```

图 3-8-34　数据内容

4）加载数据文件到数据表，如图 3-8-35 所示。

```
hive> load data local inpath 'data' overwrite into table mytable1;
Loading data to table abcd.mytable1
Table abcd.mytable1 stats: [numFiles=1, numRows=0, totalSize=154, rawDataSize=0]
OK
Time taken: 0.387 seconds
```

图 3-8-35　加载数据文件到数据表

用 select 语句就能查询刚加载的数据，如图 3-8-36 所示。

```
hive> select * from mytable1;
OK
1       xming   ["book","tv","code"]    {"beijing":"chaoyang","shanghai":"pudong"}
2       xg      ["bk","tv","code"]      {"beijing":"chaoyang","shanghai":"pudong"}
3       xig     ["boo","tv","code"]     {"beijing":"chaoyang","shanghai":"pudong"}
Time taken: 0.148 seconds, Fetched: 3 row(s)
hive>
```

图 3-8-36　查询数据

可以查看 HDFS 对应的目录，已经创建了数据文件，如图 3-8-37 所示。

```
hadoop@master:~$ hdfs dfs -ls /user/hive/warehouse/abcd.db/mytable1
Found 1 items
-rwxrwxrwx   2 hadoop supergroup        154 2019-02-14 14:18 /user/h
hadoop@master:~$
```

图 3-8-37　查看数据文件

小　结

Hive 作为数据仓库，在设计初期不支持数据修改、删除等功能，后续版本才开放这些功能，这些操作会影响平台的数据一致性，并消耗大量计算资源，不推荐在生产环境中开启这些功能。本次学习重点介绍 Hive 的安装配置，关注数据载入后 HDFS 的变化，Hive 数据统计查询等内容不在此表述。

任务 9　搭建 Spark 计算平台

学习目标

- 了解 Spark 计算平台的特点。
- 掌握配置 Spark 计算平台的基本方法。
- 掌握编写基本 Spark 应用程序的方法。

任务描述

本次学习，将以 Hadoop 集群为基础，在两台虚拟机上安装 Spark 集群。安装 Spark 与安装 Hadoop 的过程类似，先配置环境变量，再配置特定文件，最后启动进程。Spark 搭建完毕后，使用 IntelliJ IDEA、采用 Scala 语言编写 wordcount 案例。

任务分析

保证 Hadoop 能正常工作是本次学习的前提，请提前做好准备。IntelliJ IDEA 建议安装在 master 虚拟机上，安装在宿主机（Windows）上调试运行不方便。本次部署含 Spark、Scala、IntelliJ IDEA 3 个项目的安装与调试，在 IntelliJ IDEA 中还需要配置 Maven、Scala、sbt。注意以下几点：

- 因为是在两台虚拟机上配置相同的内容，建议先把配置语句写在宿主机（Windows）

的记事本上，用 Xshell 连接上虚拟机后，通过复制粘贴的方法来提高效率减少失误。

- 注意各组件之间的版本搭配，Hadoop、Scala、Spark、Maven、sbt，如果搭配不当，即使安装过程无误，也不能正常工作。
- 没有接触过 Scala 的同学不用担心，Scala 语言与 Java 语言相近，写 wordcount 不需要太多的逻辑，几行代码就能解决问题。
- 如果硬件条件比较好，建议不要使用虚拟机来测试 Spark 程序，毕竟 Spark 是内存计算类框架。如果只能用虚拟机，将虚拟机的内存增加到 4GB 以上，否则体验比较差。

任务实施

1．Spark 简述

Spark 是 Apache 开源的并行计算框架，来源于加州大学伯克利分校的 AMP 实验室。与 Hadoop 的 MapReduce 计算框架类似，但最明显的特点就是 Hadoop 计算的中间结果保存在硬盘中，Spark 的中间结果保存在内存中，正因为如此，Spark 的计算速度比 Hadoop 快 100 倍，是目前流行的大数据计算引擎。Spark 是使用 Scala 语言实现的，所以，Spark 开发最合适的语言是 Scala。

1）Spark 的核心内容是弹性分布式数据集（RDD）。针对 RDD，Spark 包含多种计算函数用于转换、聚合，并将项目分解到各个节点。

2）Spark 提供了操作 Hive 数据仓库的 HiveQL 命令接口，低延时特性使得 Spark 成为联机事务处理的主要工具。

3）Spark 支持分布式机器学习算法，Spark-ML 成为受广大学者欢迎的机器学习库。

2．下载安装 Spark 与 Scala 软件包

Spark 安装过程中，要关注 3 个组件的版本号：Hadoop、Scala、Spark。在 Spark 官网下载页面可以看到，Spark 根据 Hadoop 版本提供编译包，如图 3-9-1 所示。

Download Apache Spark™
1. Choose a Spark release: 2.2.3 (Jan 11 2019)
2. Choose a package type: Pre-built for Apache Hadoop 2.7 and later
3. Download Spark: spark-2.2.3-bin-hadoop2.7.tgz
4. Verify this release using the 2.2.3 signatures and checksums and project release KEYS.

图 3-9-1　下载安装包

因为已经安装好的 Hadoop 版本为 2.7.3，选择 Spark 版本为 2.3.0，Scala 版本为 2.11.8。

1）官网上软件包下载链接，如图 3-9-2 所示。

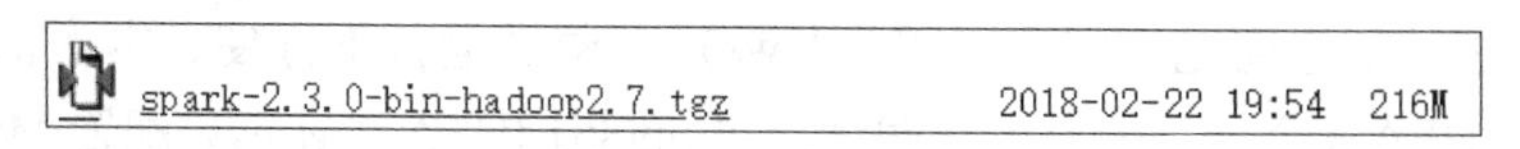

图 3-9-2　编译包地址

Scala 下载，如图 3-9-3 所示。

SBT 的版本信息如图 3-9-4 所示。

Archive	System
scala-2.11.8.tgz	Mac OS X, Unix, Cygwin

图 3-9-3 Scala 下载

use sbt 0.13.16 and update sbt plugins

图 3-9-4 SBT 的版本信息

2）传送到 master、slave 虚拟机并解包。

利用 Oracle VM VirtualBox 的共享文件夹将 Spark、Scala 包传送到两台虚拟机用户目录，解压后移动到 /usr/local 目录下（过程略过），如图 3-9-5 所示。

```
hadoop@slave:/usr/local$ ll
总用量 60
drwxr-xr-x 15 root   root   4096 2月  15 16:22 ./
drwxr-xr-x 11 root   root   4096 2月  16  2017 ../
drwxrwxr-x  6 hadoop hadoop 4096 1月  26 16:23 apache-maven-3.6.0/
drwxr-xr-x  2 root   root   4096 1月  21  2018 bin/
drwxr-xr-x  2 root   root   4096 2月  16  2017 etc/
drwxr-xr-x  2 root   root   4096 2月  16  2017 games/
drwxr-xr-x 11 hadoop hadoop 4096 2月   3 09:47 hadoop-2.7.3/
drwxr-xr-x  2 root   root   4096 2月  16  2017 include/
drwxr-xr-x  7 hadoop hadoop 4096 7月   7  2018 jdk1.8.0_181/
drwxr-xr-x  4 root   root   4096 2月  16  2017 lib/
lrwxrwxrwx  1 root   root      9 6月  15  2017 man -> share/man/
drwxr-xr-x  2 root   root   4096 2月  16  2017 sbin/
drwxrwxr-x  6 hadoop hadoop 4096 3月   4  2016 scala-2.11.8/
drwxr-xr-x  8 root   root   4096 2月  16  2017 share/
drwxr-xr-x 13 hadoop hadoop 4096 2月  23  2018 spark-2.3.0/
drwxr-xr-x  2 root   root   4096 2月  16  2017 src/
hadoop@slave:/usr/local$
```

图 3-9-5 安装目录

3．配置 Scala

1）分别在两台虚拟机上配置环境变量（/etc/profile），如图 3-9-6 和图 3-9-7 所示。

```
# this is scala configration
export SCALA_HOME=/usr/local/scala-2.12.0
export PATH=$SCALA_HOME/bin:$PATH
```

图 3-9-6 编辑环境变量

```
hadoop@master:~$ source /etc/profile
hadoop@master:~$
```

图 3-9-7 加载环境变量文件

2）测试 Scala，如图 3-9-8 所示。

```
hadoop@master:~$ scala
Welcome to Scala 2.12.0 (Java HotSpot(TM) 64-Bit Server VM, Java 1.8.0_181).
Type in expressions for evaluation. Or try :help.

scala> 1+1
res0: Int = 2

scala>
```

图 3-9-8 测试 Scala

4．配置 Spark

1）分别在两台虚拟机上配置环境变量（/etc/profile）并加载，如图 3-9-9 和图 3-9-10 所示。

```
# this is spark configration
export SPARK_HOME=/usr/local/spark-2.3.0
export PATH=$SPARK_HOME/bin:$SPARK_HOME/sbin:$PATH
```

图 3-9-9　配置环境变量

```
hadoop@master:~$ source /etc/profile
hadoop@master:~$
```

图 3-9-10　加载环境变量文件

2）测试 spark-shell，如图 3-9-11 所示。

```
hadoop@slave:~$ spark-shell
2019-02-15 15:44:03 WARN  NativeCodeLoader:62 - Unable to load native-hadoop l
Setting default log level to "WARN".
To adjust logging level use sc.setLogLevel(newLevel). For SparkR, use setLogLe
Spark context Web UI available at http://slave:4040
Spark context available as 'sc' (master = local[*], app id = local-15502166520
Spark session available as 'spark'.
Welcome to
      ____              __
     / __/__  ___ _____/ /__
    _\ \/ _ \/ _ `/ __/  '_/
   /___/ .__/\_,_/_/ /_/\_\   version 2.3.0
      /_/

Using Scala version 2.11.8 (Java HotSpot(TM) 64-Bit Server VM, Java 1.8.0_181)
Type in expressions to have them evaluated.
Type :help for more information.

scala>
```

图 3-9-11　测试 spark-shell

能进入 spark-shell 表明配置成功。

3）配置 Spark-env.sh。

此文件由 $SPARK_HOME/conf/spark-env.sh.template 复制而来。内容如图 3-9-12 所示。

```
export SCALA_HOME=/usr/local/scala-2.11.8
export JAVA_HOME=/usr/local/jdk1.8.0_181
export SPARK_MASTER_IP=192.168.200.30
export SPARK_WORKER_MEMORY=1g
export HADOOP_CONF_DIR=/usr/local/hadoop-2.7.3/etc/hadoop
```

图 3-9-12　配置内容

4）配置 slaves，如图 3-9-13 所示。

此文件由 $SPARK_HOME/conf/slaves.template 复制而来。

```
master
slave
```

图 3-9-13　配置 slaves

5. 启动测试

（1）启动 Hadoop

因为 Spark 的 sbin 目录也有一个 start-all.sh 命令，所以，只能进入 Hadoop 的 sbin 目录执行 ./start-all.sh，如图 3-9-14 ～图 3-9-16 所示。

```
hadoop@master:/usr/local/hadoop-2.7.3/sbin$ ./start-all.sh
This script is Deprecated. Instead use start-dfs.sh and start-yarn.sh
Starting namenodes on [master]
master: starting namenode, logging to /usr/local/hadoop-2.7.3/logs/hado
slave: starting datanode, logging to /usr/local/hadoop-2.7.3/logs/hadoo
master: starting datanode, logging to /usr/local/hadoop-2.7.3/logs/hado
Starting secondary namenodes [0.0.0.0]
0.0.0.0: starting secondarynamenode, logging to /usr/local/hadoop-2.7.3
starting yarn daemons
starting resourcemanager, logging to /usr/local/hadoop-2.7.3/logs/yarn-
slave: starting nodemanager, logging to /usr/local/hadoop-2.7.3/logs/ya
master: starting nodemanager, logging to /usr/local/hadoop-2.7.3/logs/y
hadoop@master:/usr/local/hadoop-2.7.3/sbin$
```

图 3-9-14　启动 Spark

```
hadoop@master:~$ jps
4818 SecondaryNameNode
4627 DataNode
5412 Jps
4474 NameNode
4972 ResourceManager
5102 NodeManager
hadoop@master:~$
```

图 3-9-15　master 主机 jps 进程

```
hadoop@slave:~$ jps
4050 DataNode
4306 Jps
4184 NodeManager
hadoop@slave:~$
```

图 3-9-16　slave 主机 jps 进程

(2) 启动 master 进程

进入 master 虚拟机的 $SPARK_HOME/sbin 目录，执行如图 3-9-17 所示的命令。

增加了一个 master 进程，如图 3-9-18 所示。

```
hadoop@master:/usr/local/spark-2.3.0/sbin$ ./start-master.sh
starting org.apache.spark.deploy.master.Master, logging to /usr
hadoop@master:/usr/local/spark-2.3.0/sbin$
```

图 3-9-17　启动 master 进程

```
hadoop@master:~$ jps
5490 Jps
4818 SecondaryNameNode
4627 DataNode
4474 NameNode
4972 ResourceManager
5102 NodeManager
5438 Master
hadoop@master:~$
```

图 3-9-18　master 主机的 jps 进程

(3) 启动 slave 的 Worker 进程

在 master 虚拟机上执行 start-slaves.sh，注意与 start-slave.sh 区别，前者能启动所有的 Worker 节点，后者只能启动一个 Worker 节点，而且两者的命令格式不一样，如图 3-9-19 和图 3-9-20 所示。

```
hadoop@master:~$ start-slaves.sh
slave: starting org.apache.spark.deploy.worker.Worker,
master: starting org.apache.spark.deploy.worker.Worker,
hadoop@master:~$ jps
5792 Jps
4818 SecondaryNameNode
5747 Worker
4627 DataNode
4474 NameNode
4972 ResourceManager
5102 NodeManager
5438 Master
hadoop@master:~$
```

图 3-9-19　启动所有主机的 Worker 进程

```
hadoop@slave:~$ jps
4449 Worker
4050 DataNode
4184 NodeManager
4494 Jps
hadoop@slave:~$
```

图 3-9-20　slave 主机的 jps 进程

(4) 进入 Web 界面查看 Spark 节点信息

Web 界面绑定在 master 机的 8080 端口，在浏览器输入 http://master:8080，如图 3-9-21 所示。

通过 Web 界面，可以清楚看到两个 ALIVE 状态的 Worker 节点。此外，master 节点的 4040 端口绑定了一个呈现项目状态的 Web 界面，如图 3-9-22 所示。

注意：只有开启了 spark-shell 后才能访问 4040 端口。先输入命令 spark-shell，再开启浏览器访问。

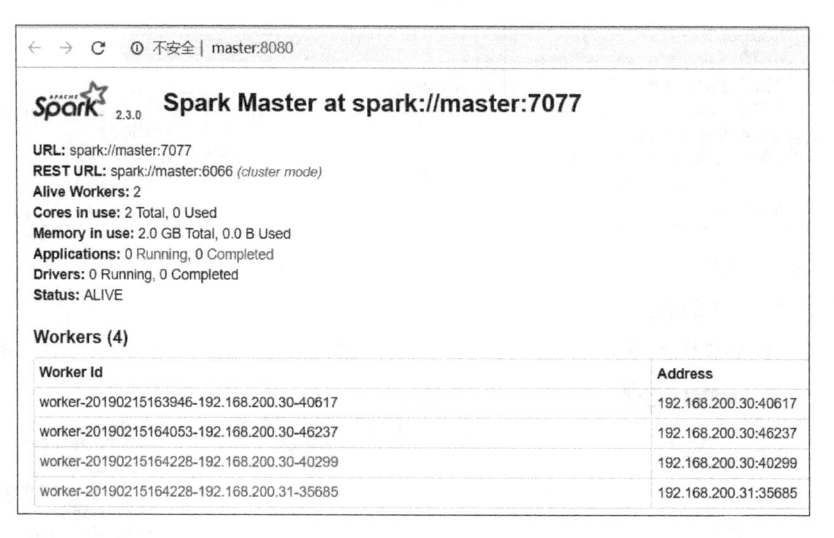

图 3-9-21　master 节点的 Web 界面

图 3-9-22　master 节点的 4040 端口

6．关闭 Spark

1）关闭所有 slave 节点：stop-slaves.sh。

2）关闭 master 节点：stop-master.sh。

7．安装 Scala-ide

Scala-ide 和 IntelliJ IDE 都可以用于 Scala 应用程序的开发，IntelliJ IDE 的配置麻烦些。IntelliJ IDE 需要在线下载依赖包。本文仅讲述 Scala-ide 的安装与使用。

Scala-ide 是 Eclipse 的一个特定版本，为了简化操作过程，建议将 Scala-ide 安装在 master 虚拟机上，尽管 Scala-ide 也有 Windows 版本。在虚拟机中打开 Scala-ide 屏幕占用比较多，建议在 Ubuntu 虚拟机上安装 xubuntu 组件并开启远程访问，然后在宿主机上通过 Windows 的远程桌面功能来使用 Scala-ide。

（1）下载安装 Scala-ide

可以直接访问官网获得最新版本，如图 3-9-23 和图 3-9-24 所示。

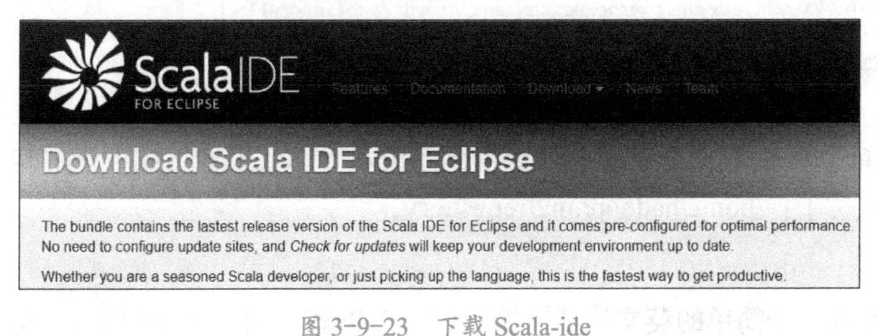

图 3-9-23 下载 Scala-ide

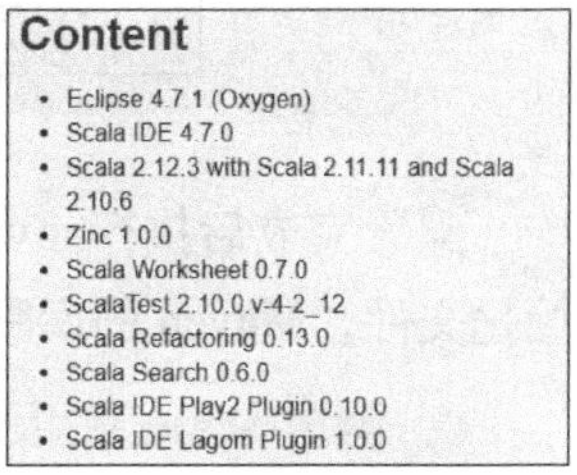

Content

- Eclipse 4.7.1 (Oxygen)
- Scala IDE 4.7.0
- Scala 2.12.3 with Scala 2.11.11 and Scala 2.10.6
- Zinc 1.0.0
- Scala Worksheet 0.7.0
- ScalaTest 2.10.0.v-4-2_12
- Scala Refactoring 0.13.0
- Scala Search 0.6.0
- Scala IDE Play2 Plugin 0.10.0
- Scala IDE Lagom Plugin 1.0.0

图 3-9-24 Scala-ide 所带插件

从下载网站上可以了解到，Scala-ide 带有 Scala-2.10.6、Scala-2.11.11、Scala-2.12.3 三个版本的 Scala 解释器。解压后复制到用户目录，启动终端进入 eclipse 目录，输入 ./eclipse 即可启动。为了方便，建议在虚拟机桌面建立快捷方式。

（2）匹配版本

从前面的学习过程中了解到，本机将要安装的组件版本见表 3-9-1。

表 3-9-1 组件版本

组　件	版　本
Hadoop	2.7.3
Scala	2.11.8
Spark	2.3.0
Maven	3.6.0
Scala-ide	4.7.1（内含 Scala-2.10.6、2.11.11、2.12.3）

注意：在 Scala-ide 中，根据 Hadoop、Spark 的部署环境，要求 Scala 的版本为 2.11.×，建议使用 2.11.8。

（3）下载并安装 Maven

1）下载 Maven，如图 3-9-25 所示。

	Link
Binary tar.gz archive	apache-maven-3.6.0-bin.tar.gz

图 3-9-25 下载 Maven

下载到 tar 包后，解压并安装到 /usr/local 目录下，编写系统环境变量后加载 /etc/profile，如图 3-9-26 和图 3-9-27 所示。

```
# this is maven configration
export M2_HOME=/usr/local/apache-maven-3.6.0
export PATH=$M2_HOME/bin:$PATH
```

图 3-9-26 配置 Maven 环境变量

```
hadoop@master:~$ source /etc/profile
hadoop@master:~$
```

图 3-9-27 加载环境变量

2）配置 Maven。配置文件为 $M2_HOME/conf/settings.xml，配置国内更新镜像即可，如图 3-9-28 所示。

```
    <mirror>
  <id>alimaven</id>
  <name>aliyun maven</name>
  <url>http://maven.aliyun.com/nexus/content/groups/public/</url>
  <mirrorOf>central</mirrorOf>
</mirror>
```

图 3-9-28　配置 Maven 国内源

配置完成后执行 mvn help:system 命令初始化，会看到系统从 aliyun 镜像下载大量的初始化文件。Maven 的库默认位于：/home/hadoop/.m2/repository。

8. 测试 Scala 应用程序（wordcount）

在开始之前，请自行准备一个简单的英文测试文档，如图 3-9-29 和图 3-9-30 所示。将这个测试文档上传到 HDFS 用户的 input 目录。同时，在本地也创建一个 input 目录 /home/hadoop/input，需要先在本地测试无误后再去集群中运行。

```
i am a teacher
you are a student
i am a boy
you are a girl
```

图 3-9-29　测试文件内容

```
hadoop@master:~$ vi test.txt
hadoop@master:~$ hdfs dfs -mkdir input
hadoop@master:~$ hdfs dfs -put test.txt input
hadoop@master:~$ hdfs dfs -ls input
Found 1 items
-rw-r--r--   2 hadoop supergroup        59 2019-02-17 12:33 input/test.txt
hadoop@master:~$
```

图 3-9-30　上传测试文件

（1）创建 Scala 项目，如图 3-9-31 ～图 3-9-34 所示

执行“File”→“New”→“Scala Project”命令。

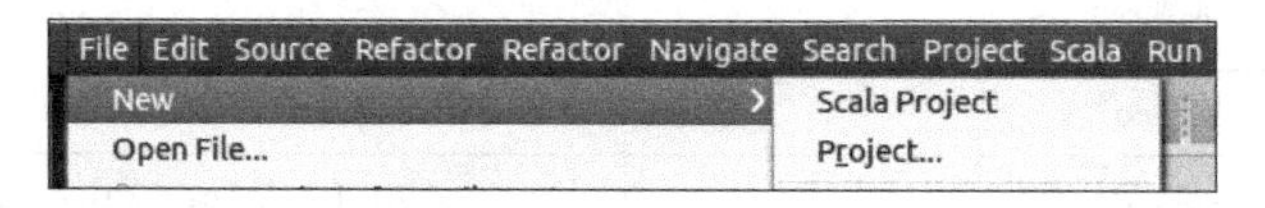

图 3-9-31　新建项目

输入项目名“myword”。

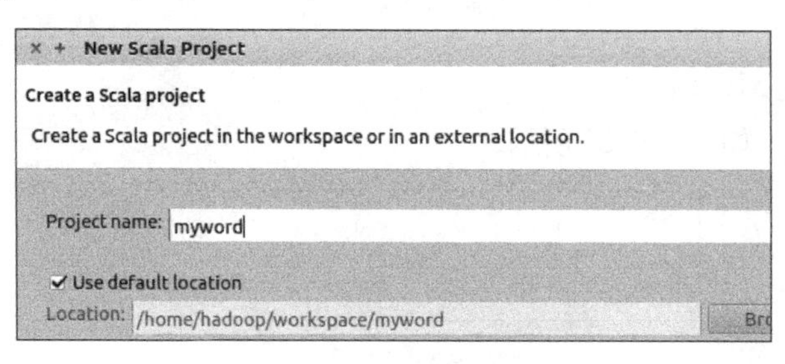

图 3-9-32　项目命名

在“Scala Settings”的“Libraries”页，单击“Add External JARS…”按钮，选择外部依赖包。

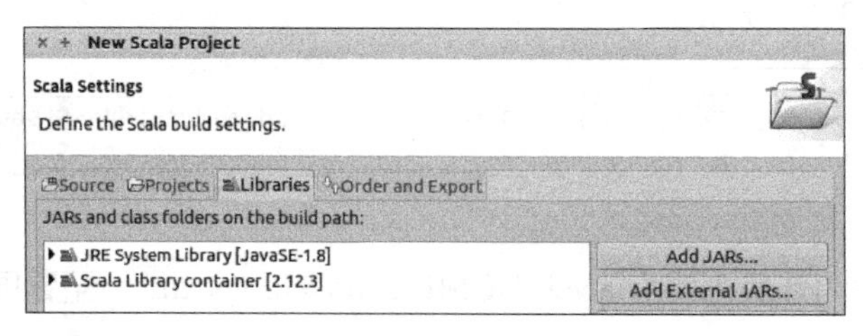

图 3-9-33　添加依赖

在打开的下拉列表中，定位到 /usr/local/spark-2.3.0/jars 目录，选择全部的 jar 包，最后单击“Finish”按钮。

图 3-9-34　完成添加依赖

执行 Building Workspace，根据窗口报错信息调整 Scala 的版本，如图 3-9-35 所示。

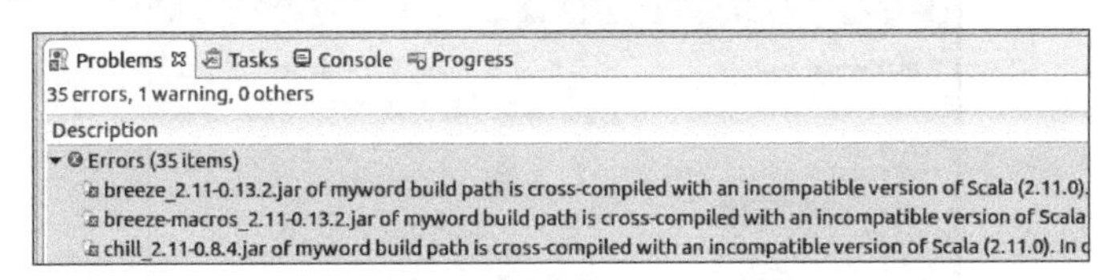

图 3-9-35　报错信息

打开项目的属性窗口（右键单击项目名称，在弹出的快捷菜单中选择“Properties”命令），修改 Scala 版本，如图 3-9-36 所示。

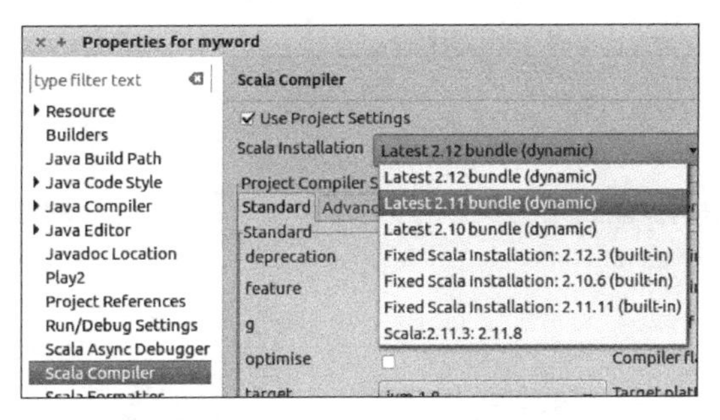

图 3-9-36　修改 Scala 版本

单击“Apply and Close”按钮后，重新 Building Workspace，消除错误，但会有一条警告信息出现，告诉用户有多个版本的 Scala 存在，不影响后续操作。

(2) 创建包和类

在 src 目录上单击右键，选择“New”→“Package”命令，输入包名 myword.com，如图 3-9-37 所示。

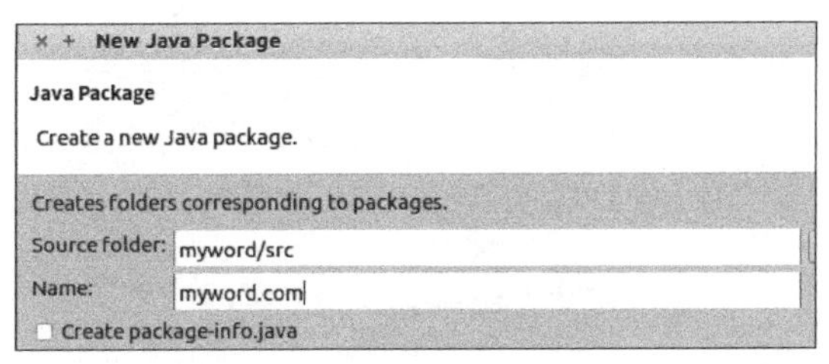

图 3-9-37　输入包名

在包“myword.com”上单击右键，选择“New”→“Scala Object”命令，输入类名 myword.com.WordCount，如图 3-9-38 所示。

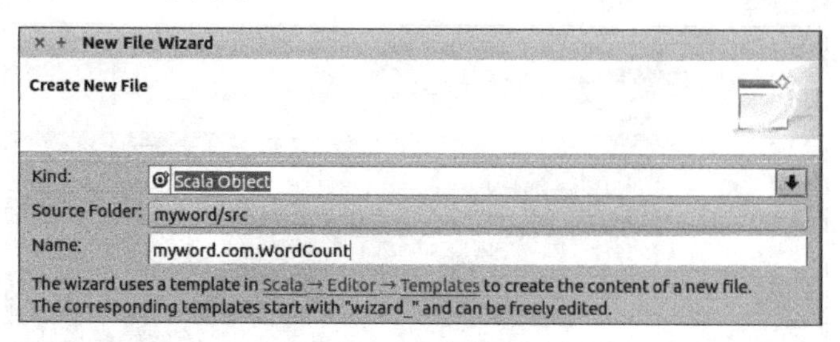

图 3-9-38　输入类名

进入代码编辑界面，如图 3-9-39 所示。

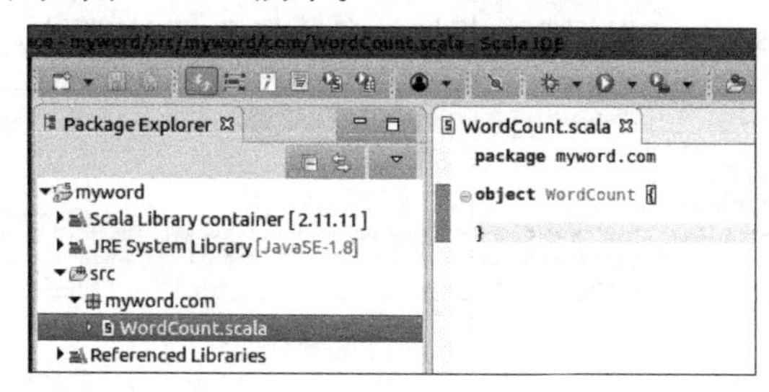

图 3-9-39　编辑程序

（3）在本地测试 WordCount

代码如下，注释部分是用于集群的语句。

```
package myscala.com

import org.apache.spark.SparkConf
import org.apache.spark.SparkContext
import org.apache.spark.SparkContext._

object WordCount {
    def main(args: Array[String]) {
        val dirIn = “/home/hadoop/input”
        //val dirIn = “hdfs://192.168.200.30:9000/user/hadoop/input”
        val dirOut = “/home/hadoop/output”
        //val dirOut = “hdfs://192.168.200.30:9000/user/hadoop/output”
        val conf = new SparkConf()
        conf.setMaster( “local” )
            .setSparkHome( “/usr/local/spark-2.3.0” )
            .setAppName( “wordcount” )
        /*
        conf.setMaster( “spark://master:7077” )
            .setSparkHome( “/usr/local/spark-2.3.0” )
```

```
            .setAppName( "wordcount" )
          *
        */
        val sc = new SparkContext(conf)
        val line = sc.textFile(dirIn)
        val cnt = line.flatMap(_.split(" ")).map((_, 1)).reduceByKey(_ + _) // 文件按空格拆分，统计单词次数
        val sortedCnt = cnt.map(x => (x._2, x._1)).sortByKey(ascending = false).map(x => (x._2, x._1)) // 按
出现次数由高到低排序
        sortedCnt.collect().foreach(println) // 控制台输出
        sortedCnt.saveAsTextFile(dirOut) // 写入文本文件
        sc.stop()
    }
}
```

注意：代码中所包含的 Spark 集群地址根据实际情况调整。再次执行之前，先删除输出目录 output，Scala 不会自动删除，如图 3-9-40 所示。

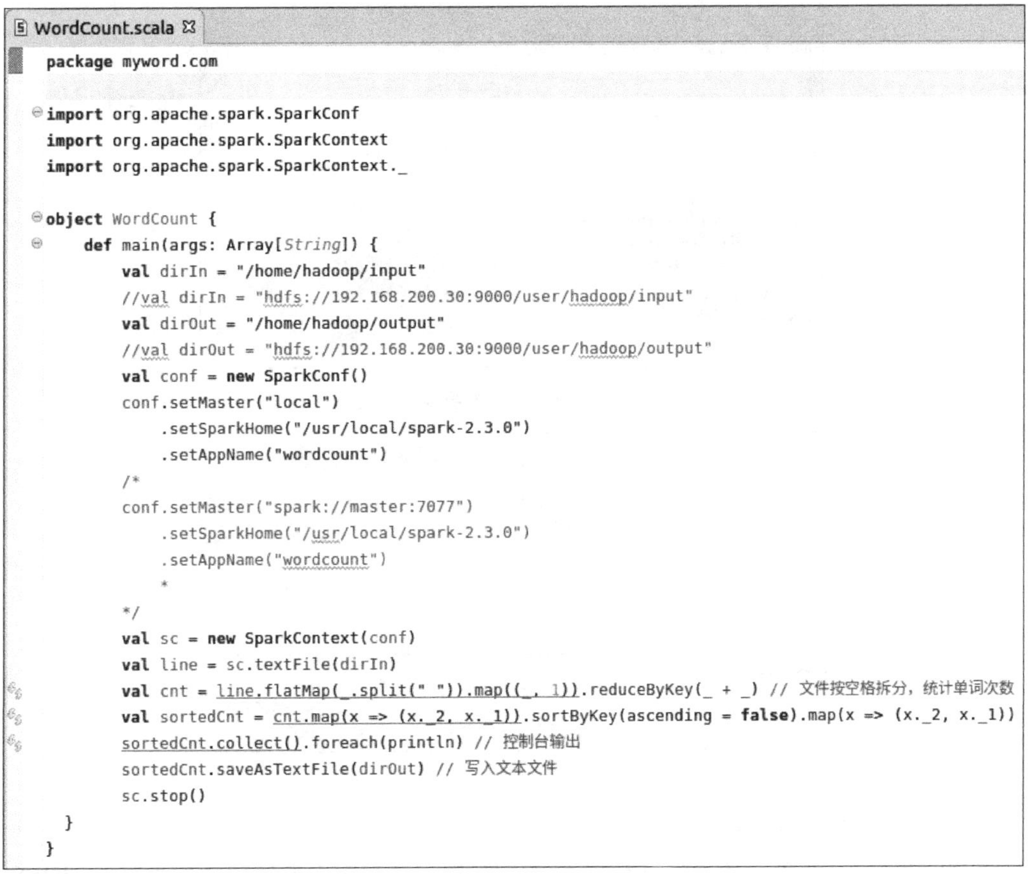

```
WordCount.scala
package myword.com

import org.apache.spark.SparkConf
import org.apache.spark.SparkContext
import org.apache.spark.SparkContext._

object WordCount {
    def main(args: Array[String]) {
        val dirIn = "/home/hadoop/input"
        //val dirIn = "hdfs://192.168.200.30:9000/user/hadoop/input"
        val dirOut = "/home/hadoop/output"
        //val dirOut = "hdfs://192.168.200.30:9000/user/hadoop/output"
        val conf = new SparkConf()
        conf.setMaster("local")
            .setSparkHome("/usr/local/spark-2.3.0")
            .setAppName("wordcount")
        /*
        conf.setMaster("spark://master:7077")
            .setSparkHome("/usr/local/spark-2.3.0")
            .setAppName("wordcount")
            *
        */
        val sc = new SparkContext(conf)
        val line = sc.textFile(dirIn)
        val cnt = line.flatMap(_.split(" ")).map((_, 1)).reduceByKey(_ + _) // 文件按空格拆分，统计单词次数
        val sortedCnt = cnt.map(x => (x._2, x._1)).sortByKey(ascending = false).map(x => (x._2, x._1))
        sortedCnt.collect().foreach(println) // 控制台输出
        sortedCnt.saveAsTextFile(dirOut) // 写入文本文件
        sc.stop()
    }
}
```

图 3-9-40　完整代码

(4) 生成 jar 包

生成 jar 包的过程与一般的 Java 项目一样，熟悉 Eclipse 的读者可以跳过此内容。过程如图 3-9-41 ～图 3-9-44 所示。

选择“File”→“Export…”→“Java”→“JAR file”命令，单击 JAR file 文本框后面的“Browse”按钮，输入 jar 包的名称后单击“OK”按钮。单击“Finish”按钮就可以在目标目录生成 WordCount.jar 文件。

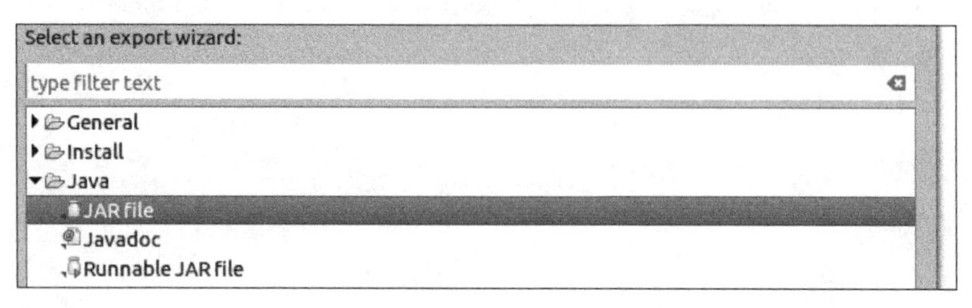

图 3-9-41　导出

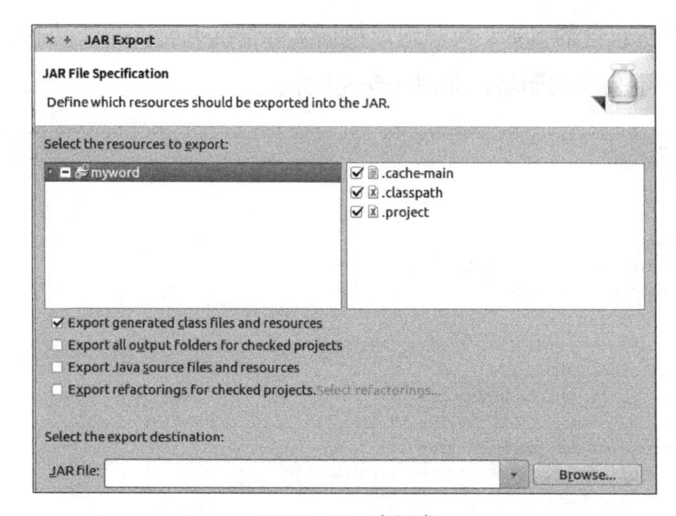

图 3-9-42　选择类

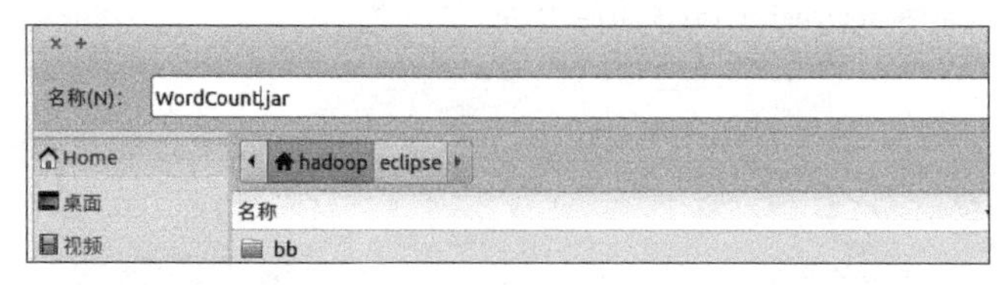

图 3-9-43　输入 jar 包名

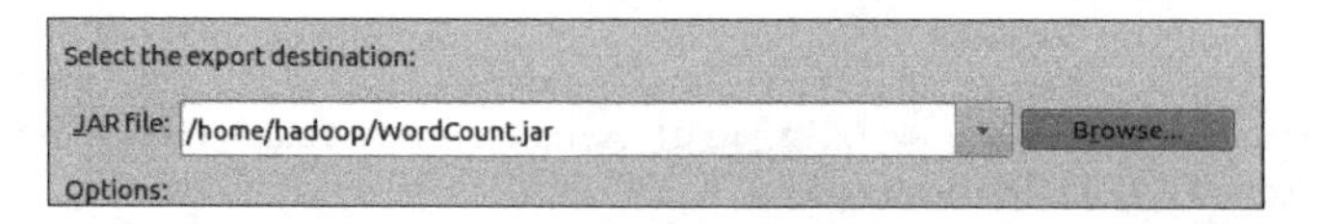

图 3-9-44　选择保存目录

(5) 在集群测试 WordCount

在提交之前，将代码的注释部分换成执行部分。修改输入和输出文件地址为 HDFS 地址，修改 Master 为集群 7077 端口，然后重新打包生成 WordCount.jar 文件。不要在修改完成后在 scala-ide 中直接运行，程序会因环境问题报错。只需要把生成的 jar 包提交到集群执行即可。提交的命令如下：

```
spark-submit --master spark://master:7077 --class myword.com.WordCount ~/WordCount.jar
```

命令通过 spark-submit 提交，--master 标记集群的 master 地址和端口，--class 标记类名，最后一个参数表示执行的 jar 包。

执行完毕，就可以在 HDFS 的 output 目录中看到 WordCount 的计算结果。

小　结

从 Spark 部署到用 Scala 编写 Spark 应用程序，整个环节都在两台配置很低的虚拟机上操作，Spark 计算机框架对内存的要求比较高。在条件成熟的前提下，可以在单台物理计算机上安装 Ubuntu 操作系统来部署伪分布 Hadoop 平台，然后部署 Spark 组件，效率会提高很多。大数据组件均来源于开源社区，版本更新比较快，在学习过程中，要注意组件之间的匹配，在安装部署前，认真阅读组件的编译说明，从而寻找合适的版本，而不是最新的版本。

Project 4

项目4

使用Java语言编写MapReduce程序

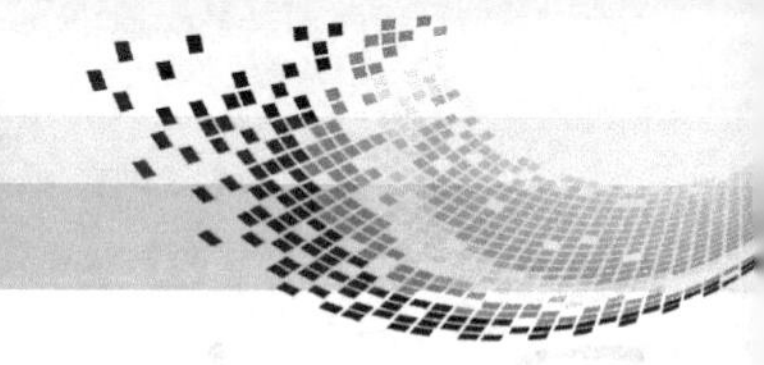

任务 1　安装与配置 Maven 本地仓库

学习目标

- 掌握安装和配置 Maven 的方法。
- 掌握配置 Maven 国内镜像的方法。

任务描述

Maven 是 Apache 软件基金会下一个 Java 开发的开源项目，曾经是 Jakarta 项目的子项目，现成为由 Apache 主持的独立项目。Maven 利用一个中央信息仓库管理一个项目的构建、报告和文档等步骤。Maven 最新版本为 3.6.3，共有 3 个大的版本，简称为 maven-1、maven-2、maven-3，本任务用到的版本为 3.5.4，不推荐大家使用最新版本。掌握 Maven 的使用方法对学习大数据专业大有裨益。

任务分析

为了方便中国用户使用，Maven 程序下载和远程仓库在国内都建有镜像站点，可以直接访问国内的站点，如图 4-1-1 所示。

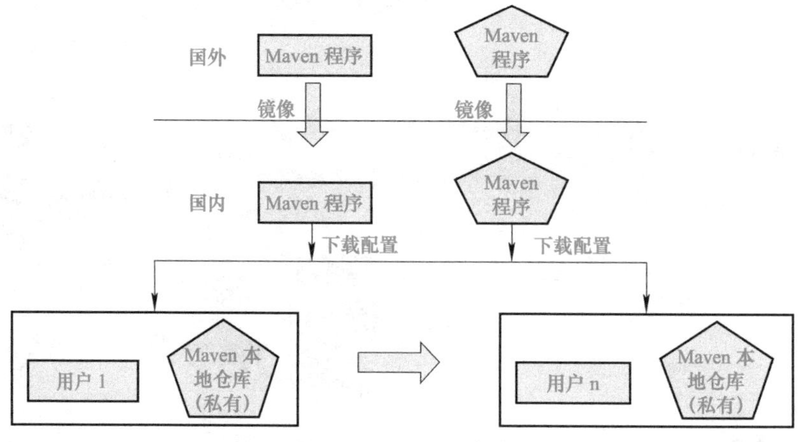

图 4-1-1　Maven 体系

常用国内镜像列表见表 4-1-1。

在 Windows 10 操作系统环境下，将按照以下步骤完成本任务：

1）下载 Maven 软件。

2）安装 Maven 软件。

3）配置 Maven 环境变量。

4）配置 Maven 本地仓库。

5）初始化 Maven 本地仓库。

表 4-1-1 Maven 国内镜像列表

地 址	名 称	备 注
http://mirrors.163.com/	网易开源镜像	
http://mirrors.aliyun.com/	阿里云开源镜像	推荐
http://ftp.sjtu.edu.cn	上海交通大学开源镜像	
http://mirror.hust.edu.cn/	华中科技大学开源镜像	
http://mirrors.tuna.tsinghua.edu.cn/	清华大学开源镜像	推荐
http://mirror.bit.edu.cn/web/	北京理工大学开源镜像	

任务实施

1. 下载 Maven 软件

建议去清华大学镜像站点下载，可以获得较好的下载体验。请按照图 4-1-2 ～图 4-1-8 所示下载。

mirrors.tuna.tsinghua.edu.cn
清华大学开源软件镜像站
镜像列表
搜索
Name
Last Update
AOSP
2019-12-27 23:01
syncing
AUR
-

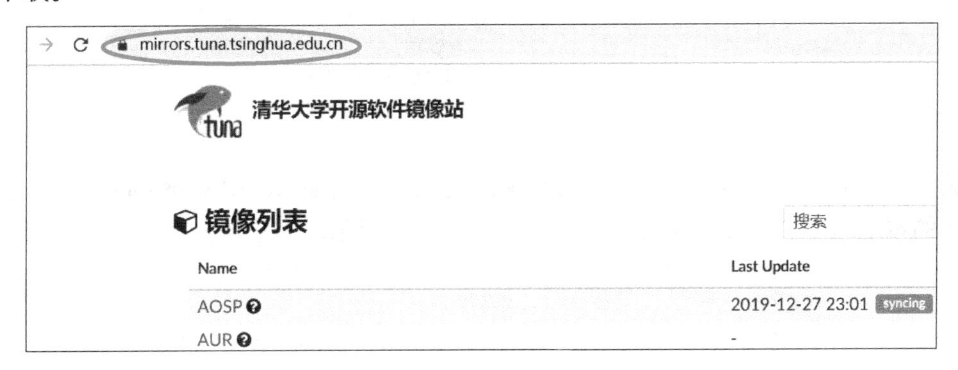

图 4-1-2 清华大学开源镜像

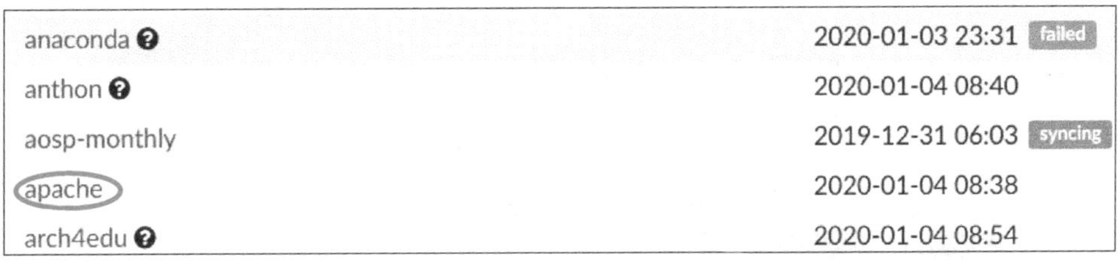

anaconda
2020-01-03 23:31
failed
anthon
2020-01-04 08:40
aosp-monthly
2019-12-31 06:03
syncing
apache
2020-01-04 08:38
arch4edu
2020-01-04 08:54

图 4-1-3 Apache 开源项目

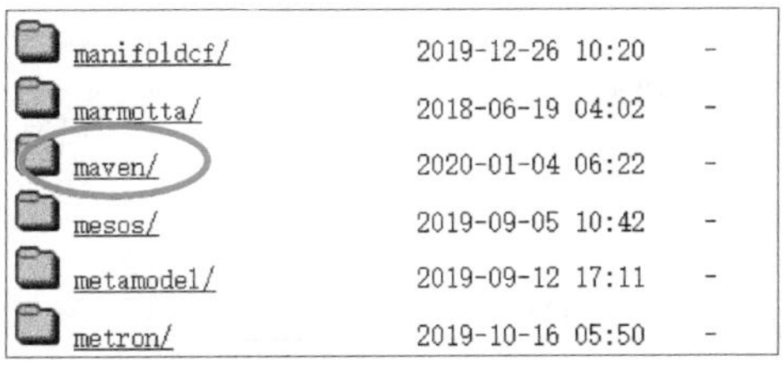

manifoldcf/ 2019-12-26 10:20 -
marmotta/ 2018-06-19 04:02 -
maven/ 2020-01-04 06:22 -
mesos/ 2019-09-05 10:42 -
metamodel/ 2019-09-12 17:11 -
metron/ 2019-10-16 05:50 -

图 4-1-4 Maven 开源项目 1

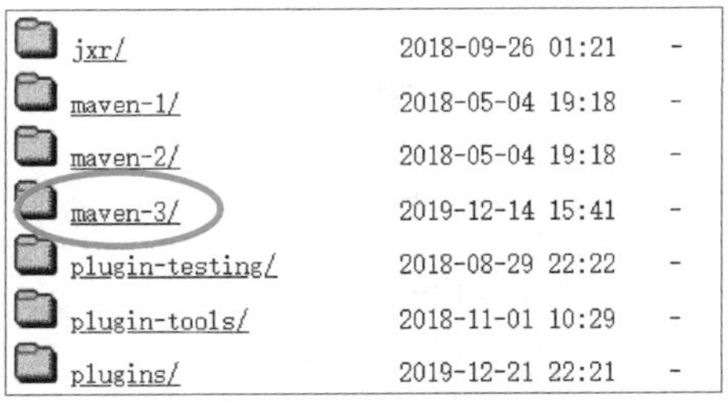

jxr/ 2018-09-26 01:21 -
maven-1/ 2018-05-04 19:18 -
maven-2/ 2018-05-04 19:18 -
maven-3/ 2019-12-14 15:41 -
plugin-testing/ 2018-08-29 22:22 -
plugin-tools/ 2018-11-01 10:29 -
plugins/ 2019-12-21 22:21 -

图 4-1-5 Maven 开源项目 2

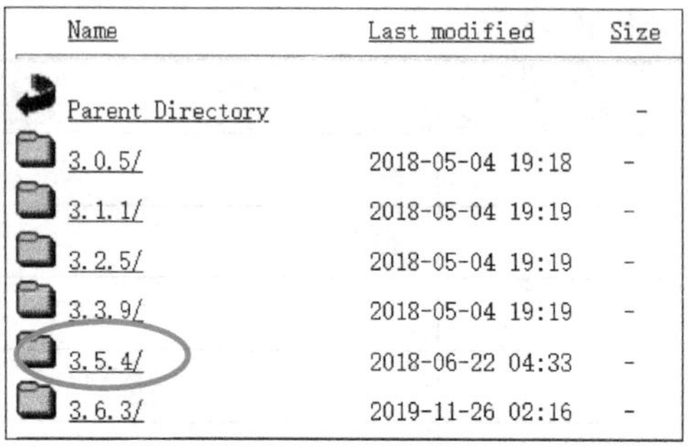

Name	Last modified	Size
Parent Directory		-
3.0.5/	2018-05-04 19:18	-
3.1.1/	2018-05-04 19:19	-
3.2.5/	2018-05-04 19:19	-
3.3.9/	2018-05-04 19:19	-
3.5.4/	2018-06-22 04:33	-
3.6.3/	2019-11-26 02:16	-

图 4-1-6　Maven 开源项目 3

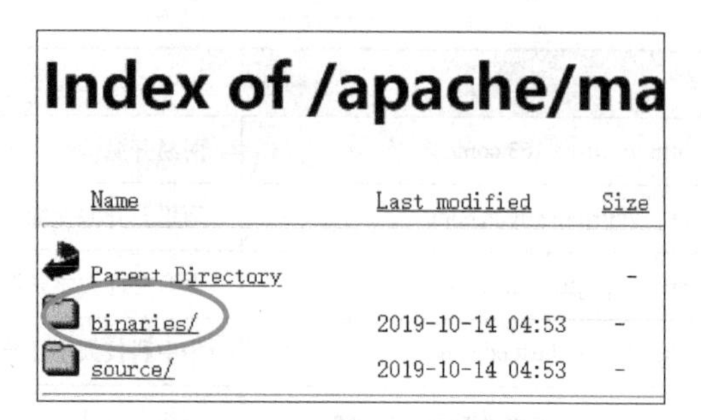

图 4-1-7　Maven 开源项目 4

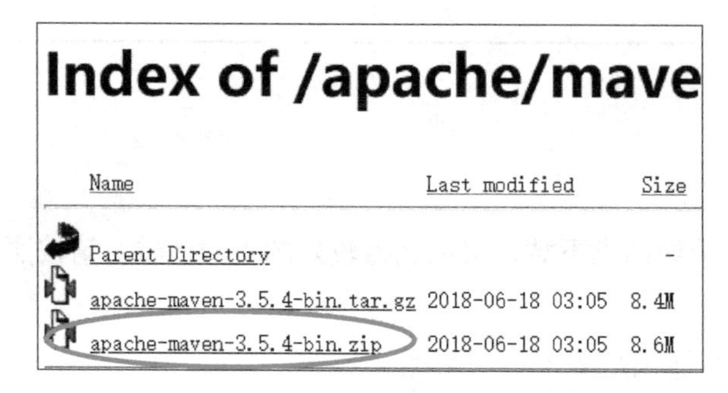

图 4-1-8　Windows 版 Maven 软件包

2. 安装 Maven 软件

请将下载的安装包解压到 D 盘或 E 盘，创建一个目录 LocalRepository，此目录将是 Maven 的本地仓库。目录结构如图 4-1-9 和图 4-1-10 所示。

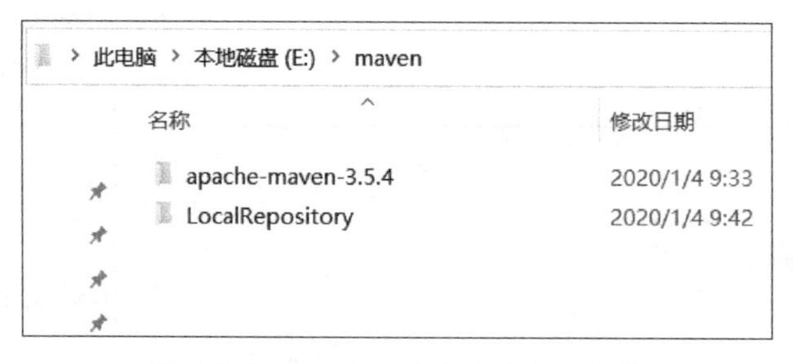

图 4-1-9　Maven 软件与本地仓库目录

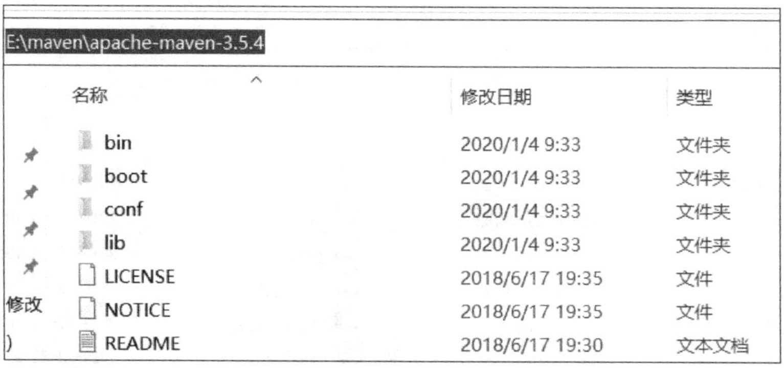

E:\maven\apache-maven-3.5.4

名称	修改日期	类型
bin	2020/1/4 9:33	文件夹
boot	2020/1/4 9:33	文件夹
conf	2020/1/4 9:33	文件夹
lib	2020/1/4 9:33	文件夹
LICENSE	2018/6/17 19:35	文件
NOTICE	2018/6/17 19:35	文件
README	2018/6/17 19:30	文本文档

图 4-1-10　Maven 软件目录

3．配置 Maven 环境变量

在系统环境变量中添加“MAVEN_HOME”。在“我的电脑”桌面图标上单击鼠标右键，打开“属性”窗口后，请按以下顺序单击：“环境变量”→“新建”新建一个系统变量，然后输入“MAVEN_HOME”，单击“浏览目录”按钮，读取目录名称后，单击“确定”按钮完成 MAVEN_HOME 系统变量设置，如图 4-1-11 所示。

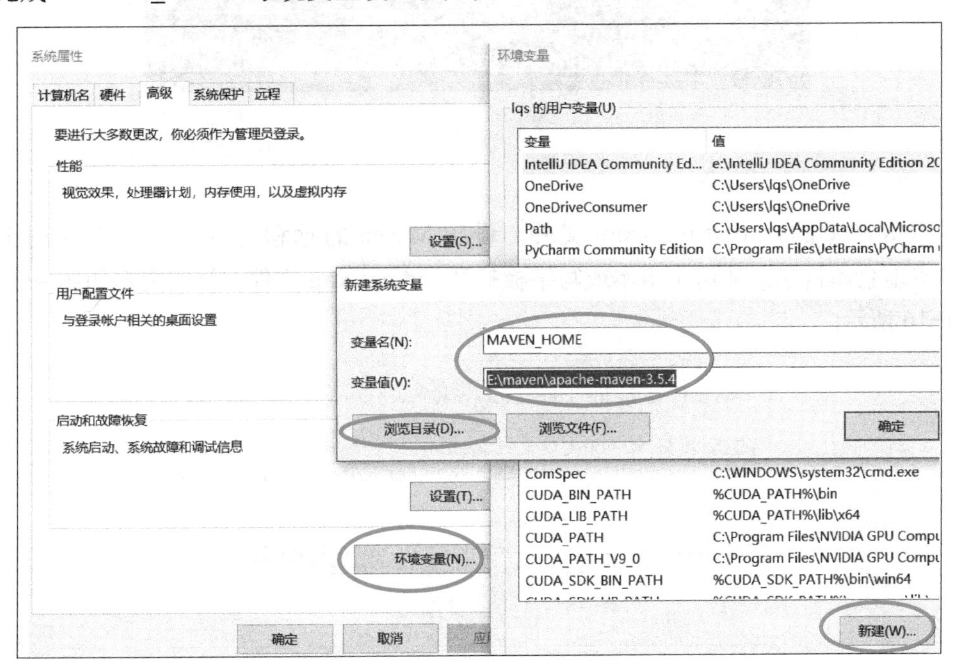

图 4-1-11 创建 MAVEN_HOME 系统变量

在 Path 中添加 Maven 的 bin 路径，如图 4-1-12 和图 4-1-13 所示。

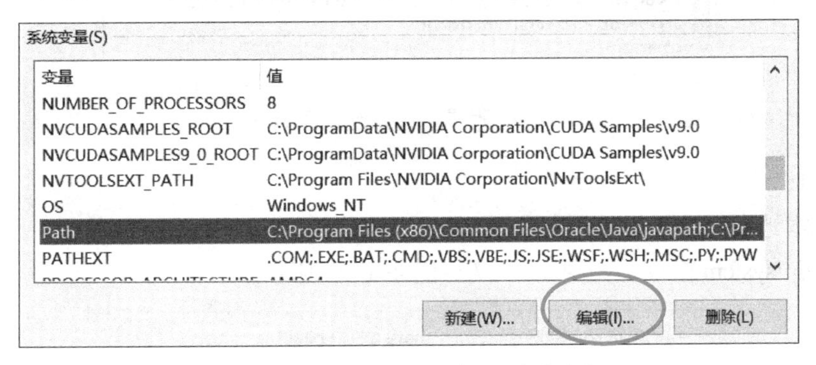

图 4-1-12 添加 Maven 的 bin 查找路径 1

图 4-1-13 添加 Maven 的 bin 查找路径 2

最后单击多个“确定”按钮关闭当前窗口，保存设置后回到系统桌面。新打开一个命令窗口，执行 mvn 命令，能执行即表示配置完成，如图 4-1-14 所示。

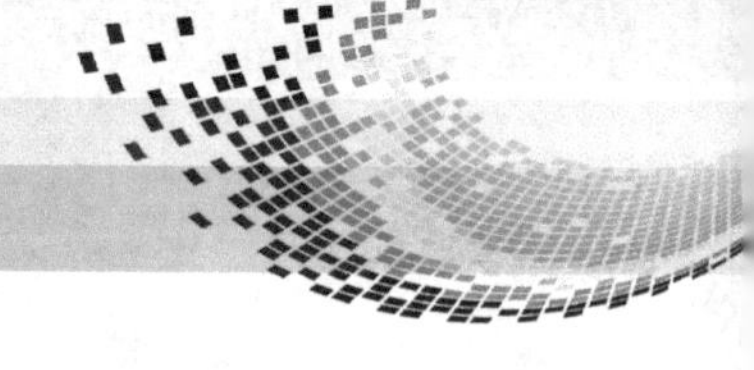

```
命令提示符
Microsoft Windows [版本 10.0.18363.535]
(c) 2019 Microsoft Corporation。保留所有权利。

C:\Users\lqs>mvn
[INFO] Scanning for projects...
[INFO] ------------------------------------------------------------------------
[INFO] BUILD FAILURE
[INFO] ------------------------------------------------------------------------
[INFO] Total time: 0.068 s
[INFO] Finished at: 2020-01-04T12:38:19+08:00
[INFO] ------------------------------------------------------------------------
```

图 4-1-14　测试 Maven 环境变量配置

4．配置 Maven 本地仓库

修改 Maven 的 conf/settings.xml 文件，设置 Maven 的远程仓库（阿里云国内镜像）URL、本地仓库目录。使用记事本或写字板打开 settings.xml 文件，修改内容如图 4-1-15 和图 4-1-16 所示。

```
<!-- localRepository
 | The path to the local repository maven will use to store artifacts.
 |
 | Default: ${user.home}/.m2/repository
<localRepository>E:\maven\LocalRepository</localRepository>
-->

<localRepository>E:\maven\LocalRepository</localRepository>
```

图 4-1-15　本地仓库

```
  -->
 <mirror>
     <id>alimaven</id>
    <name>aliyun maven</name>
    <url>http://maven.aliyun.com/nexus/content/groups/public/</url>
    <mirrorOf>central</mirrorOf>
 </mirror>
</mirrors>
```

图 4-1-16　阿里云 Maven 远程仓库镜像

5．初始化 Maven 本地仓库

初始化本地仓库就是从远程仓库中下载基本的组件到本地仓库。新打开一个命令窗口，执行 mvn help:system 命令，如图 4-1-17～图 4-1-20 所示。

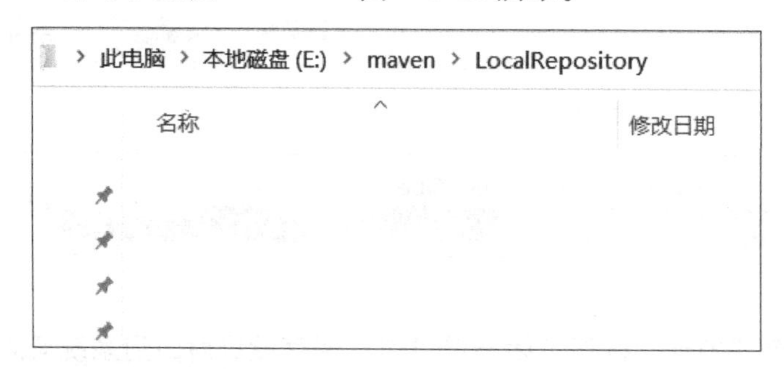

图 4-1-17　初始化前本地仓库（空）

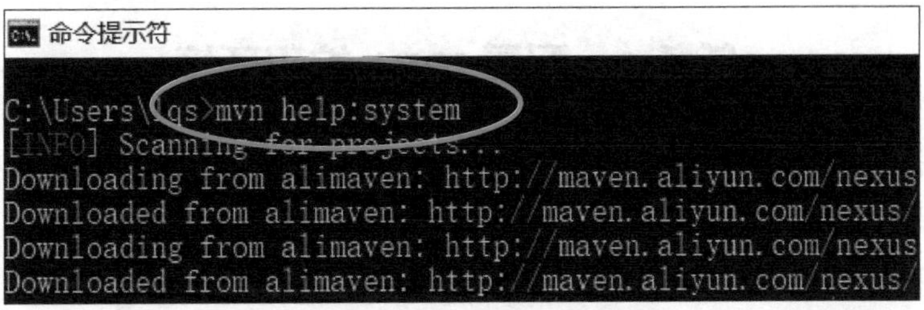

命令提示符

```
C:\Users\lqs>mvn help:system
[INFO] Scanning for projects...
Downloading from alimaven: http://maven.aliyun.com/nexus
Downloaded from alimaven: http://maven.aliyun.com/nexus/
Downloading from alimaven: http://maven.aliyun.com/nexus
Downloaded from alimaven: http://maven.aliyun.com/nexus/
```

图 4-1-18　初始化命令

```
[INFO] ------------------------------------------------------------
[INFO] BUILD SUCCESS
[INFO] ------------------------------------------------------------
[INFO] Total time: 01:09 min
[INFO] Finished at: 2020-01-04T13:37:16+08:00
[INFO] ------------------------------------------------------------

C:\Users\lqs>
```

图 4-1-19　成功执行初始化命令

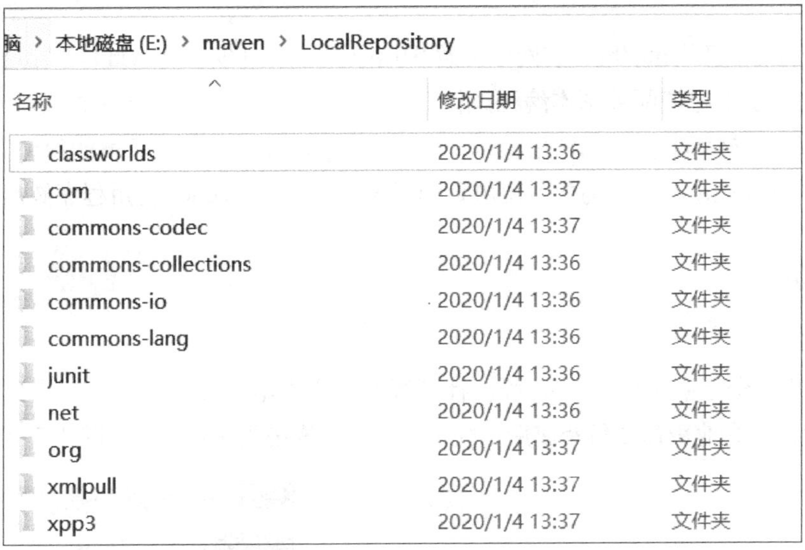

脑 › 本地磁盘 (E:) › maven › LocalRepository

名称	修改日期	类型
classworlds	2020/1/4 13:36	文件夹
com	2020/1/4 13:37	文件夹
commons-codec	2020/1/4 13:37	文件夹
commons-collections	2020/1/4 13:36	文件夹
commons-io	2020/1/4 13:36	文件夹
commons-lang	2020/1/4 13:36	文件夹
junit	2020/1/4 13:36	文件夹
net	2020/1/4 13:36	文件夹
org	2020/1/4 13:37	文件夹
xmlpull	2020/1/4 13:37	文件夹
xpp3	2020/1/4 13:37	文件夹

图 4-1-20　初始化后本地仓库目录

小　结

在配置的过程中，多处需要输入字符串，比如，环境变量名、本地仓库目录、Maven远程仓库 URL 等，尽量使用复制粘贴字符的方法来输入，复制粘贴比手工录入要快而且不易发生错误。

每一个小项配置完成后，要立刻验证，不要将错误带入下一个步骤。比如，环境变量和 bin 查找路径配置好了以后，应立刻使用 mvn 命令来验证无误后再进行下一个步骤。

任务 2　配置 IDEA 编程环境

学习目标

- 掌握下载安装 IDEA 的方法。
- 熟练掌握配置 Maven、插件的方法。
- 熟悉 IDEA 的基本使用方法。

任务描述

工欲善其事必先利其器，一款好的编程工具有事半功倍的效果。目前，Java 编程工具有 Eclipse、MyEclipse、Intellij IDEA（本文简称 IDEA）等。推荐大家使用 Intellij IDEA，其配置简单、插件丰富、界面友好的特点得到业界一致好评。

任务分析

在本任务中，将从 Intellij 的官网中下载 IDEA 社区版，并安装到 Windows 10 操作系统中。再按照个人的使用习惯配置基本编程风格、安装常用插件。在 IDEA 中配置 Maven 本地仓库。最后，介绍 Maven 面板的常用操作。通过本任务的学习，初学者就能使用 Intellij IDEA 编写一般的 Java 应用程序，为学习使用 Java 语言编写 MapReduce 应用程序做准备。

任务实施

1．下载安装 Intellij IDEA

IDEA 共有企业版、企业 EAP 版、社区版共 3 个版本，其中社区版功能最简单，可以免费下载使用，企业版需要付费使用。登录官网后，请按照图 4-2-1 ～图 4-2-4 所示下载。

图 4-2-1　下载链接 1

图 4-2-2　下载链接 2

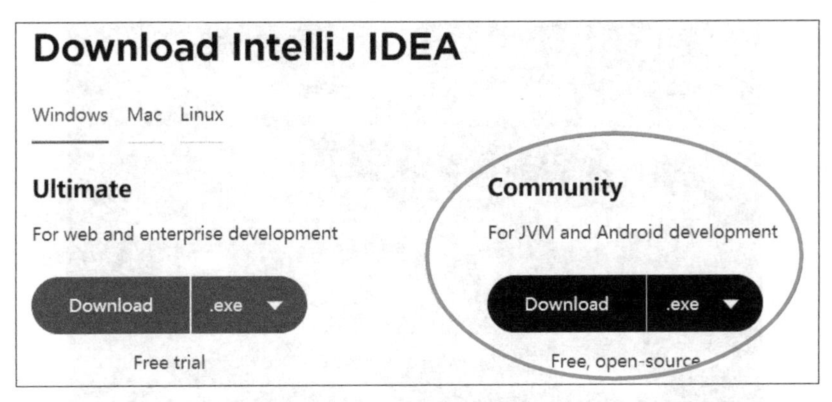

图 4-2-3　下载链接 3

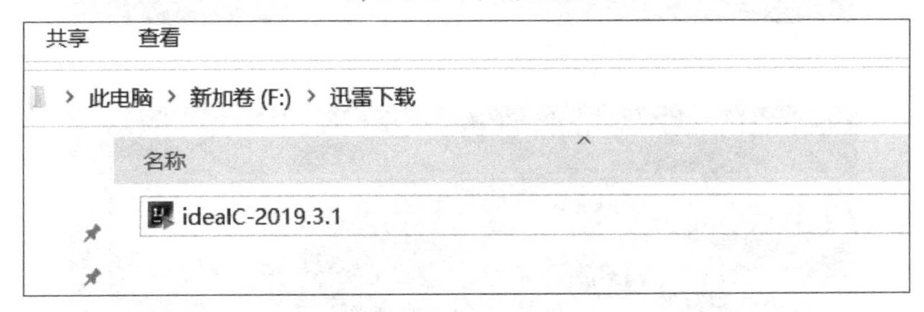

图 4-2-4　安装文件

双击 exe 执行文件，按照提示即可完成安装过程。

2. 配置 IDEA 编程环境

启动 IDEA，开始配置。

1）配置界面风格，建议使用默认风格 Darcula，黑色的主色调能够保护视力，如图 4-2-5 所示。

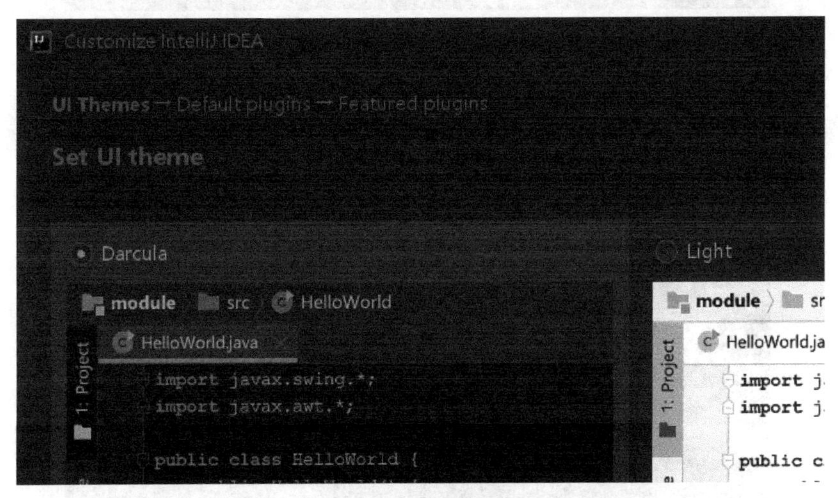

图 4-2-5　选择界面风格

2）配置插件，可以使用默认值，单击“Next”按钮，如图 4-2-6 所示。

3）下载插件，建议下载 Scala 插件，Scala 是 Spark 编程语言，如图 4-2-7 所示。

完成后单击开始使用 IDEA，进入创建项目界面，如图 4-2-8 所示。

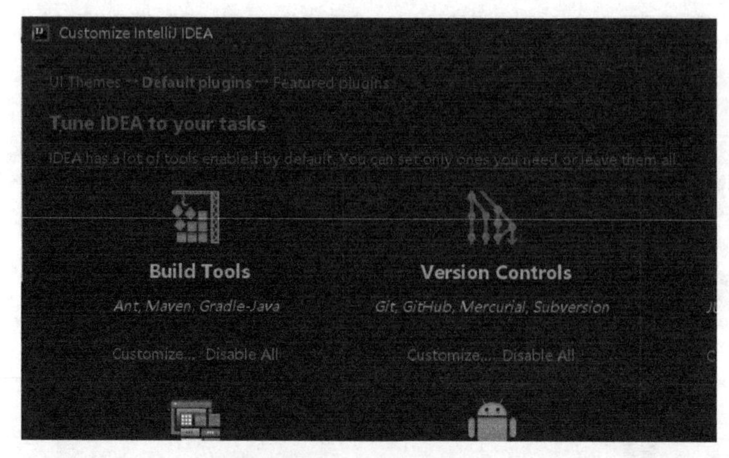

图 4-2-6　选择功能插件

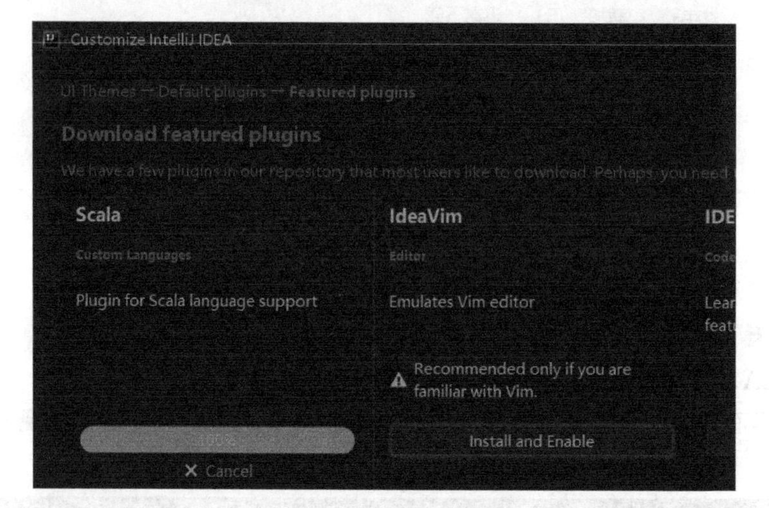

图 4-2-7　下载功能插件

图 4-2-8　创建项目界面

3. 配置 Maven 基本参数

为了让任务 1 中配置的 Maven 能够在 IDEA 中生效，需要在 IDEA 中明确配置文件 settings.xml 的位置和本地仓库路径以及 Maven 程序的安装位置。

首先，打开配置界面，如图 4-2-9 所示。

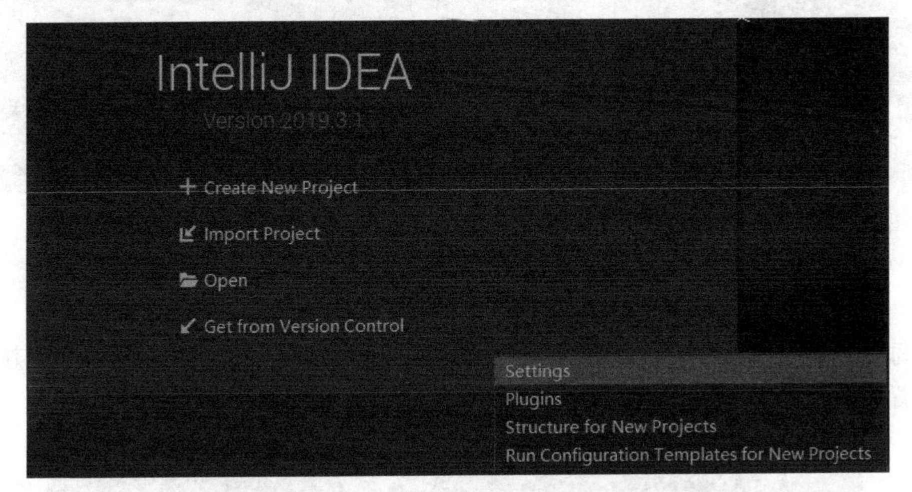

图 4-2-9　打开配置界面

在配置界面的左侧，找到 Maven 配置项，如图 4-2-10 所示。

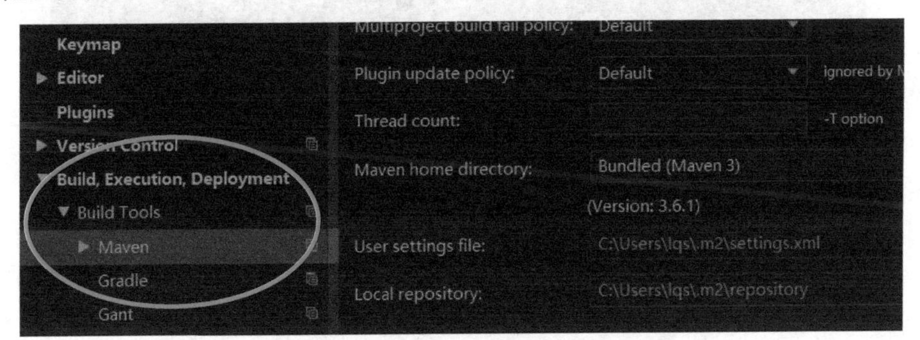

图 4-2-10　Maven 配置项

修改 Maven 配置为图 4-2-11 所示的内容（具体内容请根据 Maven 实际安装情况确定），修改完成后单击“OK”按钮保存配置。

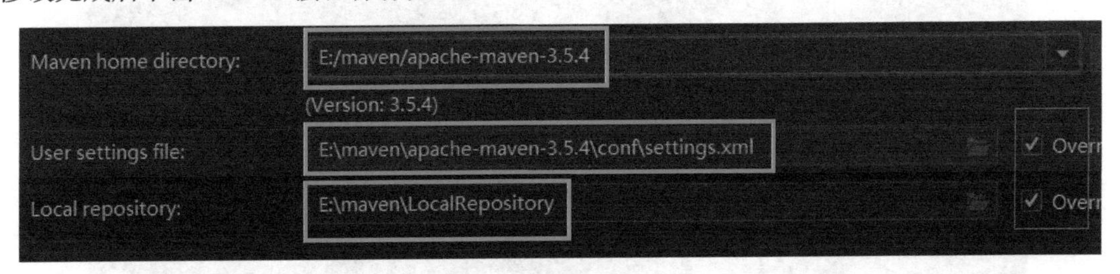

图 4-2-11　Maven 配置内容

4. 修改编辑器的字体

在代码编辑器中，不同的人习惯使用不同的字体、字号、颜色。下面来演示如何修改代码编辑器的字体大小，如图 4-2-12 和图 4-2-13 所示。

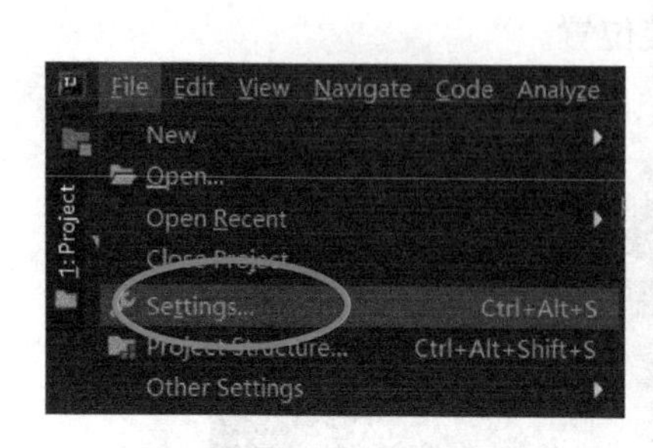

图 4-2-12 系统配置菜单

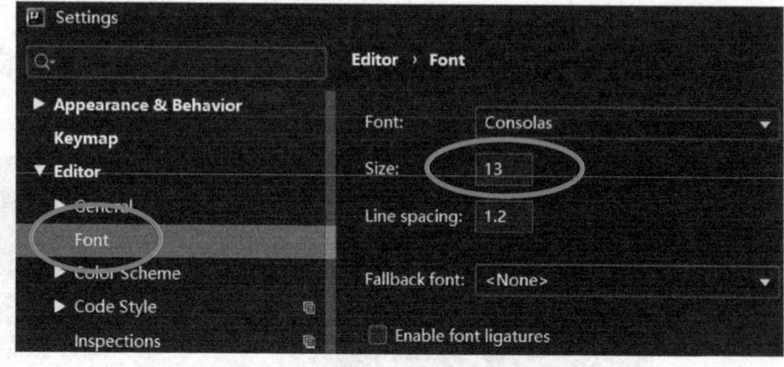

图 4-2-13 修改代码编辑器字体大小

5. 配置默认的项目参数

给每一个新建的项目设置默认参数。如果不做这项设置，以后每次创建一个新项目就需要设置一次，非常麻烦。按图 4-2-14 所示打开配置界面。

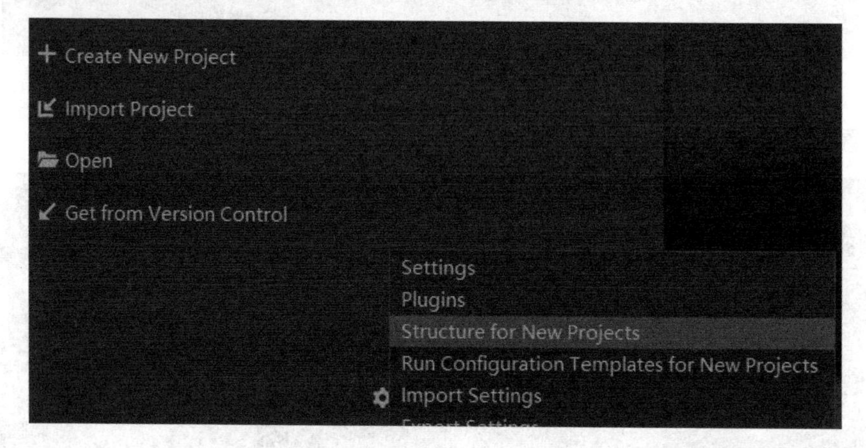

图 4-2-14 项目默认配置

配置 JDK，选择 1.8 即可，如果下拉菜单是空的，先在 Windows 操作系统中安装 JDK，如图 4-2-15 所示。

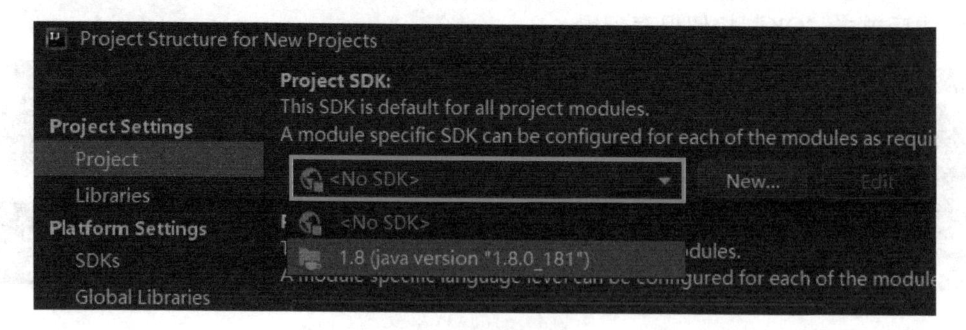

图 4-2-15 配置 JDK

如果用 IDEA 做其他类型的开发，所用到的 SDK 可以在这里配置，如图 4-2-16 所示。

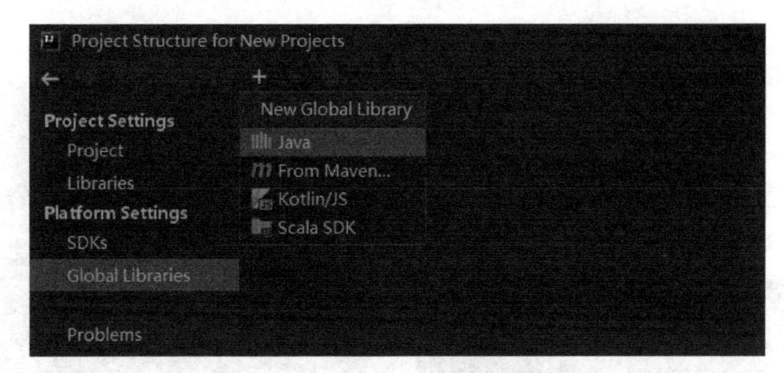

图 4-2-16　配置其他 SDK

6. 使用 Maven 面板

要使用 Maven 面板，需要先创建一个 Maven 项目。通过 Maven 面板可以执行清理、编译、打包、上传、安装等操作。首先，创建“E:\idea_workspace”目录，用于保存项目文件。开始创建项目，如图 4-2-17 ～图 4-2-19 所示。请注意项目保存的路径。最后单击“Finish”按钮。

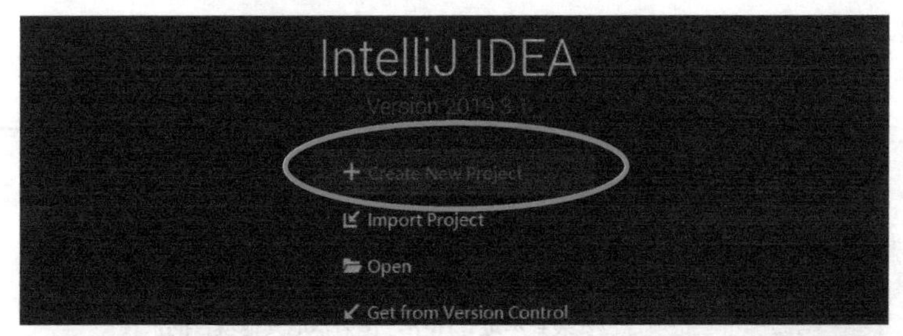

图 4-2-17　创建新项目

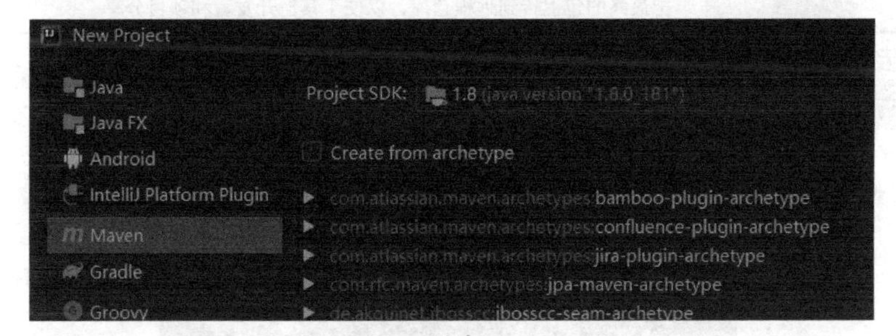

图 4-2-18　创建 Maven 项目

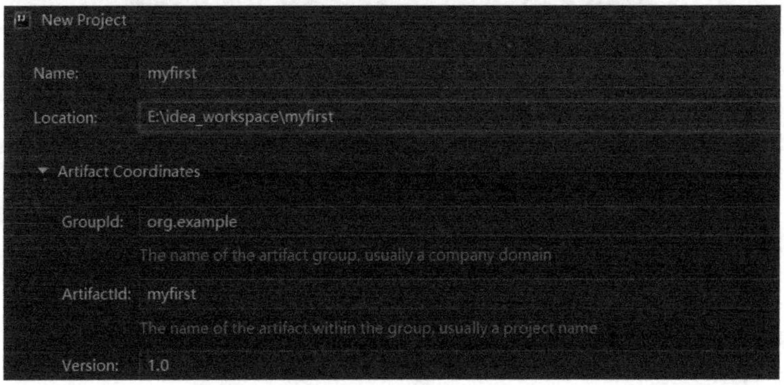

图 4-2-19　创建项目

Maven 操作面板位于窗口的右上角，如图 4-2-20 所示，展开的菜单如图 4-2-21 所示。

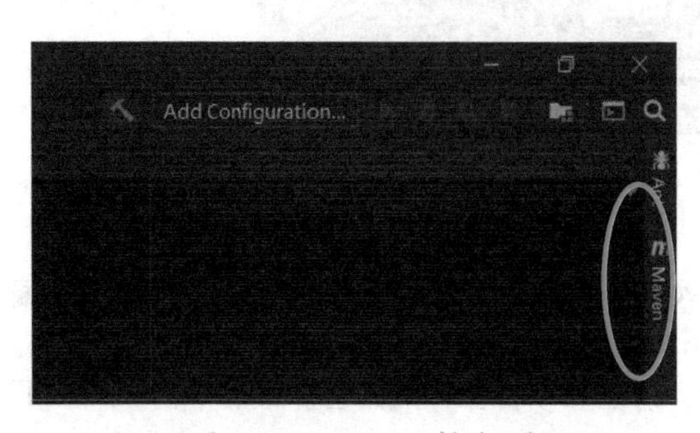

图 4-2-20　Maven 操作面板

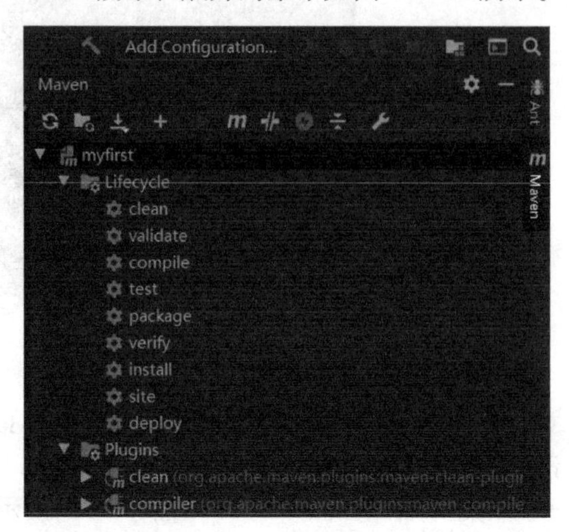

图 4-2-21　展开的菜单

下面介绍 Lifecycle 菜单下面各操作项的具体含义，见表 4-2-1。

表 4-2-1　Maven 面板常用操作项

clean	清除上一次编译信息
compile	编译源码
package	把编译好的源码打包，如 jar 包
install	把项目包安装到本地仓库中，作为本地其他项目的依赖
deploy	把最终的包上传到远程仓库，以便于其他开发者和项目分享

操作方法为：先选择菜单项，如“compile”，再单击上方的三角按钮即可，如图 4-2-22 所示。

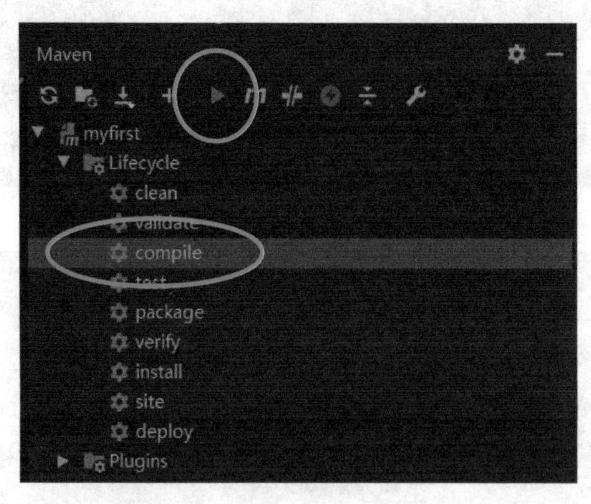

图 4-2-22　Maven 菜单操作方法

小　结

在下载 Intellij IDEA 的过程中，推荐使用迅雷等断点续传工具，不管是下载速度还是稳定性都能带来很好的体验。在创建项目的时候，建议修改默认项目目录到其他硬盘，默认项目目录位于“C:\Users\×××”，否则，当系统崩溃重装的时候，容易丢失项目代码。

任务3　编写第一个 Java 应用程序

学习目标

- 掌握编写 pom.xml 文件的基本方法。
- 学会使用 Maven 面板编译和打包项目。
- 学会使用 Log4j 组件控制信息输出。
- 掌握在 Linux 环境下运行 Java 项目。

任务描述

任务需要学习者有 Java 编程基础，熟悉 Java 基本语法，能够编写一个读本地文本文件并在命令窗口输出的应用程序（至少能够读懂这个应用程序）。学习者可以先在项目目录下创建一个 data.txt 文本文件，编写程序读取这个文件，然后在输出窗口逐行输出。调试成功后将项目打包成一个不带依赖的 jar 包、一个带依赖的 jar 包。最后将 jar 包和文本文件上传到 Vbuntu 虚拟机中，分别运行这两个 jar 包。

任务分析

通过上一个任务的学习，能够在自定义的项目目录下创建一个空白的 Maven 项目。为了避免不必要的麻烦，文本文件内容不要使用汉字。任务基本步骤如下：

1）创建空白 Maven 项目。

2）编写 log4j.properties 文件。

3）编写 pom.xml 文件。

4）编写读取文本并输出的 Java 应用程序。

5）调试、编译、打包应用程序。

6）上传 jar 包到 Ubuntu 虚拟机并运行。

任务实施

1. 创建 Maven 项目和数据文件

创建过程请参阅上一个任务，创建完毕 IDEA 界面如图 4-3-1 所示。

在 Java 图标下建立包、主类。包名为项目向导中确定的名称，本例使用 org.example 为包名。如图 4-3-2 和图 4-3-3 所示，图中的菜单均为右键单击后弹出。

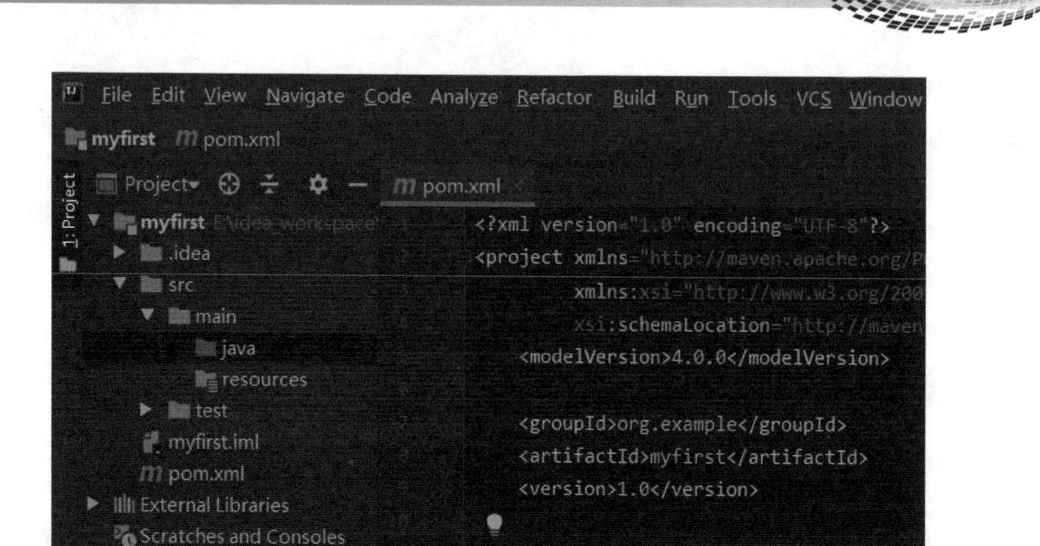

图 4-3-1 创建 Maven 空白项目

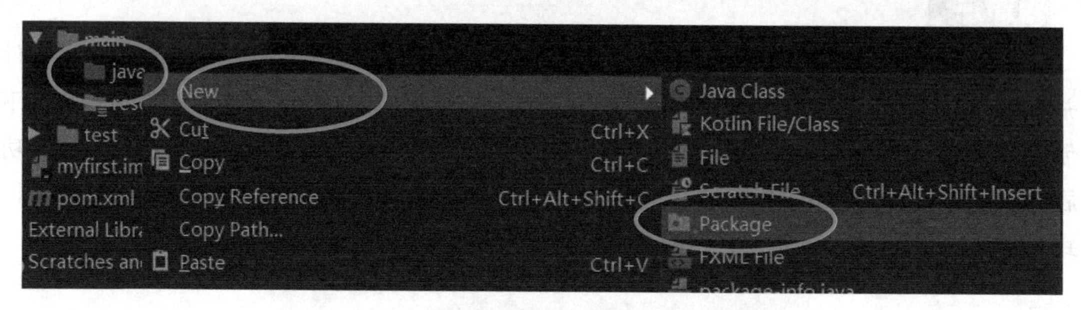

图 4-3-2 创建程序包

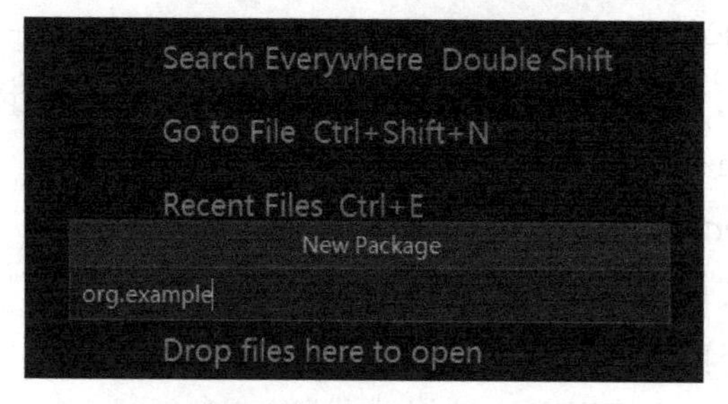

图 4-3-3 输入包名

在 org.example 包下创建程序主类：MyReadtxt，注意类名的首字符为大写字母。如图 4-3-4 和图 4-3-5 所示。

创建完毕，项目目录结构如图 4-3-6 所示。

图 4-3-4 创建主类

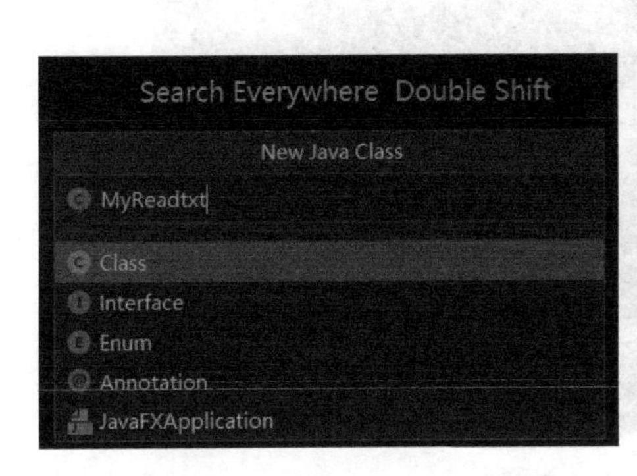

图 4-3-5 输入类名

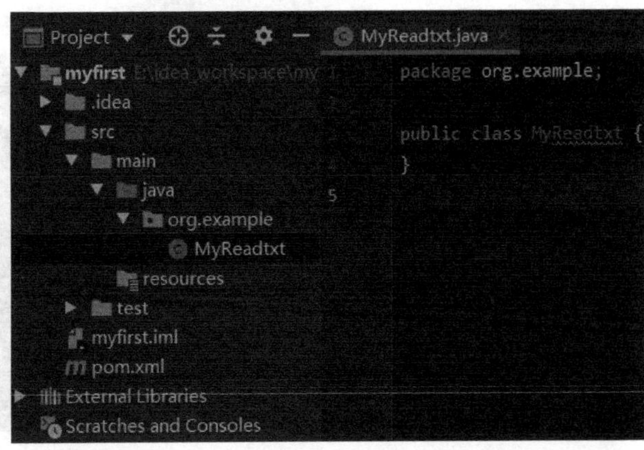

图 4-3-6 项目目录结构

创建数据文本文件 data.txt。文件目录与文件内容如图 4-3-7 所示。文件内容是从 Maven 官网复制的一段 Apache Licenses。

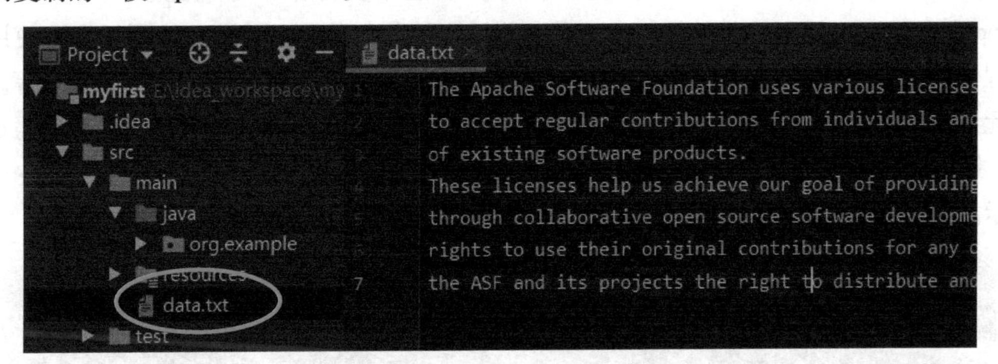

图 4-3-7 文本文件及内容

2. 编写 log4j.properties 文件

Log4j 是 Apache 的一个开源项目，通过使用 Log4j，可以控制日志信息输送的目的地是控制台、文件、GUI 组件、套接口服务器、NT 的事件记录器、UNIXSyslog 守护进程等。也可以控制每一条日志的输出格式。通过定义每一条日志信息的级别，能够更加细致地控制日志的生成过程。建议把 log4j.properties 文件放置在 resources 目录下，这样才能被程序自动加载并生效。最简单的配置内容如下：

```
# Set everything to be logged to the console
log4j.rootCategory=INFO, console
log4j.appender.console=org.apache.log4j.ConsoleAppender
log4j.appender.console.target=System.err
log4j.appender.console.layout=org.apache.log4j.PatternLayout
log4j.appender.console.layout.ConversionPattern=%d{yy/MM/dd HH:mm:ss} %p %c{1}: %m%n
```

创建完毕，项目结构及日志控制文件内容如图 4-3-8 所示。一般情况下，可以将第 2 行的“INFO”修改成“ERROR”或“WARN”，减少输出窗口的信息量，方便查看程序输出结果。

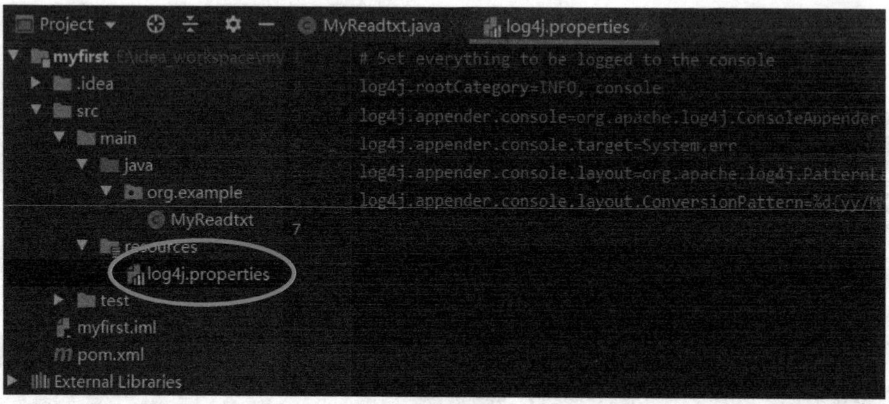

图 4-3-8　项目结构及日志控制文件内容

3．编写 pom.xml 文件

pom.xml 文件是 Maven 的主要配置文件。在这个文件中，可以配置 Maven 项目的 groupId、artifactId 和 version 等 Maven 项目必须的元素；可以配置 Maven 项目需要使用的远程仓库；可以定义 Maven 项目打包的形式；可以定义 Maven 项目的资源依赖关系等。文件元素标签的解析自行上网查询，此处，将编写 3 个基本依赖、3 个编译插件。在编写过程中，打开 IDEA 下面的后台任务进度条，可以清楚看到 IDEA 从阿里云下载依赖，如图 4-3-9 所示。如果依然从 Maven 官方中央仓库下载，检查 Settings 配置。

图 4-3-9　IDEA 从阿里云下载依赖

3 个基本依赖：

```
<dependencies>
    <dependency>
        <groupId>log4j</groupId>
        <artifactId>log4j</artifactId>
        <version>1.2.17</version>
    </dependency>
    <dependency>
        <groupId>junit</groupId>
        <artifactId>junit</artifactId>
        <version>4.12</version>
    </dependency>
```

```
        <dependency>
            <groupId>commons-io</groupId>
            <artifactId>commons-io</artifactId>
            <version>2.6</version>
        </dependency>
</dependencies>
```

3 个编译插件如下：

```
<build>
    <plugins>
        <plugin>
            <groupId>org.apache.maven.plugins</groupId>
            <artifactId>maven-compiler-plugin</artifactId>
            <configuration>
                <source>1.8</source>
                <target>1.8</target>
            </configuration>
        </plugin>
        <plugin>
            <groupId>org.apache.maven.plugins</groupId>
            <artifactId>maven-jar-plugin</artifactId>
            <configuration>
                <archive>
                    <manifest>
                        <addClasspath>true</addClasspath>
                        <classpathPrefix>lib/</classpathPrefix>
                        <useUniqueVersions>false</useUniqueVersions>
                        <mainClass>org.example.MyReadtxt</mainClass>
                    </manifest>
                </archive>
            </configuration>
        </plugin>
        <plugin>
            <groupId>org.apache.maven.plugins</groupId>
            <artifactId>maven-assembly-plugin</artifactId>
            <configuration>
                <descriptorRefs>jar-with-dependencies</descriptorRefs>
                <archive>
                    <manifest>
                        <mainClass>org.example.MyReadtxt</mainClass>
                    </manifest>
                </archive>
            </configuration>
            <executions>
                <execution>
                    <id>make-assembly</id>
                    <phase>package</phase>
                    <goals>
                        <goal>single</goal>
```

```
                        </goals>
                    </execution>
                </executions>
            </plugin>
        </plugins>
</build>
```

将 pom.xml 文件的部分主标签收起后，就能看清文件结构，如图 4-3-10 所示。

```
pom.xml
<?xml version="1.0" encoding="UTF-8"?>
<project xmlns="http://maven.apache.org/POM/4.0.0"
         xmlns:xsi="http://www.w3.org/2001/XMLSchema
         xsi:schemaLocation="http://maven.apache.org
    <modelVersion>4.0.0</modelVersion>
    <groupId>org.example</groupId>
    <artifactId>myfirst</artifactId>
    <version>1.0</version>
    <dependencies>
        <dependency...>
        <dependency...>
        <dependency...>
    </dependencies>
    <build>
        <plugins>
            <plugin...>
            <plugin...>
            <plugin...>
        </plugins>
    </build>
</project>
```

图 4-3-10　pom.xml 文件结构

观察右侧 Maven 面板，插件和依赖也会随着输入的内容发生变化，如图 4-3-11 所示。

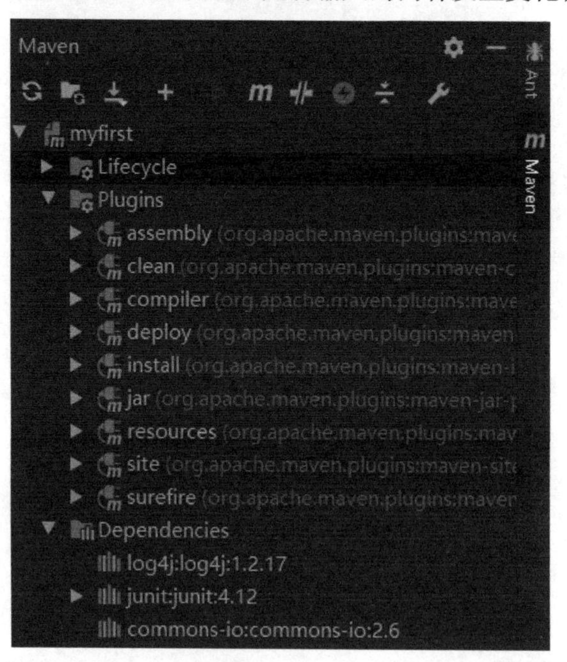

图 4-3-11　Maven 面板

4．编写读取文本并输出的 Java 应用程序

只有在 pom.xml 书写了正确的依赖，才能在编程窗口 import 所需要的类。当在代码编辑器中打出类名的时候，编辑器也会自动在代码前部加上 import 语句。文本文件的路径可以使用复制粘贴的方法获取，如图 4-3-12 ～图 4-3-14 所示。

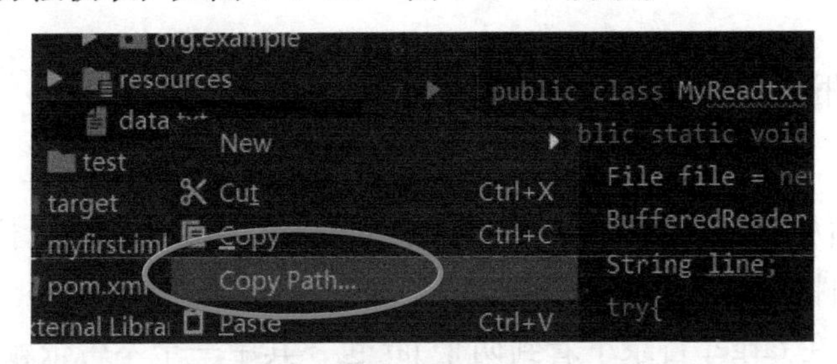

图 4-3-12　文件右键菜单

图 4-3-13　复制路径

```
class MyReadtxt {
blic static void main(String[] args) {
  File file = new File( pathname: "src/main/data.txt");
  BufferedReader reader;
  String line;
```

图 4-3-14　粘贴路径

程序完整代码如下：

```
package org.example;
import java.io.BufferedReader;
import java.io.File;
import java.io.FileReader;
import java.io.IOException;

public class MyReadtxt {
    public static void main(String[] args) {
        File file = new File("src/main/data.txt");
        BufferedReader reader;
        String line;
        try{
            reader = new BufferedReader(new FileReader(file));
            while ((line = reader.readLine()) != null){
                System.out.println(line);
            }
```

```
            reader.close();
        }catch (IOException e){
            e.printStackTrace();
        }
    }
}
```

能正常运行应用程序即可。

5. 调试、编译、打包应用程序

利用 Maven 面板，就能实现编译、打包功能。因为程序需要上传到 Ubuntu 系统中运行，先将文本文件的路径修改为“data.txt”。打包过程如图 4-3-15 ～图 4-3-17 所示。操作完成后，就能在 target 目录下看到两个 jar 包，其中一个不带依赖、一个带依赖，如图 4-3-18 所示。

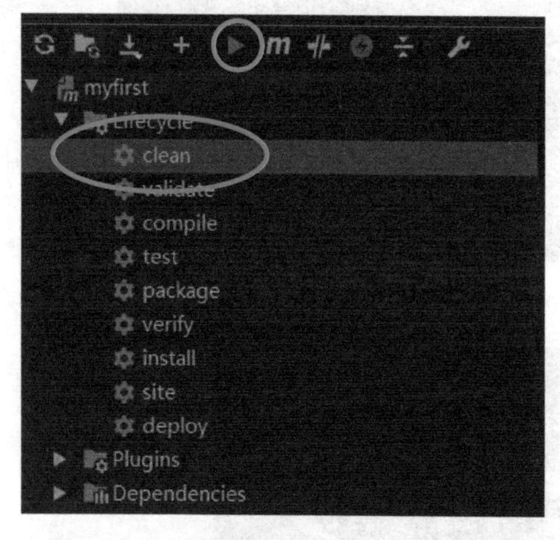

图 4-3-15　清除项目

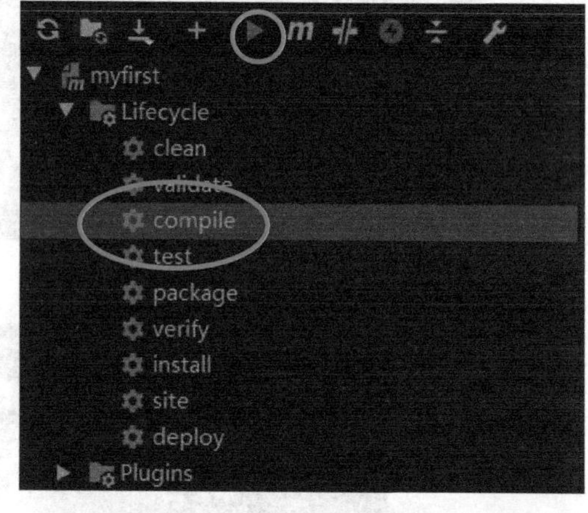

图 4-3-16　编译项目

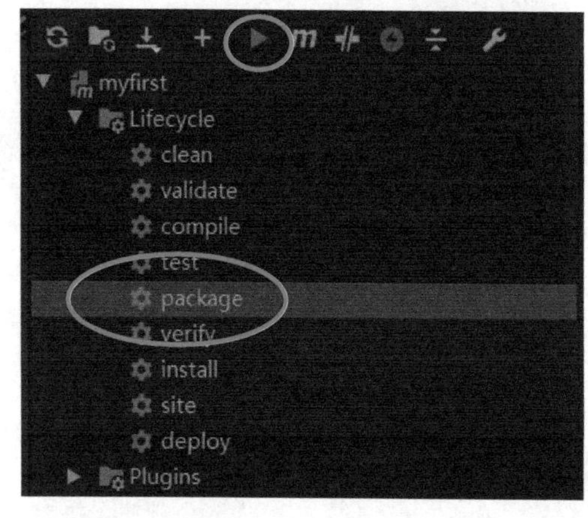

图 4-3-17　打包项目

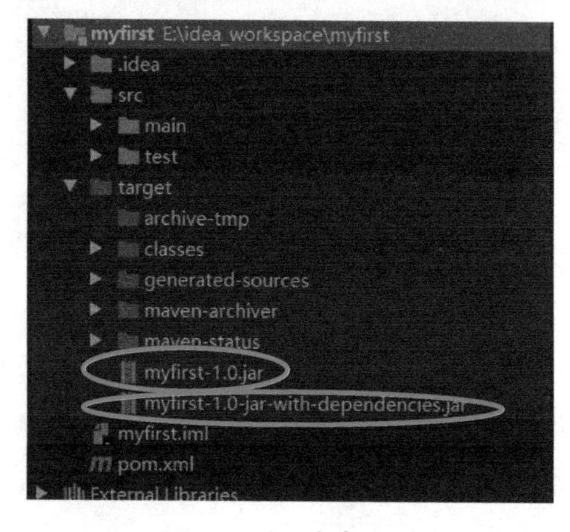

图 4-3-18　生成 jar 包

6. 上传 jar 包到 Ubuntu 虚拟机并运行

开启虚拟机后，使用 Xftp 工具将两个 jar 包和数据文件上传到 Ubuntu 虚拟机，Ubuntu 虚拟机要求已经安装配置好 JDK。本任务两个 jar 包都可以在 Java 环境下直接运行。先测试

JDK，如图 4-3-19 所示。

```
1 ros
hadoop@host1:~$ java -version
java version "1.8.0_211"
Java(TM) SE Runtime Environment (build 1.8.0_211-b12)
Java HotSpot(TM) 64-Bit Server VM (build 25.211-b12, mixed mode)
hadoop@host1:~$
```

图 4-3-19　测试虚拟机的 JDK

上传 jar 包和数据文件到虚拟机，如图 4-3-20 所示。

图 4-3-20　上传 jar 包和数据文件到虚拟机

运行 jar 包，命令格式为 java –jar ×××.jar，如图 4-3-21 所示。

```
1 ros
hadoop@host1:~/mytest$ ll
总用量 1048
drwxrwxr-x  2 hadoop hadoop    4096 1月   5 15:50 ./
drwxr-xr-x 27 hadoop hadoop    4096 1月   5 15:46 ../
-rw-rw-r--  1 hadoop hadoop     605 1月   5 15:43 data.txt
-rw-rw-r--  1 hadoop hadoop    3141 1月   5 15:50 myfirst-1.0.jar
-rw-rw-r--  1 hadoop hadoop 1055119 1月   5 15:50 myfirst-1.0-jar-with-dependencies.jar
hadoop@host1:~/mytest$ java -jar myfirst-1.0.jar
The Apache Software Foundation uses various licenses to distribute software and document
to accept regular contributions from individuals and corporations, and to accept larger
of existing software products.
These licenses help us achieve our goal of providing reliable and long-lived software pr
through collaborative open source software development. In all cases, contributors retai
rights to use their original contributions for any other purpose outside of Apache while
the ASF and its projects the right to distribute and build upon their work within Apache
hadoop@host1:~/mytest$ java -jar myfirst-1.0-jar-with-dependencies.jar
The Apache Software Foundation uses various licenses to distribute software and document
to accept regular contributions from individuals and corporations, and to accept larger
of existing software products.
These licenses help us achieve our goal of providing reliable and long-lived software pr
through collaborative open source software development. In all cases, contributors retai
rights to use their original contributions for any other purpose outside of Apache while
the ASF and its projects the right to distribute and build upon their work within Apache
hadoop@host1:~/mytest$
hadoop@host1:~/mytest$
```

图 4-3-21　运行 jar 包

小　结

pom.xml 编辑器有代码提示功能，编写过程中，需要人工输入的代码量很小，需要记忆的关键词也很少。此外，还应该了解，带依赖的 jar 包比不带依赖的 jar 包要大很多，运行

环境只需要有 JDK，不带依赖的 jar 包必须在特定的环境下运行，比如用 hadoop jar 命令提交不带依赖的 MapReduce jar 包。

任务 4　编写 Hadoop 经典程序 WordCount

学习目标

- 了解 Mapreduce 基本原理。
- 掌握使用 Java 语言编写 MapReduce 程序的基本步骤和方法。
- 熟练掌握 MapReduce 中泛型参数特点。
- 掌握编译与执行 MapReduce 程序的方法。

任务描述

本任务提供一篇英文文档（可自拟）data.txt，使用 Java 语言编写 MapReduce 程序统计文档中的单词词频。

任务分析

先将英文文档逐行使用空格切分成“单词 +<TAB>+1”的格式，再进行分类汇总，最后得到“单词 +<TAB>+N”的结果。在实际处理过程中，可以将数据文档取样后在本地调试，调试成功后将完整的数据文档上传到 HDFS 处理，因为本例使用的数据文件很小，省略了数据取样步骤。在开始工作前，先了解以下基础知识。

1．MapReduce 基本原理（见图 4-4-1）

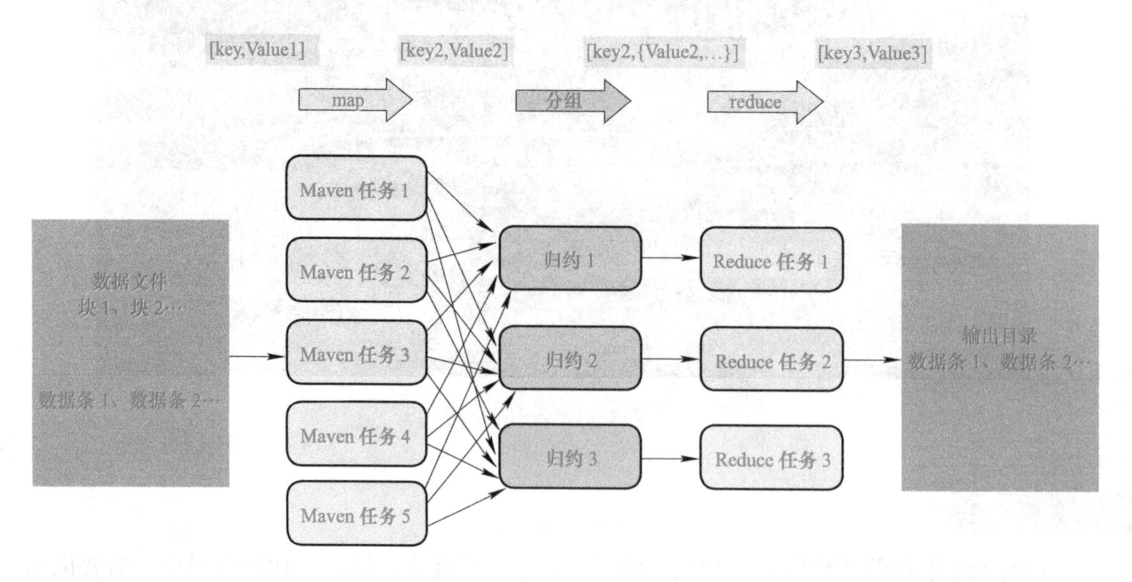

图 4-4-1　MapReduce 原理图

map 的过程如下：

1）读取本地或 HDFS 中的文件。每一行解析成一个 <key,value>。每一个键值对调用一次 map 函数。

2）重写 map()，对第一步产生的 <key,value> 进行处理，转换为新的 <key,value> 输出。

3）对输出的 key、value 进行分区。

4）对不同分区的数据，按照 key 进行排序、分组。相同 key 的 value 放到一个集合中。

5）（可选）对分组后的数据进行归约。

reduce 的过程如下：

1）多个 map 任务的输出，按照不同的分区，通过网络复制到不同的 reduce 节点上。

2）对多个 map 的输出进行合并、排序。

3）重写 reduce 函数实现自己的逻辑，对输入的 key、value 处理，转换成新的 key、value 输出。

4）把 reduce 的输出保存到文件中。

2. 用 Java 编写 MapReduce 程序的基本步骤

1）继承 org.apache.hadoop.mapreduce.Mapper 类，并重写 map 方法。

2）继承 org.apache.hadoop.mapreduce.Reducer 类，并重写 reduce 方法。

3）编写程序执行类，基本流程如图 4-4-2 所示。

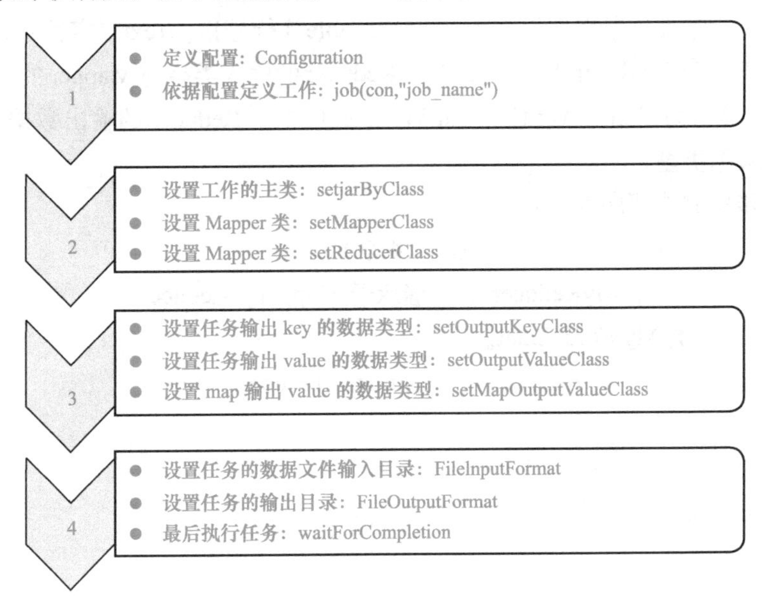

图 4-4-2　程序执行类基本流程

3. MapReduce 中的数据类型与传统数据类型对照

MapReduce 中的数据类型需要实现 Writable 接口，数据才可以被序列化进行网络传输和文件存储。表 4-4-1 列出了这些数据类型与传统数据类型的对照。当然，也可以自定义数据类型，只要实现了 Writable 接口就行。

表 4-4-1　传统数据类型与 MapReduce 数据类型对照

传统数据类型	MapReduce 中的数据类型
Boolean	BooleanWritable
Byte	ByteWritable
Double	DoubleWritable
Float	FloatWritable
Int	IntWritable
Long	LongWritable
String	Text
Null	NullWritable

4．MapReduce 程序中的泛型参数

在 MapReduce 编程中，泛型参数分别出现在主执行类、Mapper 类、map 方法、Reducer 类、reduce 方法中，理清这些泛型参数之间的关系是设计程序的重点。下面，以 WordCount 为例来说明。

WordCount 的输入数据文件类型为 LongWritable（行号）、Text（字符），Mapper 输出的数据类型为 Text (Word)、IntWritable (1)，Reducer 的输入类型与 Mapper 的输出类型一致，Reducer 的输出类型为 Text（Word）、IntWritable（N），Reducer 的输出数据类型也就是整个程序的输出数据类型。

按照以下步骤完成程序编写：

1）在 pom.xml 中编写 Hadoop 依赖项（4 个）。

2）编写 MyMapper、MyReducer 类（继承于 Mapper、Reducer）。

3）编写主执行类 MyWordCount。

4）重写 MyMapper、MyReducer 类中的 map、reduce 方法。

5）本地调试。

6）程序打包并上传数据到 HDFS。

7）在 Ubuntu 环境下，执行 jar 包、输出结果。

任务实施

1．在 pom.xml 中编写 Hadoop 依赖项

为了方便 Hadoop 的版本切换，建议在 pom.xml 文件的前部定义 Hadoop 版本变量，本例中使用的 Hadoop 版本为 2.7.1，如图 4-4-3 所示。其他配置内容请参阅本项目任务 3。

Hadoop 的 Maven 依赖项共有 4 个，如图 4-4-4 所示。

```
<?xml version="1.0" encoding="UTF-8"?>
<project xmlns="http://maven.apache.org/POM/4
        xmlns:xsi="http://www.w3.org/2001/XM
        xsi:schemaLocation="http://maven.apa
    <modelVersion>4.0.0</modelVersion>
    <groupId>org.example</groupId>
    <artifactId>MyWordCount</artifactId>
    <version>1.0</version>
    <properties>
        <hadoopVersion>2.7.1</hadoopVersion>
    </properties>
    <dependencies>
```

图 4-4-3　定义 Hadoop 版本变量

```
        <dependency>
            <groupId>org.apache.hadoop</groupId>
            <artifactId>hadoop-common</artifactId>
            <version>${hadoopVersion}</version>
        </dependency>
        <dependency>
            <groupId>org.apache.hadoop</groupId>
            <artifactId>hadoop-hdfs</artifactId>
            <version>${hadoopVersion}</version>
        </dependency>
        <dependency>
            <groupId>org.apache.hadoop</groupId>
            <artifactId>hadoop-mapreduce-client-core</artifactId>
            <version>${hadoopVersion}</version>
        </dependency>
        <dependency>
            <groupId>org.apache.hadoop</groupId>
            <artifactId>hadoop-client</artifactId>
            <version>${hadoopVersion}</version>
        </dependency>
```

图 4-4-4　Hadoop 的 Maven 依赖项

2. 编写 MyMapper、MyReducer 类

在 org.example 包下创建 MyMapper、MyReducer 类。暂时不需要编写详细的代码，只需要编写类的空结构即可，请注意类的泛型参数类型。代码如下：

```
MyMapper.java
package org.example;
import org.apache.hadoop.io.IntWritable;
import org.apache.hadoop.io.LongWritable;
import org.apache.hadoop.io.Text;
import org.apache.hadoop.mapreduce.Mapper;
```

```
public class MyMapper extends
            Mapper<LongWritable, Text, Text, IntWritable> {

}

MyReducer.java
package org.example;

import org.apache.hadoop.io.IntWritable;
import org.apache.hadoop.io.Text;
import org.apache.hadoop.mapreduce.Reducer;

public class MyReducer extends
            Reducer<Text, IntWritable, Text, IntWritable> {

}
```

3. 编写主执行类 MyWordCount

主执行类代码 MyWordCount 代码如下：

```
package org.example;
import org.apache.hadoop.conf.Configuration;
import org.apache.hadoop.fs.Path;
import org.apache.hadoop.io.IntWritable;
import org.apache.hadoop.io.Text;
import org.apache.hadoop.mapreduce.Job;
import org.apache.hadoop.mapreduce.lib.input.FileInputFormat;
import org.apache.hadoop.mapreduce.lib.output.FileOutputFormat;
import java.io.IOException;
public class MyWordCount {
  // 定义输入输出的文件与目录，调试阶段使用本地目录
    private static final String INPUT_PATH = "src/main/data.txt";
    private static final String OUTPUT_PATH = "output";
    // private static final String INPUT_PATH = "hdfs://host1:9000/user/root /input/data.txt";
    // private static final String OUTPUT_PATH = "hdfs://host1:9000/user/root/output";
    public static void main(String[] args) throws
            IOException, ClassNotFoundException, InterruptedException{
        Configuration conf = new Configuration(); // 定义配置 conf
        Job job = Job.getInstance(conf); // 定义任务 job
        job.setJobName("WordCount"); // 设置任务名称

        job.setJarByClass(MyWordCount.class); // 设置 MapReduce 主执行类
        job.setMapperClass(MyMapper.class); // 设置 Mapper 类
        job.setReducerClass(MyReducer.class); // 设置 Reducer 类

        job.setMapOutputKeyClass(Text.class); // 设置 Mapper 的键值 (key) 的类型
```

```
        // 设置 Mapper 的输出值 (value) 的类型
        job.setMapOutputValueClass(IntWritable.class);

        job.setOutputKeyClass(Text.class); // 设置程序输出的 Key 的数据类型
        // 设置程序输出的 value 的数据类型
        job.setOutputValueClass(IntWritable.class);
        FileInputFormat.addInputPath(job, new Path(INPUT_PATH));
        FileOutputFormat.setOutputPath(job, new Path(OUTPUT_PATH));

        if (job.waitForCompletion(true)) {
            System.out.println(" 成功执行任务！ ");
        }else {
            System.out.println(" 任务失败！ ");
        }
    }
}
```

编写完成后，项目结构如图 4-4-5 所示。

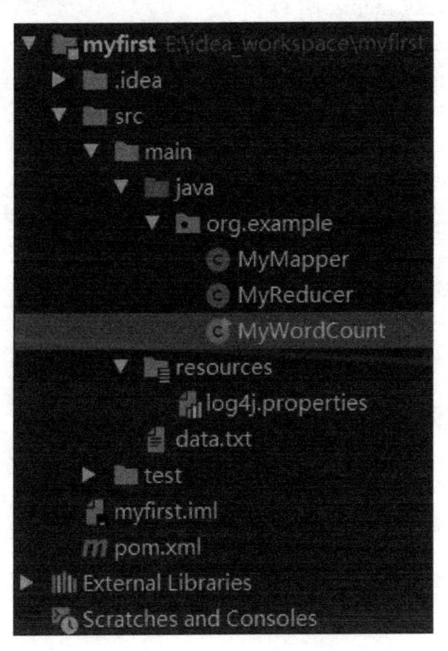

图 4-4-5　项目结构

4．重写 MyMapper、MyReducer 类中的 map、reduce 方法

MyMapper.java 代码如下：

```
package org.example;
import org.apache.hadoop.io.IntWritable;
import org.apache.hadoop.io.LongWritable;
import org.apache.hadoop.io.Text;
import org.apache.hadoop.mapreduce.Mapper;
import java.io.IOException;
public class MyMapper extends
```

```
        Mapper<LongWritable, Text, Text, IntWritable> {
    private static final IntWritable One = new IntWritable(1); // 常数 1
    Text word = new Text();
    // 重写 map 方法
    protected void map(LongWritable key, Text value, Context context) throws
    InterruptedException, IOException {
      String[] strs = value.toString().split(" "); // 每一行的文档用空格切分
       // 逐个按照 <k,v> 的格式输出到 reducer
        for(String s:strs){
            word.set(s);
            context.write(word,One);
        }
    }
}
```

MyReducer.java 代码如下：

```
package org.example;
import org.apache.hadoop.io.IntWritable;
import org.apache.hadoop.io.Text;
import org.apache.hadoop.mapreduce.Reducer;
import java.io.IOException;
public class MyReducer extends
        Reducer<Text, IntWritable, Text, IntWritable> {
    IntWritable sum = new IntWritable();
    // 重写 reduce 方法
    protected void reduce(Text key, Iterable<IntWritable> values, Context context) throws IOException,
InterruptedException {
        int total = 0; //key 对应的总数初始化
        for (IntWritable value : values){
            total += value.get(); // 累加
        }
        sum.set(total);
        context.write(key, sum); // 程序输出
    }
}
```

5．本地调试

在调试过程中，如果出现图 4-4-6 所示的错误，是因为 Windows 环境中没有配置 Hadoop 的环境变量，下载对应版本 Windows 操作系统下运行的 Hadoop 系统文件，然后配置 HADOOP_HOME、PATH 环境变量。

```
"C:\Program Files\Java\jdk1.8.0_181\bin\java.exe" ...
20/01/11 19:32:17 ERROR Shell: Failed to locate the winutils binary in the hadoop binary path
java.io.IOException: Could not locate executable null\bin\winutils.exe in the Hadoop binaries.
    at org.apache.hadoop.util.Shell.getQualifiedBinPath(Shell.java:356)
```

图 4-4-6　Winutils 调试错误

记得每次运行之前删除上一次运行产生的output目录，否则，程序会报错。成功运行后，请检查output目录下的part-r-00000文件，观察结果是否正确。如果结果正确，则可以将主执行类中的输入、输出目录切换到HDFS的输入输出目录，如图4-4-7所示。

```
// 定义输入输出的文件与目录,调试阶段使用本地目录,调试完成将切换hdfs目录
//private static final String INPUT_PATH = "src/main/data.txt";
//private static final String OUTPUT_PATH = "output";
private static final String INPUT_PATH = "hdfs://host1:9000/user/root/input/data.txt";
private static final String OUTPUT_PATH = "hdfs://host1:9000/user/root/output";
```

图4-4-7　切换输入输出目录到HDFS

6. 程序打包并上传数据到HDFS

提交到Ubuntu下运行的jar不需要带依赖，因为Ubuntu环境下已经安装了Hadoop运行环境。按顺序单击Maven面板的“clean”“compile”“package”，生成jar包，如图4-4-8和图4-4-9所示。

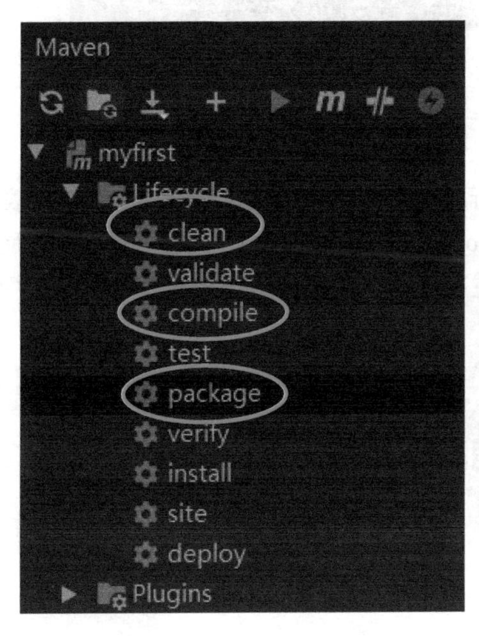

图4-4-8　打包

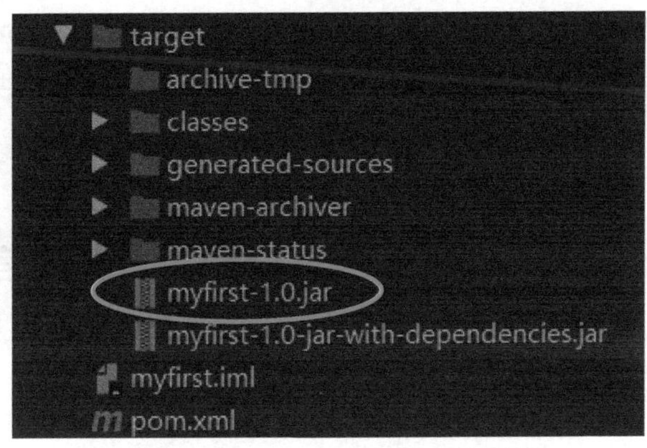

图4-4-9　生成jar包

7. 在Ubuntu环境下执行jar包、输出结果

使用Xftp等工具将数据文件和生成的jar包上传到已经部署了Hadoop的主机中，然后将数据文件data.txt上传到HDFS用户目录的input目录下。使用Hadoop jar MyWordCount-1.0.jar命令运行制作好的jar包，就能在HDFS用户目录的output目录中观察到计算结果。执行命令如图4-4-10所示，生成的结果如图4-4-11所示。

```
root@host1:~# ls
data.txt  hadoop-cluster-docker  hadoops  MyWordCount-1.0.jar
root@host1:~# hadoop jar MyWordCount-1.0.jar
20/01/11 20:56:01 INFO client.RMProxy: Connecting to ResourceManager at host1/192.168.2
20/01/11 20:56:02 WARN mapreduce.JobResourceUploader: Hadoop command-line option parsin
20/01/11 20:56:02 INFO input.FileInputFormat: Total input paths to process : 1
20/01/11 20:56:02 INFO mapreduce.JobSubmitter: number of splits:1
20/01/11 20:56:03 INFO mapreduce.JobSubmitter: Submitting tokens for job: job_157872502
20/01/11 20:56:03 INFO impl.YarnClientImpl: Submitted application application_157872502
20/01/11 20:56:03 INFO mapreduce.Job: The url to track the job: http://host1:8088/proxy/
20/01/11 20:56:03 INFO mapreduce.Job: Running job: job_1578725024263_0002
20/01/11 20:56:13 INFO mapreduce.Job: Job job_1578725024263_0002 running in uber mode :
20/01/11 20:56:13 INFO mapreduce.Job:  map 0% reduce 0%
20/01/11 20:56:19 INFO mapreduce.Job:  map 100% reduce 0%
20/01/11 20:56:27 INFO mapreduce.Job:  map 100% reduce 100%
20/01/11 20:56:28 INFO mapreduce.Job: Job job_1578725024263_0002 completed successfully
20/01/11 20:56:28 INFO mapreduce.Job: Counters: 49
        File System Counters
```

图 4-4-10　Ubuntu 环境下执行 jar 包

```
root@host1:~# hdfs dfs -ls output
Found 2 items
-rw-r--r--   1 root supergroup          0 2020-01-11 20:56 output/_SUCCESS
-rw-r--r--   1 root supergroup        595 2020-01-11 20:56 output/part-r-00000
root@host1:~# 
```

图 4-4-11　观察执行结果

小　结

在制作 jar 包的时候，务必指定 jar 包中的执行类，否则，程序在执行阶段会抛出“类找不到”的异常。如果使用 Maven 工具打包，在 pom.xml 文件中 Build 插件的 mainClass 属性中指定执行类。如果使用 IDEA 打包，则需要在系统菜单 Project Structure 的 Artifacts 中指定 mainClass。

任务 5　分析通信基站数据

学习目标

- 掌握使用 MapReduce 分析数据的方法。

任务描述

任务提供含五百万条记录的移动通信基站数据，数据文件大小为 669MB，使用 Java 语言编写 MapReduce 程序，统计用户在基站中的注册次数，结果格式如下：

用户 1　　123456

用户 2　　123456

用户 n　　123456

任务分析

对比任务 4，数据处理的格式大致相同，区别在于 map 阶段，任务 4 需要将每行的数据切分成 n 个单词 +1，而本任务需要将每行的数据切分成第 2 项（用户名）+1。reduce 阶段完全一致。分析 map 与 reduce 的数据输入与输出类型，关系见表 4-5-1。

表 4-5-1　map 与 reduce 的数据输入与输出类型

阶　段	输　入	输　出
map	LongWritable（行号） Text（每行的内容）	Text（用户名） IntWritable（1）
reduce	Text（用户名） IntWritable（1）	Text（用户名） IntWritable（n）

任务实施

1）创建项目、编写 pom.xml 文件，请参阅本项目任务 4。需要注意的地方如图 4-5-1 和图 4-5-2 所示。

```
<plugin>
    <groupId>org.apache.maven.plugins</groupId>
    <artifactId>maven-jar-plugin</artifactId>
    <configuration>
        <archive>
            <manifest>
                <addClasspath>true</addClasspath>
                <classpathPrefix>lib/</classpathPrefix>
                <useUniqueVersions>false</useUniqueVersions>
                <mainClass>org.example.Cmcc</mainClass>
            </manifest>
        </archive>
    </configuration>
</plugin>
```

图 4-5-1　不带依赖 jar 包的执行类

```
<plugin>
    <groupId>org.apache.maven.plugins</groupId>
    <artifactId>maven-assembly-plugin</artifactId>
    <configuration>
        <descriptorRefs>jar-with-dependencies</descriptorRefs>
        <archive>
            <manifest>
                <mainClass>org.example.Cmcc</mainClass>
            </manifest>
        </archive>
    </configuration>
    <executions>
```

图 4-5-2　带依赖 jar 包的执行类

2）编写执行类、map、reduce 类。因为代码与任务 4 基本相同，此处只列出需要注意的地方，如图 4-5-3 ～图 4-5-5 所示。

Cmcc.java。

```
Configuration conf = new Configuration();  //定义配置conf
Job job = Job.getInstance(conf);  //定义任务job
job.setJobName("Cmcc");  //设置任务名称

job.setJarByClass(Cmcc.class);  //设置MapReduce主执行类
job.setMapperClass(CmccMapper.class);  //设置Mapper类
job.setReducerClass(CmccReducer.class); //设置Reducer类

job.setMapOutputKeyClass(Text.class); //设置Mapper的键值(key)的类型
job.setMapOutputValueClass(IntWritable.class); //设置Mapper的输出值(value)的类型
```

图 4-5-3　main 方法中设置类

CmccMapper.java（此处修改内容比较多）。

```
public class CmccMapper extends
        Mapper<LongWritable, Text, Text, IntWritable>{
    private static final IntWritable One = new IntWritable( value: 1);  //常数1
    Text user = new Text();
    //重写map方法
    protected void map(LongWritable key, Text value, Context context) throws
            InterruptedException, IOException {
        String[] strs = value.toString().split( regex: "\\|"); //每一行的文档用|切分
        //按照<k,v>的格式输出到reducer
        user.set(strs[1]);  //获得用户名
        context.write(user, One);
    }
}
```

图 4-5-4　map 方法中数据切分输出

CmccReducer.java。

```
public class CmccReducer extends
        Reducer<Text, IntWritable, Text, IntWritable>{
    IntWritable sum = new IntWritable();
    //重写reduce方法
    protected void reduce(Text key, Iterable<IntWritable> values, Context context) throws
            IOException, InterruptedException {
        int total = 0;  //key对应的总数初始化
        for (IntWritable value : values){
            total += value.get();  //累加
        }
        sum.set(total);
        context.write(key, sum); //程序输出
    }
}
```

图 4-5-5　Reducer 类中的类名

3）打包后提交到 Ubuntu 虚拟机运行，如图 4-5-6 所示。

```
root@host1:~# ls
cmcc-1.0.jar  data  hadoop-cluster-docker  hadoops
root@host1:~# hadoop jar cmcc-1.0.jar
20/01/12 11:57:57 INFO client.RMProxy: Connecting to ResourceManager at host1/192.168.2
20/01/12 11:57:58 WARN mapreduce.JobResourceUploader: Hadoop command-line option parsing
20/01/12 11:57:58 INFO input.FileInputFormat: Total input paths to process : 1
20/01/12 11:57:59 INFO mapreduce.JobSubmitter: number of splits:6
20/01/12 11:57:59 INFO mapreduce.JobSubmitter: Submitting tokens for job: job_157879839
20/01/12 11:57:59 INFO impl.YarnClientImpl: Submitted application application_157879839
20/01/12 11:57:59 INFO mapreduce.Job: The url to track the job: http://host1:8088/proxy/
20/01/12 11:57:59 INFO mapreduce.Job: Running job: job_1578798396866_0001
20/01/12 11:58:11 INFO mapreduce.Job: Job job_1578798396866_0001 running in uber mode :
20/01/12 11:58:11 INFO mapreduce.Job:  map 0% reduce 0%
20/01/12 11:58:41 INFO mapreduce.Job:  map 13% reduce 0%
20/01/12 11:58:44 INFO mapreduce.Job:  map 33% reduce 0%
20/01/12 11:58:47 INFO mapreduce.Job:  map 47% reduce 0%
20/01/12 11:58:50 INFO mapreduce.Job:  map 67% reduce 0%
20/01/12 11:58:53 INFO mapreduce.Job:  map 72% reduce 0%
20/01/12 11:59:00 INFO mapreduce.Job:  map 78% reduce 0%
20/01/12 11:59:01 INFO mapreduce.Job:  map 94% reduce 11%
20/01/12 11:59:02 INFO mapreduce.Job:  map 100% reduce 11%
20/01/12 11:59:04 INFO mapreduce.Job:  map 100% reduce 69%
20/01/12 11:59:06 INFO mapreduce.Job:  map 100% reduce 100%
20/01/12 11:59:07 INFO mapreduce.Job: Job job_1578798396866_0001 completed successfully
20/01/12 11:59:08 INFO mapreduce.Job: Counters: 51
        File System Counters
```

图 4-5-6　执行 jar 包

查看执行结果，如图 4-5-7 所示。

```
root@host1:~# hdfs dfs -ls output
Found 2 items
-rw-r--r--   1 root supergroup          0 2020-01-12 11:59 output/_SUCCESS
-rw-r--r--   1 root supergroup    8621094 2020-01-12 11:59 output/part-r-00000
root@host1:~#
```

图 4-5-7　查看执行结果

可以使用 cat 命令查看数据内容，命令为 hdfs dfs -cat output/part-r-00000，内容如图 4-5-8 所示。

```
fff3f16eb4754dc78ac24c34139d2e35	10
fff40c9dade24fbe82871ff081043141	6
fff45b1f42d8492c917c23eab66e3e71	40
fff56c9964c24a6c88f0def99d29e449	19
fff58a1b9abf4585b179509ff411235c	79
fff58bfa15524d6b94b7121345e047a3	8
fff616ebefc34430b402da3f55e87abc	28
fff6c6d34be84da283568ab61a706b3b	42
fff73f8a2b3e477babc6124aaa293326	5
fff7c81a56fe4927831bebf207b3fca9	1
fff8e276cbf64dd18438b5a7a5b2ba31	38
fff8f3d362444ca1b7aa58e07afa54da	3
fff91455ac1c46a2a9d3bffac4ed50b0	1
fff985ee6d294cf2949e71393a70f3d2	3
fffa31a0b1bf4c918f0508b99aa91f33	30
fffa8b70d9354e84b6e6cbb3a5e60036	1
fffac651ec6d47fb97440a4a0ab7b562	1
fffaeb6cd3e241979e77a7dce619cee9	35
fffb0cd483944d779df23e713f1e289f	1
fffb60e74aaa4149a2c3e4f23ace0ce9	22
fffb68f2181647d5afc3576e637c5dfa	359
```

图 4-5-8　执行结果部分内容

小　结

学习过程中要注意：本任务省略了大量与任务 4 相同的代码和步骤。建议在不熟练的情况下部分复制任务 4 的代码。针对本任务提供的数据文件进行扩展学习：

1）计算数据中不同性别用户的数量。

2）计算数据中的总用户数。

3）计算 24 小时内，每小时的在线用户总数。

4）计算数据中全部移动通信基站的坐标（经度、纬度）。

Project 5

项目5

使用Python语言编写MapReduce程序

任务 1　WordCount 案例

学习目标

- 掌握 Map 和 Reduce 的编写逻辑。
- 熟悉 MapReduce 应用程序的调试过程。
- 掌握 MapReduce 应用程序的执行提交方法。

任务描述

MapReduce 是一种大数据编程框架，用于并行处理大规模数据，由 Google 公司在 2003 年提出，当时主要用于处理大规模网页数据。到目前为止，Google 公司内部有上万个不同的算法和程序都采用 MapReduce 框架处理。当年 Google 公司在国际会议上发表的 3 篇论文：GFS、BigTable、MapReduce 是大数据行业发展的重要里程碑。

MapReduce 由 Map 和 Reduce 组成，有“映射”和“汇总”之意，也就意味着数据的处理包含这两个重要阶段。同时，MapReduce 能够利用由廉价 PC 组成的集群对数据做并行处理，而传统的并行处理基本上由昂贵的大型服务器或小型机来执行。

MapReduce 计算框架程序可以用多种语言来编写，如 Java、Python、C#。这里选择 Python 语言来编写一个简单的 MapReduce 程序。

下面提供一篇英文短文，使用 MapReduce 框架编写应用程序，任务分析短文中每个英文单词出现的次数。短文的片段如图 5-1-1 所示。

It was nearing midnight and the Prime Minister was sitting alone in his office, reading a long memo that was slipping through his brain without leaving the slightest trace of meaning behind. He was waiting for a call from the President of a far distant country, and between wondering when the wretched man would telephone, and trying to suppress unpleasant memories of what had been a very long, tiring, and difficult week, there was not much space in his head for anything else. The more he attempted to focus on the print on the page before him, the more clearly the Prime Minister could see the gloating face of one of his political opponents. This particular opponent had appeared on the news that very day, not only to enumerate all the terrible things that had happened in the last week (as though anyone needed reminding) but also to explain why each and every one of them was the government's fault.

图 5-1-1　英文短文样本

任务分析结果如下：

单词 1　　n

单词 2　　n

单词 3　　n

……

任务分析

1．程序的逻辑分为两个部分

1）先把短文用空格切分为单词，并标记次数 1，单词和数字之间用 TAB 隔离，如下：

单词 1　　1
单词 1　　1
单词 2　　1
单词 2　　1
单词 3　　1
……

因此，需要根据要求编写 map.py 程序，程序名称可以自定。

2）将相邻相同的单词合并，得到以下格式的中间结果：

单词 1　　2
单词 2　　2
单词 3　　1

注意：只合并相邻并且相同的单词。不相邻但相同的单词合并由 Hadoop 的 streaming 应用框架来自动完成。

因此，需要编写 reduce.py 程序。

2．在 Windows 环境下，使用 PyCharm 来编写程序

调试成功后，通过 Xftp 和 Xshell 提交到 Hadoop 伪分布系统中执行并返回计算结果。

3．为了执行程序，需要一个伪分布式 Hadoop 系统

任务实施

1．准备数据

利用记事本将英文短文转换为 UTF-8 格式，并将短文复制到 PyCharm 中应用程序所在的目录下，如图 5-1-2 所示。

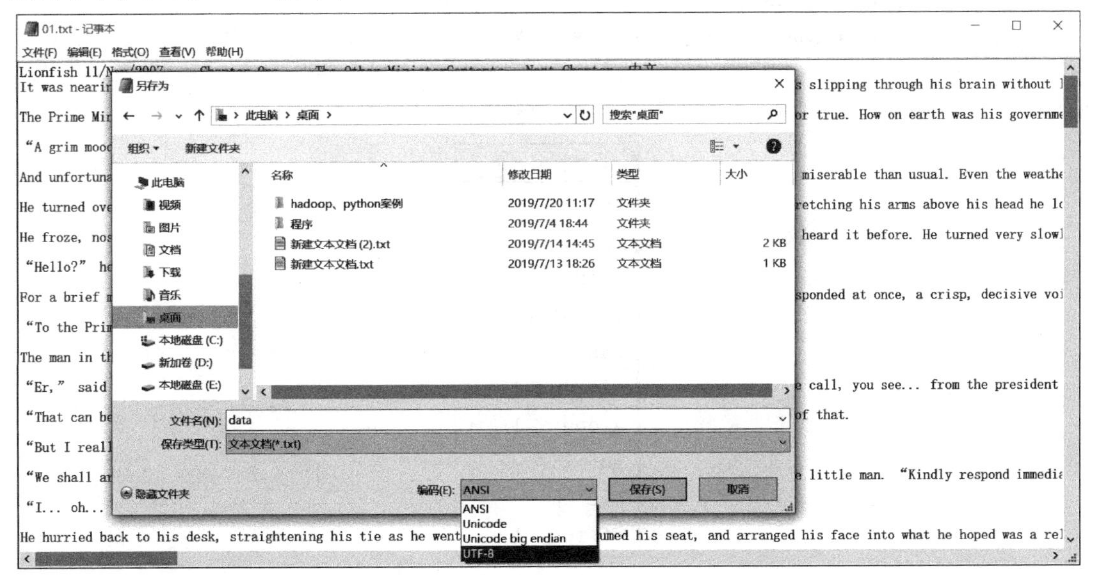

图 5-1-2　编码转换

如果在复制过程中出现编码错误，也可以转换成 GBK 等格式，如图 5-1-3 所示。

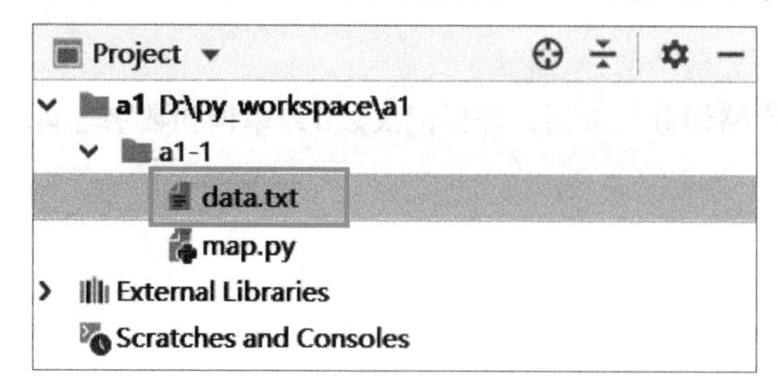

图 5-1-3　转换完毕的文件

2．编写 map.py 程序

将英文短文加载、切分并输出为规定格式文件。输出的文件是 Reduce 程序的输入数据。运行程序，生成 tmp.txt 文件，程序代码如图 5-1-4 所示，测试结果如图 5-1-5 所示。

```
map.py
1   #!/usr/bin/env python
2   # -*- coding=utf-8 -*-
3   import sys
4
5   sys.stdin = open('data.txt', 'r')
6   sys.stdout = open('tmp.txt', 'w')
7
8   for line in sys.stdin:
9       line = line.strip()    # 去掉行尾部空格
10      line = line.replace('.', '').replace('”', '')  # 将短文中部分全角标点符号清洗掉
11      line = line.replace('“', '').replace('，', '')  # 将短文中部分全角标点符号清洗掉
12      line = line.replace('：', '').replace('？', '')  # 将短文中部分全角标点符号清洗掉
13      words = line.split()  # 使用空格将每行的单词切分，得到words列表
14      for word in words:  # 得到规定格式的输出文件
15          print(word, 1, sep='\t')  # python2与python3的语句写法不同
```

图 5-1-4　map.py 代码

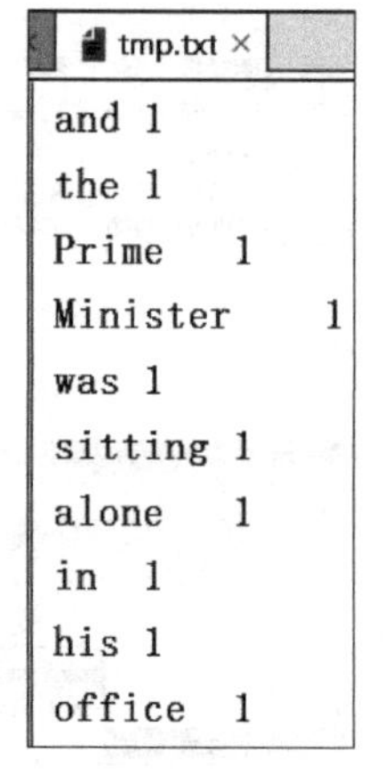

图 5-1-5　测试结果

3．编写 reduce.py 程序

处理由 map.py 生成的 tmp.txt 文件，将相邻的单词个数累加，程序如图 5-1-6 和图 5-1-7 所示，执行结果如图 5-1-8 所示。

调试的时候，建议手工修改 tmp.txt 文件，如图 5-1-9 所示，复制几行数据，以便于观察处理效果。

```
1   #!/usr/bin/env python
2   # -*- coding=utf-8 -*-
3   import sys
4   from operator import itemgetter
5
6   sys.stdin = open('tmp.txt', 'r')
7   # sys.stdout = open('result.txt', 'w')
8
9   current_word = None  # 当前单词
10  current_count = 0  # 当前单词的次数
11  word = None
```

图 5-1-6　reduce.py 代码 1

```
12
13  for line in sys.stdin:
14      line = line.strip()
15      word, count = line.split('\t')  # 得到单词和数字1
16      try:
17          count = int(count)  # 字符1转换成数字1
18      except ValueError:
19          continue
20      if current_word == word:  # 如果当前单词等于读入的单词
21          current_count += count  # 次数累加
22      else:
23          if current_word:  # 如果当前的单词不为空，就打印单词和次数
24              print(current_word, current_count, sep='\t')
25          current_word = word  # 交换
26          current_count = count
27
28  if current_word == word:  # 最后单词单独输出
29      print(current_word, current_count, sep='\t')
30
```

图 5-1-7　reduce.py 代码 2

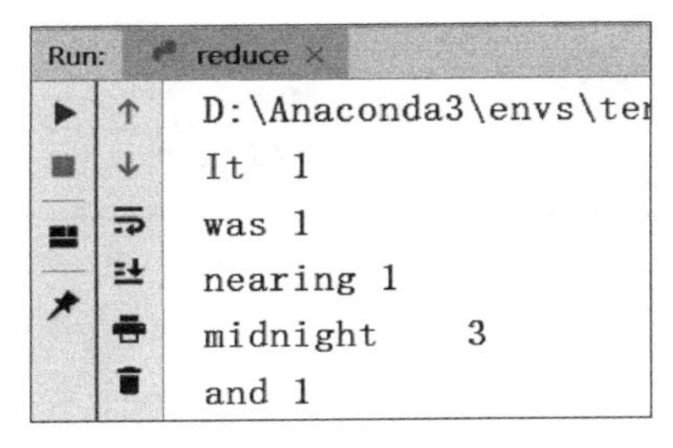

图 5-1-8　执行结果

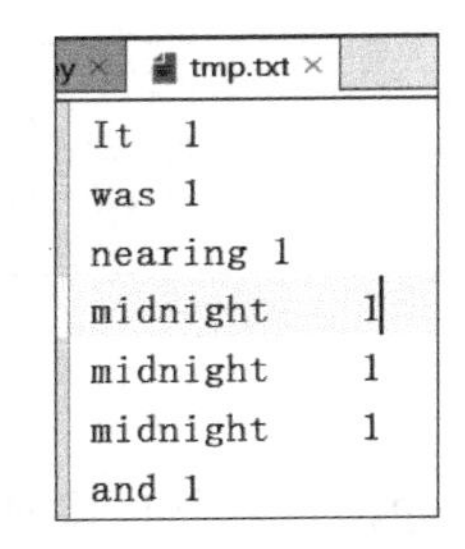

图 5-1-9　tmp.txt 内容

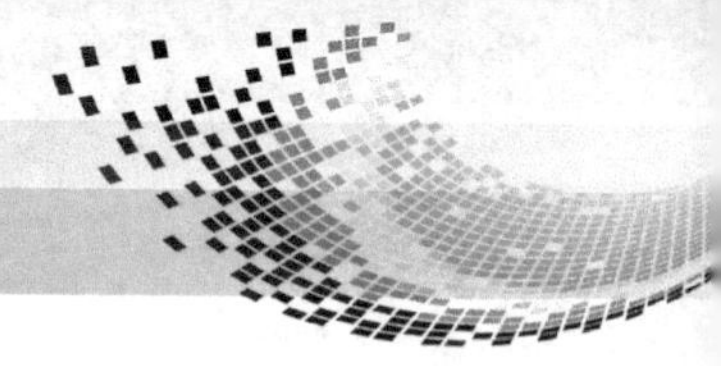

4．修改 map.py 和 reduce.py 程序，为提交到 Hadoop 系统做准备

在调试程序的时候，将输入输出定向到文件，以方便观察和统一调试。在 Hadoop 中运行的时候，就不能定向到文件。所以，将 map.py 和 reduce.py 的输入输出语句注释。如图 5-1-10 和图 5-1-11 所示。

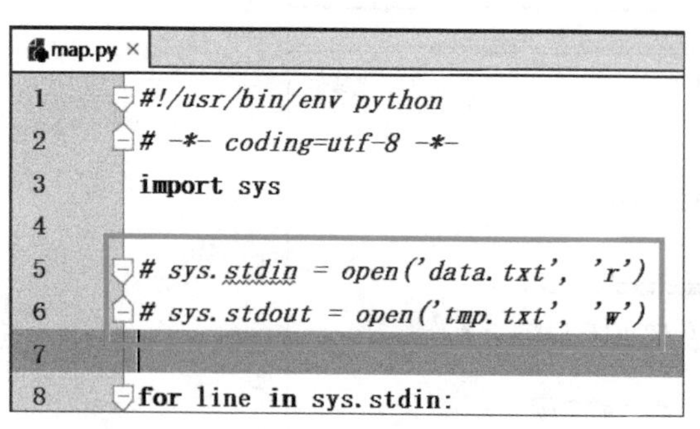

图 5-1-10 注释 map.py 输入输出语句

```
reduce.py
1 #!/usr/bin/env python
2 # -*- coding=utf-8 -*-
3 import sys
4 from operator import itemgetter
5
6 # sys.stdin = open('tmp.txt', 'r')
7 # sys.stdout = open('result.txt', 'w')
8
9 current_word = None   # 当前单词
```

图 5-1-11 注释 reduce.py 输入输出语句

5．上传文件

将 map.py、reduce.py、data.txt 上传到安装有伪分布式 Hadoop 的 Ubuntu 主机上，如图 5-1-12 所示。

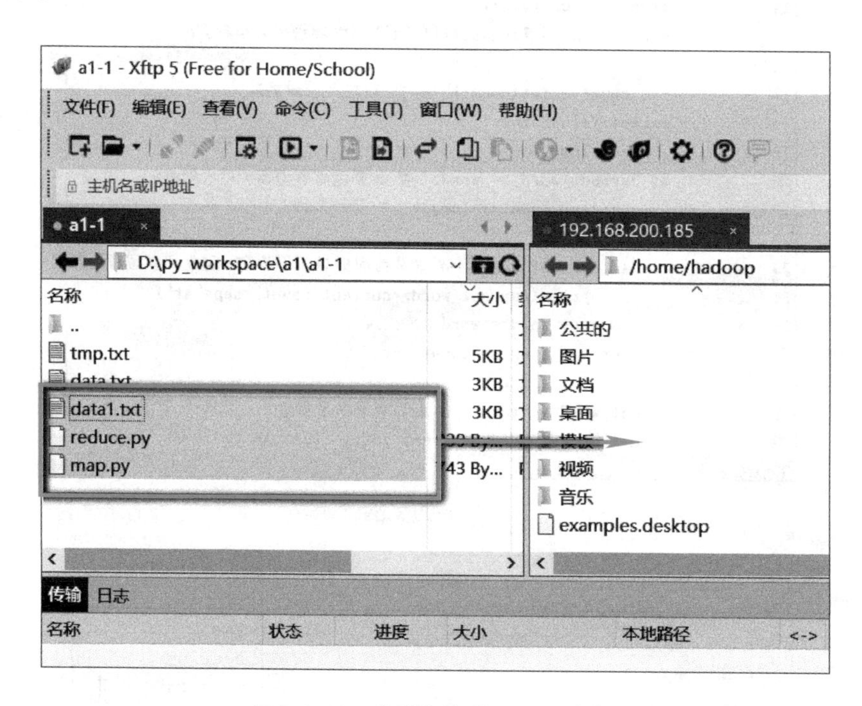

图 5-1-12 发送文件到 Ubuntu 主机

启动 Hadoop，如图 5-1-13 所示。

增加 map.py 和 reduce.py 的执行权限，如图 5-1-14 所示。

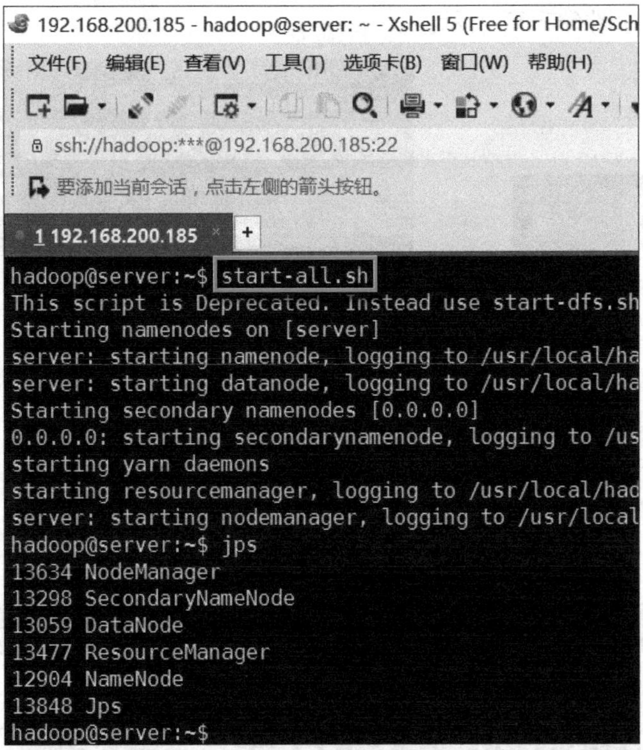

```
192.168.200.185 - hadoop@server: ~ - Xshell 5 (Free for Home/Sch
文件(F) 编辑(E) 查看(V) 工具(T) 选项卡(B) 窗口(W) 帮助(H)
ssh://hadoop:***@192.168.200.185:22
要添加当前会话，点击左侧的箭头按钮。
1 192.168.200.185
hadoop@server:~$ start-all.sh
This script is Deprecated. Instead use start-dfs.sh
Starting namenodes on [server]
server: starting namenode, logging to /usr/local/ha
server: starting datanode, logging to /usr/local/ha
Starting secondary namenodes [0.0.0.0]
0.0.0.0: starting secondarynamenode, logging to /us
starting yarn daemons
starting resourcemanager, logging to /usr/local/had
server: starting nodemanager, logging to /usr/local
hadoop@server:~$ jps
13634 NodeManager
13298 SecondaryNameNode
13059 DataNode
13477 ResourceManager
12904 NameNode
13848 Jps
hadoop@server:~$
```

图 5-1-13　启动 Hadoop

```
hadoop@server:~$ ls
data1.txt  examples.desktop  map.py  reduce.py
hadoop@server:~$ chmod +x map.py reduce.py
hadoop@server:~$
```

图 5-1-14　修改文件权限

6．检查 map.py 和 reduce.py 程序

因为 Windows 和 Linux 操作系统的行结束符不同，需要将行末的 ^M 符号去掉。可以用 vi 编辑器打开后使用替换命令解决此问题，查找替换的命令为 %s/^M$//g，其中 ^M 用 <Ctrl+V>，M 用 <Ctrl+M> 来输入。

替换前的代码，如图 5-1-15 所示。

```
#!/usr/bin/env python^M
# -*- coding=utf-8 -*-^M
import sys^M
^M
# sys.stdin = open('data.txt', 'r')^M
# sys.stdout = open('tmp.txt', 'w')^M
^M
```

图 5-1-15　删除 Windows 的换行符

命令如图 5-1-16 所示。

替换后的代码如图 5-1-17 所示。

图 5-1-16　执行修改命令

```
#!/usr/bin/env python
# -*- coding=utf-8 -*-
import sys

# sys.stdin = open('data.txt', 'r')
# sys.stdout = open('tmp.txt', 'w')
```

图 5-1-17　修改完毕

7．命令行下单独测试 map.py 和 reduce.py 程序

注意测试的 Ubuntu 主机所安装的 Python 版本，可以通过直接执行 Python 命令检查。还有可能 Python 没有安装，如果没安装，执行 sudo apt-get install python 命令，一般情况下安装的 Python 是 python 2.7.××。如果 Ubuntu 主机上的 Python 版本是 2.7.××，修改第 15 行的 print 语句为“print '%s\t%s'%（word，1）”，reduce.py 程序的 print 语句也按此方法修改。修改的语句如图 5-1-18 和图 5-1-19 所示。

```
# print(word, 1, sep='\t')  # python2与python3的语句写法不同
print '%s\t%s'%(word, 1)  # python2与python3的语句写法不同
```

图 5-1-18　map.py 的输出语句

```
# print(current_word, current_count, sep='\t')
print '%s\t%s'%(current_word, current_count)
```

图 5-1-19　reduce.py 的输出语句

单独测试 map.py 的命令如图 5-1-20 所示。

```
hadoop@server:~$ cat data1.txt | ./map.py
It      1
was     1
nearing 1
midnight        1
and     1
the     1
Prime   1
```

图 5-1-20　测试 map.py

测试 map.py 和 reduce.py 的命令如图 5-1-21 所示。

```
hadoop@server:~$ cat data1.txt | ./map.py | ./reduce.py
It      1
was     1
nearing 1
midnight        1
and     1
```

图 5-1-21　联合测试

如果以上测试通过，则可以放心提交给 Hadoop 执行。

8．获取 streaming 包

Hadoop Streaming 由 Hadoop 提供，路径为“$HADOOP_HOME/share/hadoop/tools/lib/

hadoop-streaming-2.7.3.jar"。Hadoop Streaming 通过用户编写的 map 程序中的标准输入读取数据，按照 map 程序的处理逻辑处理后，将处理后的数据由标准输出进行输出到下一个阶段，reduce 程序按行读取数据，按照特定逻辑处理完数据后将它们通过标准输出写到 HDFS 的指定目录中。不管使用的是何种编程语言，在 map 程序中，原始数据会被处理成 <key, value> 的形式，但是 key 与 value 之间必须通过 \t 分隔符分隔，分隔符左边的是 key，分隔符右边的是 value，如果没有使用 \t 分隔符，那么整行都会被当成 key 处理。将此 jar 包复制到用户目录待用，如图 5-1-22 所示。

```
hadoop@server:/usr/local/hadoop/share/hadoop/tools/lib$ cp hadoop-streaming-2.7.3.jar ~
hadoop@server:/usr/local/hadoop/share/hadoop/tools/lib$ cd ~
hadoop@server:~$ ls
data1.txt  examples.desktop  hadoop-streaming-2.7.3.jar  map.py  reduce.py  公共的  模板
hadoop@server:~$
```

图 5-1-22　Hadoop Streaming 包

9. 建立目录

在 HDFS 上建立目录，并将处理数据 data.txt 上传，如图 5-1-23 所示，还可以在 Web 端查看目录与文件，如图 5-1-24 所示。

```
hadoop@server:~$ ls
data1.txt  examples.desktop  hadoop-streaming-2.7.3.jar  map.py  reduce.py
hadoop@server:~$ hdfs dfs -mkdir input
hadoop@server:~$ hdfs dfs -put data1.txt input
hadoop@server:~$
```

图 5-1-23　创建 HDFS 目录并上传数据

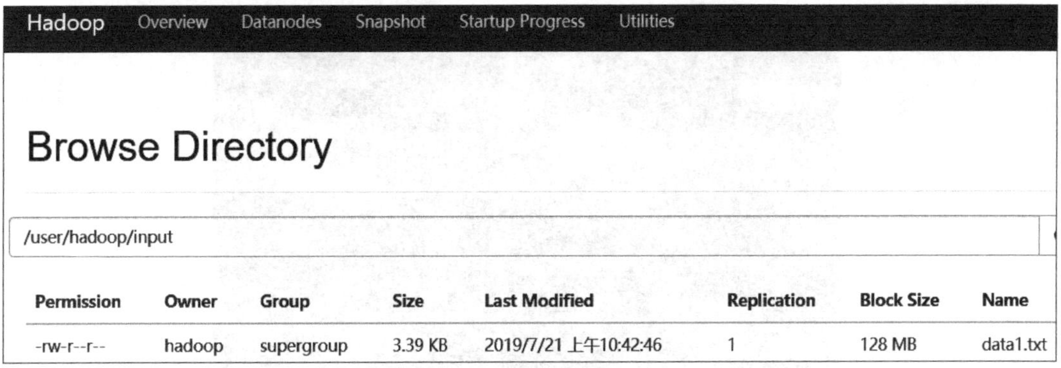

Hadoop　Overview　Datanodes　Snapshot　Startup Progress　Utilities

Browse Directory

/user/hadoop/input

Permission	Owner	Group	Size	Last Modified	Replication	Block Size	Name
-rw-r--r--	hadoop	supergroup	3.39 KB	2019/7/21 上午10:42:46	1	128 MB	data1.txt

图 5-1-24　Web 端查看目录与文件

10. 执行程序

在伪分布式 Hadoop 环境下执行 MapReduce 应用程序 map.py 和 reduce.py，如图 5-1-25 所示，输出信息如图 5-1-26 所示，图 5-1-27 是执行完毕的结果。

```
hadoop@server:~$ hadoop jar hadoop-streaming-2.7.3.jar \
> -files ./map.py,./reduce.py \
> -mapper ./map.py \
> -reducer ./reduce.py \
> -input input \
> -output output
```

图 5-1-25　执行 MapReduce 程序

```
packageJobJar: [/tmp/hadoop-unjar2435685399799479374/] [] /tmp/streamjob724320387154741
19/07/21 11:11:42 INFO client.RMProxy: Connecting to ResourceManager at server/192.168.2
19/07/21 11:11:43 INFO client.RMProxy: Connecting to ResourceManager at server/192.168.2
19/07/21 11:11:45 INFO mapred.FileInputFormat: Total input paths to process : 1
19/07/21 11:11:45 INFO mapreduce.JobSubmitter: number of splits:2
19/07/21 11:11:45 INFO mapreduce.JobSubmitter: Submitting tokens for job: job_1563604685
19/07/21 11:11:47 INFO impl.YarnClientImpl: Submitted application application_1563604685
19/07/21 11:11:47 INFO mapreduce.Job: The url to track the job: http://server:8088/proxy
19/07/21 11:11:47 INFO mapreduce.Job: Running job: job_1563604685029_0001
19/07/21 11:11:59 INFO mapreduce.Job: Job job_1563604685029_0001 running in uber mode :
19/07/21 11:11:59 INFO mapreduce.Job:  map 0% reduce 0%
19/07/21 11:12:11 INFO mapreduce.Job:  map 100% reduce 0%
19/07/21 11:12:20 INFO mapreduce.Job:  map 100% reduce 100%
19/07/21 11:12:21 INFO mapreduce.Job: Job job_1563604685029_0001 completed successfully
19/07/21 11:12:21 INFO mapreduce.Job: Counters: 49
```

图 5-1-26　输出信息

```
        Shuffle Errors
                BAD_ID=0
                CONNECTION=0
                IO_ERROR=0
                WRONG_LENGTH=0
                WRONG_MAP=0
                WRONG_REDUCE=0
        File Input Format Counters
                Bytes Read=5201
        File Output Format Counters
                Bytes Written=2847
19/07/21 11:12:21 INFO streaming.StreamJob: Output directory: output
hadoop@server:~$
```

图 5-1-27　执行完毕

执行完毕后，查看执行结果，如图 5-1-28 所示。

```
hadoop@server:~$ hdfs dfs -cat output/part-00000
(as     1
A       1
And     3
Chorley 1
Country 1
Even    1
For     1
Fudge   1
He      6
Hello   1
Herbert 1
How     1
However 1
It      5
```

图 5-1-28　查看结果

注意：数据源不同具体结果也不同。

小　结

1）在 Windows 操作系统下使用 PyCharm 编写程序，然后提交到 Ubuntu 下执行，可能会因为 Python 版本、换行符等原因带来各种问题。如果有条件，推荐将 PyCharm 安装在 Ubuntu 系统下，完全脱离 Windows 环境。

2）在提交任务到 Hadoop 时，允许没有 reducer 程序，只提交一个 maper 程序，maper 程序的输出结果就是 Hadoop 的输出结果。

3）任务提交命令中还可以指定各种参数，格式为“-D property=value”，如图 5-1-29 所示，详细参数自行查询。

```
指定reducer个数
-D  mapred.reduce.tasks=2

指定mapper个数
-D  mapred.map.tasks=2
```

图 5-1-29　手工指定参数

任务 2　母婴产品销售数据分析

学习目标

- 熟练掌握利用 Hadoop Streaming 分析数据的过程及方法。
- 掌握数据拆分技巧。

任务描述

在完成 WordCount 案例后，大家基本上掌握了利用 Hadoop Streaming 编写 MapReduce 程序的基本方法。下面将利用所掌握的方法，分析某母婴产品专卖店的销售数据，该数据由两个 csv 格式文件组成，数据基本格式见表 5-2-1 和表 5-2-2。

1．（sample）sam_tianchi_mum_baby.csv（大小：21KB）

表 5-2-1　数据表 1

序　号	列　名	数据意义
1	user_id	用户 id
2	birthday	用户生日
3	gender	用户性别

2．（sample）sam_tianchi_mum_baby_trade_history.csv（大小：8MB）

表 5-2-2　数据表 2

序　号	列　名	数据意义
1	user_id	用户 id
2	auction_id	订单号（售卖 id）
3	cat_id	cat（本次不涉及）
4	cat1	cat（本次不涉及）
5	property	属性字典
6	buy_mount	购买数量
7	day	购买日期

根据给定的销售数据（sam_tianchi_mum_baby_trade_history.csv），分析每个月的销售量。结果数据格式如下：

× 年 × 月 \t 数量 1

× 年 × 月 \t 数量 2

……

有效数据为图 5-2-1 所示的方框标记部分。

A	B	C	D	E	F	G
user_id	auction_id	cat_id	cat1	property	buy_mount	day
786295544	41098319944	50014866	50022520	21458:867	2	20140919
532110457	17916191097	50011993	28	21458:113	1	20131011
249013725	21896936223	50012461	50014815	21458:309	1	20131011
917056007	12515996043	50018831	50014815	21458:158	2	20141023
444069173	20487688075	50013636	50008168	21458:309	1	20141103
152298847	41840167463	121394024	50008168	21458:340	1	20141103
513441334	19909384116	50010557	50008168	25935:219	1	20121212

图 5-2-1　数据样本

任务分析

1）因为首行是表头，所以读入数据后需要去掉首行。

2）在 map 阶段，需要用“，”将每行数据切分，然后将最后一项数据从第一个字符开始，截取 6 个字符，得到 × 年 × 月数据。再与 buy_mount 列数据一起，以 \t 作为分隔符输出。

3）根据 Hadoop Streaming 任务分析，要求 map 程序需要将原始数据逐行切分出来，输出结果为：年月 \t 购买数量，reduce 程序需要将 map 的输出结果作为自己的输入，将相邻的数据合并，然后交由 Hadoop Streaming 完成排序和分类求和并输出最后结果。

任务实施

1）在 PyCharm 中新建目录，并将数据文件复制到目录中，如果文件比较大（100MB 以上）就不要复制，在打开文件的时候指明路径即可；创建 map1.py、reduce1.py 应用程序，如图 5-2-2 所示。

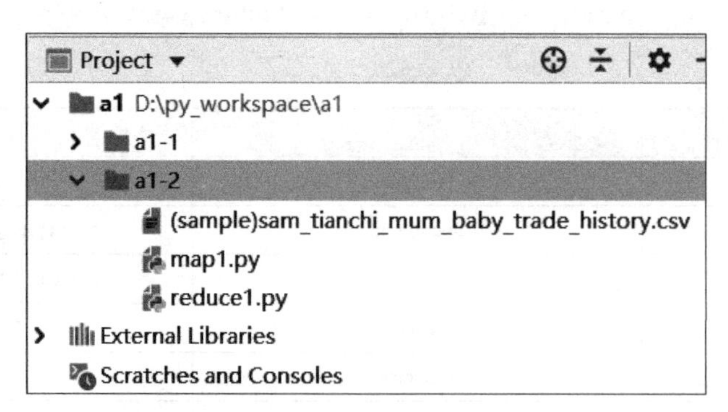

图 5-2-2　创建项目和文件

2）编写如图 5-2-3 所示的 map1.py 程序。

执行结果如图 5-2-4 所示。

3）编写如图 5-2-5 和图 5-2-6 所示的 reduce1.py 程序。

```
#!/usr/bin/env python
# -*- coding=utf-8 -*-
import sys
sys.stdin = open('(sample)sam_tianchi_mum_baby_trade_history.csv', 'r')
sys.stdout = open('tmp.txt', 'w')
i = 0
for line in sys.stdin:
    i += 1
    if i == 1:
        continue  # 去掉首行
    line = line.strip()   # 去掉行尾部空格
    datas = line.split(',')  # 使用逗号将每行的数据切分，得到数据列表
    md = datas[6][0:6]  # 将第7个数据截取6个字符
    buy = datas[5]  # 取得第6个数据
    print(md, buy, sep='\t')
    # print '%s\t%s'%(md,buy)
```

图 5-2-3　map1.py 代码

```
D:\Anaconda3\envs\tenso
201409	2
201310	1
201310	1
201410	2
201411	1
201411	1
201212	1
```

图 5-2-4　map1.py 执行结果

```
#!/usr/bin/env python
# -*- coding=utf-8 -*-
import sys
from operator import itemgetter
sys.stdin = open('tmp.txt', 'r')
# sys.stdout = open('result.txt', 'w')
current_md = None  # 当前年月
current_count = 0  # 当前年月的数量
md = None
```

图 5-2-5　reduce1.py 第一部分代码

```
for line in sys.stdin:
    line = line.strip()
    md, count = line.split('\t')  # 得到年月和数量
    try:
        count = int(count)  # 字符转换成数字
    except ValueError:
        continue
    if current_md == md:  # 如果当前年月等于读入的年月
        current_count += count  # 数量累加
    else:
        if current_md:  # 如果当前的年月不为空，就打印年月和数量
            print(current_md, current_count, sep='\t')
            # print '%s\t%s'%(current_md, current_count)
        current_md = md  # 交换
        current_count = count
if current_md == md:  # 最后年月单独输出
    print(current_md, current_count, sep='\t')
    # print '%s\t%s'%(current_md, current_count)
```

图 5-2-6　reduce1.py 第二部分代码

执行结果如图 5-2-7 所示。

```
Run: reduce1
D:\Anaconda3\envs\tenso
201409	2
201310	2
201410	2
201411	2
201212	2
201211	7
201310	2
201311	3
201402	2
```

图 5-2-7　reduce1.py 执行结果

4）使用 Xftp 将数据文件和程序文件传送到 Hadoop 主机中，如图 5-2-8 所示。

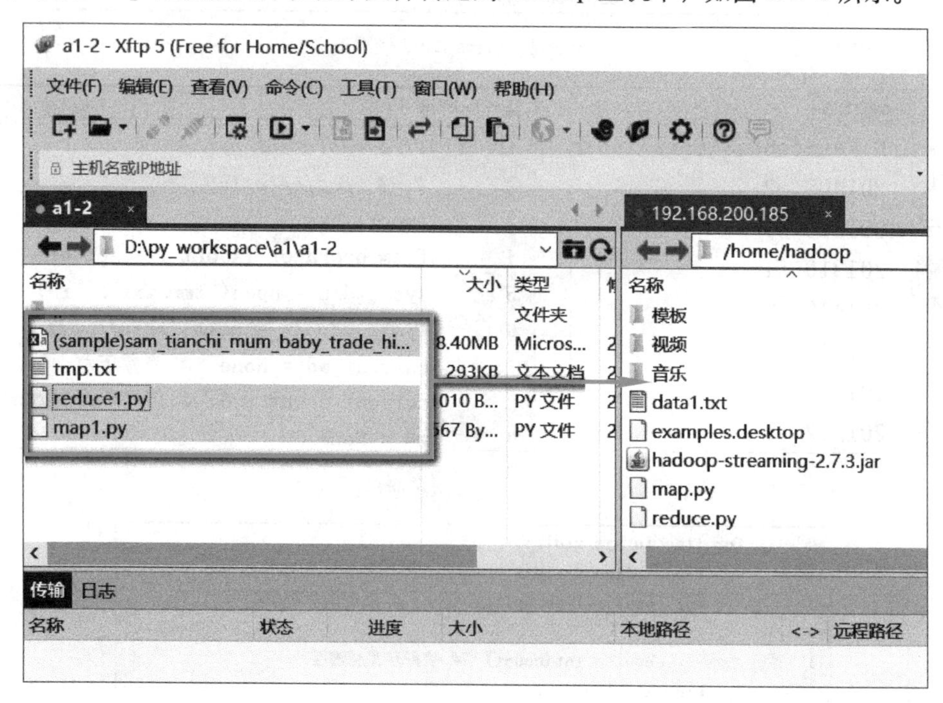

图 5-2-8　传送数据和文件到 Hadoop 主机

5）将数据文件做如图 5-2-9 所示的处理。

①将文件改名为 data2.csv。

②修改文件中的换行符：用 vi 打开文件后，执行 %s/^M//g 命令。

```
hadoop@server:~$ mv '(sample)sam_tianchi_mum_baby_trade_history.csv' data2.csv
hadoop@server:~$ vi data2.csv
hadoop@server:~$ 
```

图 5-2-9　处理文档的换行符

6）在 HDFS 用户目录下新建 input1 目录，如图 5-2-10 所示，上传数据文件 data2.csv。

```
hadoop@server:~$
hadoop@server:~$ hdfs dfs -mkdir input1
hadoop@server:~$ hdfs dfs -put data
data1.txt  data2.csv
hadoop@server:~$ hdfs dfs -put data2.csv input1
hadoop@server:~$
```

图 5-2-10　创建 hdfs 目录并上传数据

7）处理 map1.py 和 reduce1.py 文件，如图 5-2-11 ～图 5-2-14 所示。

① 文件增加执行权限。

② 修改文件中的换行符（方法同上）。

③ 注释文件中的输入输出语句。

④ 根据系统 Python 环境，修改打印输出语句格式（print 语句）。

```
hadoop@server:~$ chmod +x map1.py reduce1.py
hadoop@server:~$ vi map1.py
hadoop@server:~$ vi reduce1.py
hadoop@server:~$
```

图 5-2-11　修改处理程序权限

```
#!/usr/bin/env python
# -*- coding=utf-8 -*-
import sys
# sys.stdin = open('(sample)sam_tianchi_mum_baby_trade_history.csv', 'r')
# sys.stdout = open('tmp.txt', 'w')
i = 0
for line in sys.stdin:
    i += 1
    if i == 1:
        continue  # 去掉首行
    line = line.strip()   # 去掉行尾部空格
    datas = line.split(',')  # 使用逗号将每行的数据切分，得到数据列表
    md = datas[6][0:6]  # 将第7个数据截取6个字符
    buy = datas[5]  # 取得第6个数据
    # print(md, buy, sep='\t')
    print '%s\t%s'%(md,buy)
```

图 5-2-12　修改 map1.py 程序

```
#!/usr/bin/env python
# -*- coding=utf-8 -*-
import sys
from operator import itemgetter
# sys.stdin = open('tmp.txt', 'r')
# sys.stdout = open('result.txt', 'w')
current_md = None  # 当前年月
current_count = 0  # 当前年月的数量
```

图 5-2-13　修改 reduce1.py 程序 1

```
    else:
        if current_md:  # 如果当前的年月不为空，就打印年月和数量
            # print(current_md, current_count, sep='\t')
            print '%s\t%s'%(current_md, current_count)
        current_md = md  # 交换
        current_count = count
if current_md == md:  # 最后年月单独输出
    # print(current_md, current_count, sep='\t')
    print '%s\t%s'%(current_md, current_count)
```

图 5-2-14　修改 reduce1.py 程序 2

8）测试 map1.py 和 reduce1.py，如图 5-2-15 和图 5-2-16 所示。

```
hadoop@server:~$ cat data2.csv | ./map1.py
```

图 5-2-15　测试 map1.py 程序

```
hadoop@server:~$ cat data2.csv | ./map1.py | ./reduce1.py
```

图 5-2-16　测试 reduce1.py 程序

如果有如图 5-2-17 所示的信息输出则表示测试通过。

```
201408	3
201502	2
201501	3
201407	1
201410	2
201411	2
201301	3
201412	2
```

图 5-2-17　测试结果

9）最后，提交 MapReduce 应用程序 map1.py 和 reduce1.py。提交命令如图 5-2-18 所示。

```
hadoop@server:~$ hadoop jar hadoop-streaming-2.7.3.jar \
> -files ./map1.py,./reduce1.py \
> -mapper ./map1.py \
> -reducer ./reduce1.py \
> -input input1 \
> -output output1
```

图 5-2-18　执行 MapReduce

输出关键信息如图 5-2-19 所示，执行完毕如图 5-2-20 所示。

```
19/07/24 18:15:43 INFO mapreduce.Job: Running job: job_1563604685029_0002
19/07/24 18:15:52 INFO mapreduce.Job: Job job_1563604685029_0002 running in uber mode :
19/07/24 18:15:52 INFO mapreduce.Job:  map 0% reduce 0%
19/07/24 18:16:05 INFO mapreduce.Job:  map 100% reduce 0%
19/07/24 18:16:14 INFO mapreduce.Job:  map 100% reduce 100%
19/07/24 18:16:14 INFO mapreduce.Job: Job job_1563604685029_0002 completed successfully
```

图 5-2-19　部分输出信息

```
        Shuffle Errors
                BAD_ID=0
                CONNECTION=0
                IO_ERROR=0
                WRONG_LENGTH=0
                WRONG_MAP=0
                WRONG_REDUCE=0
        File Input Format Counters
                Bytes Read=8780550
        File Output Format Counters
                Bytes Written=381
19/07/24 18:16:15 INFO streaming.StreamJob: Output directory: output1
```

图 5-2-20　执行完毕

10）查看如图 5-2-21 所示的运行结果。

```
hadoop@server:~$ hdfs dfs -cat output1/part-00000
201207  642
201208  781
201209  1353
201210  1072
201211  2083
201212  991
201301  1372
201302  1177
201303  1094
201304  1506
201305  1864
201306  1232
201307  2662
201308  1364
201309  1956
201310  1590
201311  2538
201312  4458
201401  1109
201402  1458
201403  2359
201404  2204
201405  3669
201406  1785
201407  2461
201408  3139
201409  5185
201410  3320
201411  13044
201412  2508
201501  3752
201502  521
hadoop@server:~$
```

图 5-2-21　查看结果

小　结

1）仔细分析 map 和 reduce 程序，会发现 reduce 程序较复杂，但是根据功能实现的逻辑变化不大，其作用只是合并相邻行的数据项。map 程序变化比较大，需要根据提供的数据切分出符合要求的 key 和 value，有时候还需要增加数据清洗和核验功能。

2）对于 key 和 value，value 需要转换成能够参与分类求和的数值类型，如整型、浮点型，而 key 不需要转换。

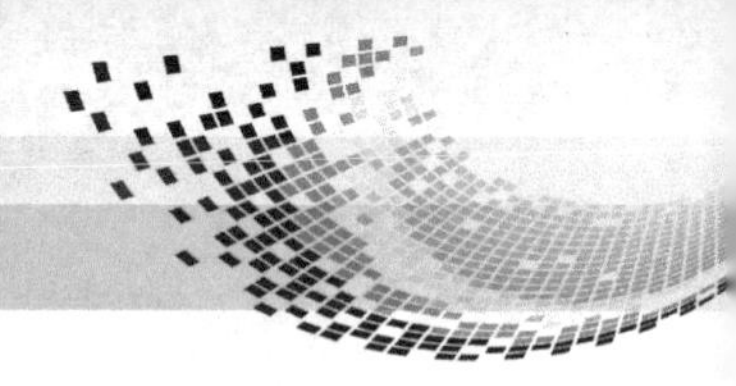

任务 3　通信基站数据分析

学习目标

- 掌握数据抽样的基本方法。
- 掌握对大数据量数据处理的常用技巧。
- 进一步熟悉 MapReduce 的数据处理过程。

任务描述

通过前两个案例的学习，对使用 Hadoop Streaming 工具编写 MapReduce 程序有了基本认识，本任务来完成一个数据量稍大的数据分析，数据量为 6.4GB。在调试过程中，数据量较大的数据每次读取和分析都需要大量的时间，而调试又是一个反复测试某些代码的过程。如果不注意方法，整个过程会耗费大量的时间，出错的时候甚至程序卡死。

基站是移动通信网络的基本单元，经常在一些高层建筑顶部看到的一些天线状物体就是基站的一个部分，它们是手机能够实现移动通信的硬件保证。通信公司（如中国移动、中国电信）在每个城市建设有许多基站，每个基站有一定的覆盖范围，所有基站组成的网络覆盖到城市的每一个角落，城市之间的城域网最后又组成遍布全国的广域网，用户就可以在整个网络覆盖的区域内实现通信，如图 5-3-1 所示。

图 5-3-1　通信基站

当用户在城市里乘坐交通工具移动的时候，就可能从一个基站覆盖范围离开，进入另外一个基站的覆盖范围并自动注册，基站的系统会记录用户进入该基站的时间，停留时间等信息。本任务分析的数据就是某城市通信基站两天时间内 2500 万条用户数据。

获得某城市通信基站脱敏数据一份，大小为 6.4GB，数据说明见表 5-3-1。

表 5-3-1　数据说明

数据集名称	序　号	数 据 代 码	数 据 名 称
脱敏数据	1	stat_date	数据采集日期
	2	user_id	省内用户唯一标识
	3	sex	性别
	4	age 分档	年龄
	5	arpu 分档	月均消费分档
	6	dou 分档	月均流量分档
	7	longitude	基站经度
	8	latitude	基站纬度
	9	start_time	用户进入此基站的时间
	10	stay_time（单位秒）	用户在此基站的驻留时间（单位秒）

注：分隔符为|。

部分数据如图 5-3-2 所示。

20170226	c70a0c2e41fe41a198576908340f3074	男	40-50岁	100-150元	500-600M	10
20170226	c70a0c2e41fe41a198576908340f3074	男	40-50岁	100-150元	500-600M	10
20170226	c70a0c2e41fe41a198576908340f3074	男	40-50岁	100-150元	500-600M	10
20170226	c70a0c2e41fe41a198576908340f3074	男	40-50岁	100-150元	500-600M	10
20170226	6955a8758ec344d1a601ea08680085a4	男	31-40岁	250-300元	1G以上	106.
20170226	6955a8758ec344d1a601ea08680085a4	男	31-40岁	250-300元	1G以上	107.
20170226	6955a8758ec344d1a601ea08680085a4	男	31-40岁	250-300元	1G以上	108.
20170226	74b32f20b3664d27a52344056bfd41bb	男	31-40岁	100-150元	200-300M	10
20170226	a3d87742133b45c78cc840da61562862	女	51-60岁	50-100元	200-300M	107
20170226	a3d87742133b45c78cc840da61562862	女	51-60岁	50-100元	200-300M	107
20170226	c08f6a79b7b24e1796c2cddb44c25f63	女	31-40岁	50-100元	300-400M	105
20170226	c08f6a79b7b24e1796c2cddb44c25f63	女	31-40岁	50-100元	300-400M	106
20170226	c08f6a79b7b24e1796c2cddb44c25f63	女	31-40岁	50-100元	300-400M	107

图 5-3-2　数据样本

要求完成以下分析：

1）用户 a3d87742133b45c78cc840da61562862 两天内的活动轨迹（经度、纬度）。

2）通信公司不同性别的用户数。

任务分析

本任务包含两个部分，第 1 个部分只需要通过一个 Map 程序即可将指定用户的活动时间和经度、纬度从数据中检索出来。第 2 个部分比较复杂，需要先对用户去重，然后分离出性别后执行分类汇总，需要执行两组 MapReduce 操作。

先编写程序取样，从原始数据 data.txt 中取 1000 行作为样本数据，所有程序调试均使用取样数据。取样完成后，再将原始数据上传到 HDFS 指定目录。另外，因为数据比较大，程序读取原始数据时要原目录读取，不要复制到工作目录。

任务实施

编写如图 5-3-3 所示的数据取样程序 prepare.py，在工作目录生成取样数据 yb.txt，如图 5-3-4 所示。

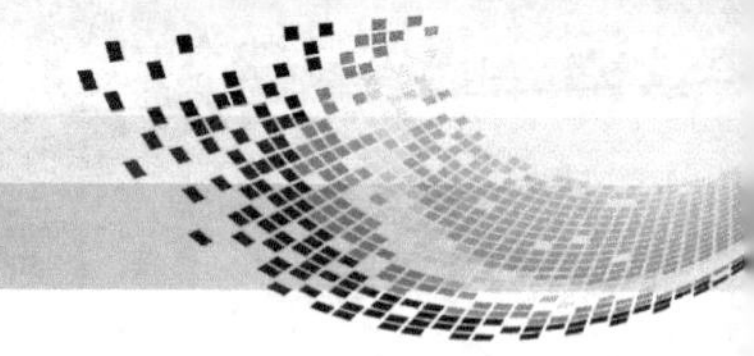


```
prepare.py
1  # -*- coding=utf-8 -*-
2  import sys
3  sys.stdin = open('E://案例数据//数据//data.txt', 'r', encoding='utf-8')
4  sys.stdout = open('yb.txt', 'w', encoding='utf-8')
5  i = 1
6  for line in sys.stdin:
7      line = line.strip()
8      print(line)
9      if i >= 1000:
10         break
11     i += 1
12
```

图 5-3-3　prepare.py 代码

```
yb.txt
1  20170226|c70a0c2e41fe41a198576908340f3074|男|40-50岁|10
2  20170226|c70a0c2e41fe41a198576908340f3074|男|40-50岁|10
3  20170226|c70a0c2e41fe41a198576908340f3074|男|40-50岁|10
4  20170226|c70a0c2e41fe41a198576908340f3074|男|40-50岁|10
5  20170226|6955a8758ec344d1a601ea08680085a4|男|31-40岁|25
6  20170226|6955a8758ec344d1a601ea08680085a4|男|31-40岁|25
7  20170226|6955a8758ec344d1a601ea08680085a4|男|31-40岁|25
8  20170226|74b32f20b3664d27a52344056bfd41bb|男|31-40岁|10
```

图 5-3-4　部分样本数据

1）使用 Xftp 将 data.txt 上传到 Hadoop 主机中，如图 5-3-5 所示。因为文件比较大，上传过程大约需要 2 ～ 3min。

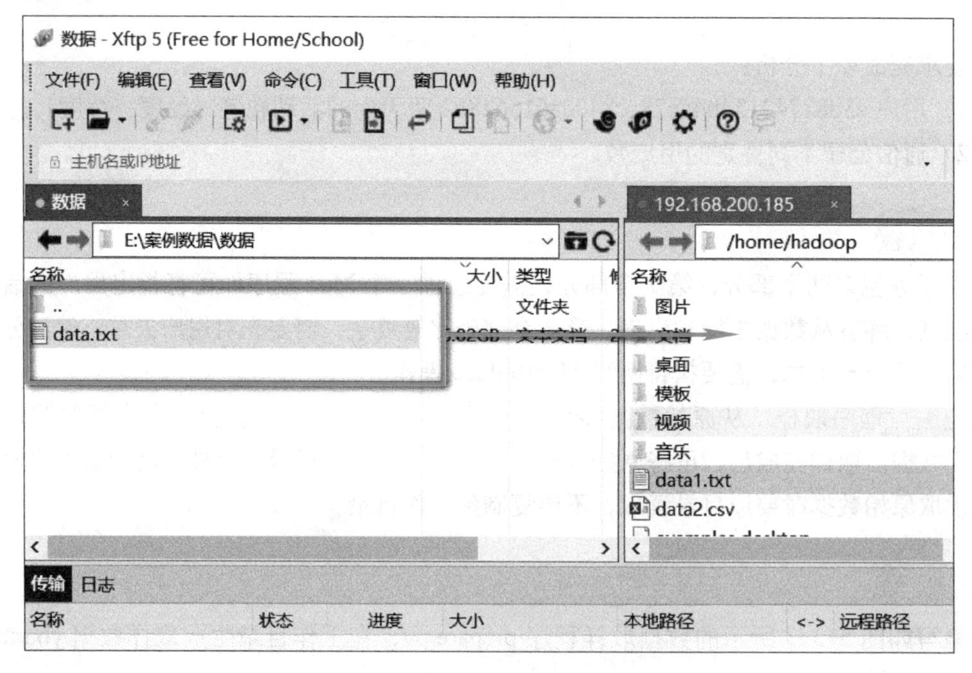

图 5-3-5　传送数据到 Hadoop 主机

2）在 HDFS 的用户目录中新建目录 tx，如图 5-3-6 所示，并将原始数据 data.txt 上传到 HDFS 的 tx 目录。检查虚拟机剩余硬盘空间，保留 20GB 以上剩余空间，因为 Hadoop 在计算过程中有大量硬盘读写操作，如图 5-3-7 所示。

```
hadoop@server:~$ hdfs dfs -mkdir tx
hadoop@server:~$ hdfs dfs -put data.txt tx
hadoop@server:~$
```

图 5-3-6 在 HDFS 中创建目录并上传数据

```
hadoop@server:~$ df -h
文件系统          容量  已用  可用 已用% 挂载点
udev             2.0G     0  2.0G    0% /dev
tmpfs            395M  1.2M  394M    1% /run
/dev/sda1         36G   13G   22G   38% /
tmpfs            2.0G     0  2.0G    0% /dev/shm
tmpfs            5.0M     0  5.0M    0% /run/lock
tmpfs            2.0G     0  2.0G    0% /sys/fs/cgroup
tmpfs            395M   28K  395M    1% /run/user/123
tmpfs            395M     0  395M    0% /run/user/1000
hadoop@server:~$
```

图 5-3-7 检查硬盘空间

建议在创建虚拟机的时候，虚拟磁盘配置为 40GB。

3）编写 map2.py 程序，如图 5-3-8 所示，从样本数据中提取指定用户“进入基站时间”“基站经度”“基站纬度”数据项。

```
map2.py
1  #!/usr/bin/env python
2  # -*- coding=utf-8 -*-
3  import sys
4  sys.stdin = open('yb.txt', 'r', encoding='utf-8')
5  for line in sys.stdin:
6      line = line.strip()    # 去掉行尾部空格
7      datas = line.split('|')   # 使用'|'将每行的数据切分，得到数据列表
8      userid = datas[1]   # 得到脱敏后的用户id
9      if userid == 'a3d87742133b45c78cc840da61562862':
10         start_time = datas[8]   # 得到进入基站的时间
11         longitude = datas[6]   # 得到基站的经度
12         latitude = datas[7]   # 得到基站的纬度
13         print(userid, start_time, longitude, latitude, sep='\t')
14         # print '%s\t%s\t%s\t%s'%(userid, start_time, longitude, latitude)
15
```

图 5-3-8 map2.py 代码

4）使用 Xftp 将 map2.py 上传到 Hadoop 主机，如图 5-3-9 所示。增加可执行权限，如图 5-3-10 所示。修改换行符、注释输入的样本文件、修改输出语句，如图 5-3-11 所示。

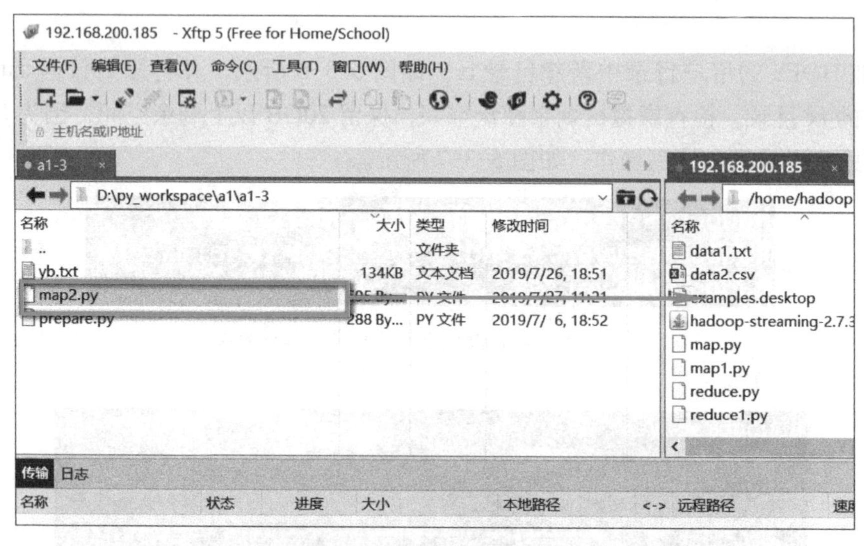

图 5-3-9　传送代码和数据

```
hadoop@server:~$ chmod +x map2.py
hadoop@server:~$
hadoop@server:~$ vi map2.py
hadoop@server:~$
```

图 5-3-10　修改文件权限

```
#!/usr/bin/env python
# -*- coding=utf-8 -*-
import sys
# sys.stdin = open('yb.txt', 'r', encoding='utf-8')
for line in sys.stdin:
    line = line.strip()   # 去掉行尾部空格
    datas = line.split('|')   # 使用'|'将每行的数据切分, 得到数据列表
    userid = datas[1]  # 得到脱敏后的用户id
    if userid == 'a3d87742133b45c78cc840da61562862':
        start_time = datas[8]   # 得到进入基站的时间
        longitude = datas[6]   # 得到基站的经度
        latitude = datas[7]    # 得到基站的纬度
        # print(userid, start_time, longitude, latitude, sep='\t')
        print '%s\t%s\t%s\t%s'%(userid, start_time, longitude, latitude)
```

图 5-3-11　修改代码内容

5）提交到 Hadoop 系统。请注意提交命令，本次提交只有 map 程序，没有 reduce 程序。计算过程大约 5min，如图 5-3-12 ～图 5-3-16 所示。

```
hadoop@server:~$ hadoop jar hadoop-streaming-2.7.3.jar \
> -file map2.py \
> -mapper map2.py \
> -input tx \
> -output output2
```

图 5-3-12　执行 MapReduce

```
19/07/27 12:22:19 WARN streaming.StreamJob: -file option
packageJobJar: [map2.py, /tmp/hadoop-unjar76449619128249
19/07/27 12:22:20 INFO client.RMProxy: Connecting to Res
19/07/27 12:22:21 INFO client.RMProxy: Connecting to Res
19/07/27 12:22:22 INFO mapred.FileInputFormat: Total inp
```

图 5-3-13　输出信息 1

```
19/07/27 12:22:35 INFO mapreduce.Job: Job job_156414030625
19/07/27 12:22:35 INFO mapreduce.Job:  map 0% reduce 0%
19/07/27 12:23:05 INFO mapreduce.Job:  map 1% reduce 0%
19/07/27 12:23:08 INFO mapreduce.Job:  map 2% reduce 0%
19/07/27 12:23:11 INFO mapreduce.Job:  map 3% reduce 0%
19/07/27 12:23:14 INFO mapreduce.Job:  map 4% reduce 0%
19/07/27 12:23:19 INFO mapreduce.Job:  map 5% reduce 0%
19/07/27 12:23:22 INFO mapreduce.Job:  map 6% reduce 0%
19/07/27 12:23:27 INFO mapreduce.Job:  map 7% reduce 0%
19/07/27 12:23:29 INFO mapreduce.Job:  map 10% reduce 0%
19/07/27 12:23:30 INFO mapreduce.Job:  map 12% reduce 0%
```

图 5-3-14　输出信息 2

```
19/07/27 12:25:04 INFO mapreduce.Job:  map 29% reduce 8%
19/07/27 12:25:08 INFO mapreduce.Job:  map 30% reduce 8%
19/07/27 12:25:10 INFO mapreduce.Job:  map 32% reduce 8%
19/07/27 12:25:12 INFO mapreduce.Job:  map 35% reduce 10%
19/07/27 12:25:16 INFO mapreduce.Job:  map 35% reduce 12%
19/07/27 12:25:39 INFO mapreduce.Job:  map 36% reduce 12%
19/07/27 12:25:40 INFO mapreduce.Job:  map 37% reduce 12%
19/07/27 12:25:42 INFO mapreduce.Job:  map 38% reduce 12%
19/07/27 12:25:45 INFO mapreduce.Job:  map 39% reduce 12%
19/07/27 12:25:48 INFO mapreduce.Job:  map 40% reduce 12%
19/07/27 12:25:49 INFO mapreduce.Job:  map 41% reduce 12%
19/07/27 12:25:50 INFO mapreduce.Job:  map 42% reduce 12%
```

图 5-3-15　输出信息 3

```
        Shuffle Errors
                BAD_ID=0
                CONNECTION=0
                IO_ERROR=0
                WRONG_LENGTH=0
                WRONG_MAP=0
                WRONG_REDUCE=0
        File Input Format Counters
                Bytes Read=6465721443
        File Output Format Counters
                Bytes Written=17365
19/07/27 12:29:16 INFO streaming.StreamJob: Output directory: output2
```

图 5-3-16　执行完毕

从计算过程中输出的信息可以看出：

① 尽管没有 reduce 程序，系统还是输出 reduce 信息。

② reduce 与 map 不是同时开始的，当 map 进行到 30% 左右时，系统启动 reduce。这个过程在下一个任务中可以得到验证。

6）本次任务完成，查看计算结果（共检索出 192 条信息），如图 5-3-17 所示。

```
hadoop@server:~$ hdfs dfs -cat output2/part-00000
a3d87742133b45c78cc840da61562862        2017-02-26 17:45:13     107.47895954401264      26.328647253328327
a3d87742133b45c78cc840da61562862        2017-02-26 15:26:14     107.45398302260223      27.655146511672854
a3d87742133b45c78cc840da61562862        2017-02-26 16:23:00     106.35741499711328      26.309869415088
a3d87742133b45c78cc840da61562862        2017-02-26 16:09:59     106.73528035422787      27.032288333610797
a3d87742133b45c78cc840da61562862        2017-02-26 17:59:25     107.56756232069792      27.636210766449906
a3d87742133b45c78cc840da61562862        2017-02-26 11:22:19     106.75811223384406      26.18161275827971
a3d87742133b45c78cc840da61562862        2017-02-26 18:17:05     105.72933745527953      25.98366183956231
a3d87742133b45c78cc840da61562862        2017-02-26 16:07:42     107.69658373636796      27.82416034546928
a3d87742133b45c78cc840da61562862        2017-02-26 16:51:59     107.28227554353029      26.906807477798566
a3d87742133b45c78cc840da61562862        2017-02-26 18:01:48     106.51044773657462      26.214714679043087
a3d87742133b45c78cc840da61562862        2017-02-26 13:26:49     106.30841684692145      25.656637042567112
a3d87742133b45c78cc840da61562862        2017-02-26 13:34:17     106.90985191222771      26.345382732292865
```

图 5-3-17　计算结果

7）编写两个 map 程序。

因为在原始数据中一个用户存在多条记录，所以需要对用户去重，这是第一次 MapReduce，然后从结果中解析出性别，执行第二次 MapReduce。本次任务需要编写两个 map 程序（map3.py、map4.py），一个 reduce 程序（reduce3.py）。

① 编写 map3.py 程序，如图 5-3-18 所示，从样本数据中分离出的 key 值为：userid+ 性别，value 值为 1。

```
#!/usr/bin/env python
# -*- coding=utf-8 -*-
import sys
sys.stdin = open('yb.txt', 'r', encoding='utf-8')
sys.stdout = open('tmp.txt', 'w', encoding='utf-8')
for line in sys.stdin:
    line = line.strip()    # 去掉行尾部空格
    datas = line.split('|')  # 使用'|'将每行的数据切分，得到数据列表
    userid = datas[1]  # 得到脱敏后的用户id
    sex = datas[2]  # 得到用户性别
    print(userid+','+sex, 1, sep='\t')
    # print '%s\t%s'%(userid+','+sex,1)
```

图 5-3-18　map3.py 代码

② 编写 reduce3.py 程序，实现对用户 + 性别去重，如图 5-3-19 和图 5-3-20 所示。

```
#!/usr/bin/env python
# -*- coding=utf-8 -*-
import sys
from operator import itemgetter
sys.stdin = open('tmp.txt', 'r', encoding='utf-8')
sys.stdout = open('result.txt', 'w', encoding='utf-8')
current_xx = None  # 当前数据
current_count = 0  # 当前数据的数量
xx = None
for line in sys.stdin:
    line = line.strip()
    xx, count = line.split('\t')  # 得到当前数据
    try:
        count = int(count)  # 字符转换成数字
    except ValueError:
        continue
```

图 5-3-19　reduce3.py 代码 1

```
    if current_xx == xx:  # 如果当前数据等于读入的数据
        current_count += count  # 数量累加
    else:
        if current_xx:  # 如果当前的数据不为空，就打印数据和数量
            print(current_xx, current_count, sep='\t')
            # print '%s\t%s'%(current_xx, current_count)
        current_xx = xx  # 交换
        current_count = count
if current_xx == xx:  # 最后数据单独输出
    print(current_xx, current_count, sep='\t')
    # print '%s\t%s'%(current_xx, current_count)
```

图 5-3-20　reduce3.py 代码 2

③ 使用 Xftp 将 map3.py、reducer3.py 上传到 Hadoop 主机，程序处理过程与前面的一致，详细过程不再表述。处理完毕就可以执行命令，提交到 Hadoop 系统，MapReduce 过程耗时大约 12min。提交命令和结果如图 5-3-21 和图 5-3-22 所示。

```
hadoop@server:~$ hadoop jar hadoop-streaming-2.7.3.jar \
> -files ./map3.py,./reduce3.py \
> -mapper ./map3.py \
> -reducer ./reduce3.py \
> -input tx \
> -output output3
```

图 5-3-21 执行 MapReduce

```
0000268b22c543f9a3ac81002b1631ff,女	14
000028321e6b4f36baeb508400a3b38d,女	17
0000295981984ae4b3fb17c5325466db,女	1
00002edfa51a4295a885351224c6862f,女	1
0000463ca05e47d28b9911bf7623a434,女	18
0000466d21da4f6096ae693a8ae162e1,男	1
00004692e8674db592558049ee8bb097,男	6
00004e84a09148eaad9799f382fd4a72,女	16
0000541e6cc24dddb07a7acbc06b9f63,男	8
00007815b77a400b9decead65d018198,女	11
00007bacaaae44778c84672dac0b2a3c,男	1
0000b9b9e06e406aa65930d90c6c0261,女	84
0000c0bb307f4278ba72bccde96ef529,女	9
0000c1d29e5b4941936f37ba9c766cb2,男	1
```

图 5-3-22 执行结果

计算结果共 1 012 341 条。

④ 对已经去重的结果做下一轮 MapReduce。reduce 程序为 reduce3.py，map 程序如图 5-3-23 所示（map4.py）。

```
map4.py ×
1  #!/usr/bin/env python
2  # -*- coding=utf-8 -*-
3  import sys
4  sys.stdin = open('ybl.txt', 'r', encoding='utf-8')
5  for line in sys.stdin:
6      line = line.strip()    # 去掉行尾部空格
7      datas = line.split('\t')  # 使用'\t'将每行的数据切分，得到数据列表
8      sex = datas[0]  # 得到用户id+性别
9      sex = sex.split(',')[1]
10     print(sex, 1, sep='\t')
11     # # print '%s\t%s'%(sex,1)
12
```

图 5-3-23 map4.py 代码

使用 Xftp 将 map4.py 上传到 Hadoop 主机，处理好程序即可提交到 Hadoop 系统，在提交命令之前，先删除 HDFS 上 output3 目录下的 _SUCCESS 文件，不删除会报错。

MapReduce 过程耗时大约 1min，提交命令与计算结果如图 5-3-24 ～图 5-3-26 所示。

```
hadoop@server:~$ hdfs dfs -rm output3/_SUCCESS
19/07/27 16:37:23 INFO fs.TrashPolicyDefault: Namenode
Deleted output3/_SUCCESS
hadoop@server:~$
hadoop@server:~$
```

图 5-3-24　在 HDFS 中删除目录

```
hadoop@server:~$ hadoop jar hadoop-streaming-2.7.3.jar \
> -files ./map4.py,./reduce3.py \
> -mapper ./map4.py \
> -reducer ./reduce3.py \
> -input output3 \
> -output output4
```

图 5-3-25　执行 MapReduce

```
hadoop@server:~$ hdfs dfs -cat output4/part-00000
其他    6660
女      399480
男      606201
hadoop@server:~$
```

图 5-3-26　执行结果

性别为“其他”是指性别不详，将总数累加后得到 1 012 341。

小　结

因为本次处理的原始数据比较大，建议在开始创建虚拟主机的时候，虚拟硬盘大于 40GB，硬盘空间太小会导致 Hadoop 计算过程中频繁报错。同时，每一次的 MapReduce 的时间都比较长，需要耐心等待。

Windows 中编写的程序上传到 Ubuntu 中执行，需要做格式化处理，在使用 vi 或 vim 文本编辑器处理程序的时候，请保持 Python 程序的缩进，缩进错乱会导致 Windows 中已经调试成功的程序在 Ubuntu 中产生新的错误。

Project 6

项目6

Hadoop系统的常见故障及应对

任务1　Hadoop 系统日志结构及分析

学习目标

- 了解 Hadoop 系统日志结构。
- 掌握查看日志文件的方法。
- 掌握更改 Hadoop 日志路径的方法。

任务描述

Hadoop 系统日志默认存放在“$HADOOP_HOME/logs”目录下，除了可借助 Ambari 等软件查看日志文件结构之外，还可在终端中通过 Linux 命令查找。

Hadoop 系统日志文件有两类：

1）.log 文件，此类型的日志文件最重要，Hadoop 的运行进程消息都会被写入该类型文件中。

2）.out 文件，Hadoop 运行进程的启动消息会被写入此类日志文件中，用于在进程启动故障时查找来排错。

任务分析

本任务主要通过以下步骤来完成。

- 查找 Hadoop 系统日志。
- 更改 Hadoop 日志存放路径。

任务实施

1. 查找 Hadoop 系统日志

（1）查看 Hadoop 系统日志

切换到 Hadoop 系统日志默认存放位置，在虚拟机终端中输入“cd /usr/local/hadoop”命令，切换到 Hadoop 系统日志目录下，然后输入“ls”命令查看当前目录的文件。如图 6-1-1 所示，可看到当前目录下有“.log”和“.out”文件。另外，还有“.log.1”“.out.2”文件，在“.log”后加序号作为后缀是因为，写入日志的消息增多到一定大小时，日志文件存储空间会不够用，此时的日志文件会被“分割”，旧日志存放在“.log.1”的带序号文件中，新日志存放在“.log”日志中，以此保证新消息永远都直接写入“.log”文件。

（2）打开 Hadoop 系统日志文件

可通过 vim 加日志文件名来打开日志文件查看内容，但若日志文件内容繁多，只想查看最新几条消息，则可通过 tail 命令来查看日志最底端的内容，如图 6-1-2 所示。

```
hadoop@Master:~$ cd /usr/local/hadoop/logs
hadoop@Master:/usr/local/hadoop/logs$ ls
hadoop-hadoop-namenode-Master.log                mapred-hadoop-historyserver-Master.log
hadoop-hadoop-namenode-Master.out                mapred-hadoop-historyserver-Master.out
hadoop-hadoop-namenode-Master.out.1              mapred-hadoop-historyserver-Master.out.1
hadoop-hadoop-namenode-Master.out.2              SecurityAuth-hadoop.audit
hadoop-hadoop-namenode-Master.out.3              yarn-hadoop-resourcemanager-Master.log
hadoop-hadoop-namenode-Master.out.4              yarn-hadoop-resourcemanager-Master.out
hadoop-hadoop-secondarynamenode-Master.log       yarn-hadoop-resourcemanager-Master.out.1
hadoop-hadoop-secondarynamenode-Master.out       yarn-hadoop-resourcemanager-Master.out.2
hadoop-hadoop-secondarynamenode-Master.out.1     yarn-hadoop-resourcemanager-Master.out.3
hadoop-hadoop-secondarynamenode-Master.out.2     yarn-hadoop-resourcemanager-Master.out.4
hadoop-hadoop-secondarynamenode-Master.out.3     yarn-hadoop-resourcemanager-Master.out.5
hadoop-hadoop-secondarynamenode-Master.out.4
hadoop@Master:/usr/local/hadoop/logs$
```

图 6-1-1　查看 Hadoop 系统日志

```
hadoop@Master:/usr/local/hadoop/logs$ tail hadoop-hadoop-namenode-Master.log
2019-08-07 17:59:43,823 INFO org.apache.hadoop.hdfs.server.namenode.FSEditLog: Starting log segment at 98
2019-08-07 17:59:43,972 INFO org.apache.hadoop.hdfs.server.namenode.TransferFsImage: Transfer took 0.02s at 58.82 KB
/s
2019-08-07 17:59:43,972 INFO org.apache.hadoop.hdfs.server.namenode.TransferFsImage: Downloaded file fsimage.ckpt_00
00000000000000097 size 1832 bytes.
2019-08-07 17:59:43,988 INFO org.apache.hadoop.hdfs.server.namenode.NNStorageRetentionManager: Going to retain 2 ima
ges with txid >= 95
2019-08-07 17:59:43,988 INFO org.apache.hadoop.hdfs.server.namenode.NNStorageRetentionManager: Purging old image FSI
mageFile(file=/usr/local/hadoop/tmp/dfs/name/current/fsimage_0000000000000000093, cpktTxId=0000000000000000093)
2019-08-07 18:34:02,351 ERROR org.apache.hadoop.hdfs.server.namenode.NameNode: RECEIVED SIGNAL 15: SIGTERM
2019-08-07 18:34:02,409 INFO org.apache.hadoop.hdfs.server.namenode.NameNode: SHUTDOWN_MSG:
/************************************************************
SHUTDOWN_MSG: Shutting down NameNode at Master/192.168.31.40
************************************************************/
hadoop@Master:/usr/local/hadoop/logs$
```

图 6-1-2　打开并查看日志内容

2. 更改 Hadoop 日志存储路径

使用 Hadoop 时，经常会进行升级或移动文件夹位置，这些操作会导致 Hadoop 安装路径发生变化，进而影响 Hadoop 系统日志的写入和存储，后期若平台发生故障，通过查找日志来排错时会很难，新日志找不到原因，旧日志不知存在何处，有时甚至可能会被误删或覆盖。由此，建议修改 Hadoop 系统日志的默认存放位置，使其独立于 Hadoop 安装程序目录。在默认情况下，Linux 操作系统的日志存放于根目录的日志文件夹下，即“/var/log”，此目录较稳定也较安全，比较适合存放 Hadoop 日志。

(1) 在“/var/log”目录下创建 hadoop 文件夹

在终端中输入“cd /var/log”切换到“/var/log”目录下，可使用“ls”命令查看目录下的所有文件，以检查是否已存在 hadoop 同名文件夹，然后输入“sudo mkdir hadoop”命令创建 hadoop 文件夹，如图 6-1-3 所示，目录下新出现了 hadoop 文件夹。

```
hadoop@Master:~$ cd /var/log
hadoop@Master:/var/log$ ls
alternatives.log  cups             hp                  syslog                 vboxadd-install.log    wtmp
apt               dist-upgrade     installer           syslog.1               vboxadd-setup.log      yum.log
auth.log          dpkg.log         journal             syslog.2.gz            vboxadd-setup.log.1
auth.log.1        faillog          kern.log            syslog.3.gz            vboxadd-setup.log.2
boot.log          fontconfig.log   kern.log.1          syslog.4.gz            vboxadd-setup.log.3
bootstrap.log     gdm3             lastlog             tallylog               vboxadd-setup.log.4
btmp              gpu-manager.log  speech-dispatcher   unattended-upgrades    vboxadd-uninstall.log
hadoop@Master:/var/log$ sudo mkdir hadoop
hadoop@Master:/var/log$ ls
alternatives.log  cups             hadoop       speech-dispatcher  unattended-upgrades  vboxadd-uninstall.log
apt               dist-upgrade     hp           syslog             vboxadd-install.log  wtmp
auth.log          dpkg.log         installer    syslog.1           vboxadd-setup.log    yum.log
auth.log.1        faillog          journal      syslog.2.gz        vboxadd-setup.log.1
boot.log          fontconfig.log   kern.log     syslog.3.gz        vboxadd-setup.log.2
bootstrap.log     gdm3             kern.log.1   syslog.4.gz        vboxadd-setup.log.3
btmp              gpu-manager.log  lastlog      tallylog           vboxadd-setup.log.4
hadoop@Master:/var/log$
```

图 6-1-3　在“/var/log”目录下创建 hadoop 文件夹

（2）修改“/var/log/hadoop”权限为 Hadoop 用户

因“/var/log”是系统目录，只有 root 用户才有权限修改，若不为其修改权限，在启动 Hadoop 项目时会无法访问，所以需要将“/var/log/hadoop”的权限设置为 Hadoop 用户，在终端中输入“sudo chown -R hadoop /var/log/hadoop”命令执行此操作，如图 6-1-4 所示。

```
hadoop@Master:/var/log$ sudo chown -R hadoop /var/log/hadoop
[sudo] hadoop 的密码:
hadoop@Master:/var/log$
```

图 6-1-4　修改“/var/log/hadoop”权限

（3）修改 Hadoop 日志路径

切换到“/usr/local/hadoop/etc/hadoop”目录下，如图 6-1-5 所示，找到 Hadoop 环境变量配置文件“hadoop-env.sh”并使用 vim 命令打开。

```
hadoop@Master:~$ cd /usr/local/hadoop/etc/hadoop
hadoop@Master:/usr/local/hadoop/etc/hadoop$ ls
capacity-scheduler.xml       hadoop-policy.xml            kms-log4j.properties             ssl-client.xml.example
configuration.xsl            hdfs-site.xml                kms-site.xml                     ssl-server.xml.example
container-executor.cfg       httpfs-env.sh                log4j.properties                 yarn-env.cmd
core-site.xml                httpfs-log4j.properties      mapred-env.cmd                   yarn-env.sh
hadoop-env.cmd               httpfs-signature.secret      mapred-env.sh                    yarn-site.xml
hadoop-env.sh                httpfs-site.xml              mapred-queues.xml.template
hadoop-metrics2.properties   kms-acls.xml                 mapred-site.xml
hadoop-metrics.properties    kms-env.sh                   slaves
hadoop@Master:/usr/local/hadoop/etc/hadoop$ vim hadoop-env.sh
```

图 6-1-5　找到 Hadoop 环境变量配置文件并打开

Hadoop 日志通常在“$ HADOOP_LOG_DIR”变量下，若原来设置了变量添加路径，需要修改为当前目录，若没有，则可直接在文件中添加“export HADOOP_LOG_DIR= 你的日志存放路径”，如图 6-1-6 所示，将新目录“/var/log/hadoop”添加到路径下。

```
export HADOOP_SECURE_DN_USER=${HADOOP_SECURE_DN_USER}

# Where log files are stored.  $HADOOP_HOME/logs by default.
#export HADOOP_LOG_DIR=${HADOOP_LOG_DIR}/$USER
export HADOOP_LOG_DIR=/var/log/hadoop


# Where log files are stored in the secure data environment.
export HADOOP_SECURE_DN_LOG_DIR=${HADOOP_LOG_DIR}/${HADOOP_HDFS_USER}

###
# HDFS Mover specific parameters
###
# Specify the JVM options to be used when starting the HDFS Mover.
# These options will be appended to the options specified as HADOOP_OPTS
-- 插入 --
```

图 6-1-6　添加文件路径到 Hadoop 环境变量文件中

（4）检验路径修改是否成功

切换到 Hadoop 目录下，启动 Hadoop，如图 6-1-7 所示。

```
hadoop@Master:/usr/local/hadoop/sbin$ start-dfs.sh
WARNING: An illegal reflective access operation has occurred
WARNING: Illegal reflective access by org.apache.hadoop.security.authentication.util.KerberosUtil (file:/usr/local/h
adoop/share/hadoop/common/lib/hadoop-auth-2.6.5.jar) to method sun.security.krb5.Config.getInstance()
WARNING: Please consider reporting this to the maintainers of org.apache.hadoop.security.authentication.util.Kerbero
sUtil
WARNING: Use --illegal-access=warn to enable warnings of further illegal reflective access operations
WARNING: All illegal access operations will be denied in a future release
Starting namenodes on [Master]
Master: starting namenode, logging to /var/log/hadoop/hadoop-hadoop-namenode-Master.out
Slave: starting datanode, logging to /usr/local/hadoop/logs/hadoop-hadoop-datanode-Slave.out
Starting secondary namenodes [Master]
Master: starting secondarynamenode, logging to /var/log/hadoop/hadoop-hadoop-secondarynamenode-Master.out
WARNING: An illegal reflective access operation has occurred
WARNING: Illegal reflective access by org.apache.hadoop.security.authentication.util.KerberosUtil (file:/usr/local/h
adoop/share/hadoop/common/lib/hadoop-auth-2.6.5.jar) to method sun.security.krb5.Config.getInstance()
WARNING: Please consider reporting this to the maintainers of org.apache.hadoop.security.authentication.util.Kerbero
sUtil
WARNING: Use --illegal-access=warn to enable warnings of further illegal reflective access operations
WARNING: All illegal access operations will be denied in a future release
hadoop@Master:/usr/local/hadoop/sbin$ ▌
```

图 6-1-7　启动 Hadoop

进入“/var/log/hadoop”目录下，输入“ls”命令，如图6-1-8所示，可看到对Hadoop进行操作时生成的日志文件了。

```
hadoop@Master:~$ cd /var/log/hadoop
hadoop@Master:/var/log/hadoop$ ls
hadoop-hadoop-namenode-Master.log  hadoop-hadoop-secondarynamenode-Master.log  SecurityAuth-hadoop.audit
hadoop-hadoop-namenode-Master.out  hadoop-hadoop-secondarynamenode-Master.out
hadoop@Master:/var/log/hadoop$
```

图6-1-8 进入“/var/log/hadoop”目录查看日志

（5）错误处理

启动Hadoop时，如图6-1-9所示，若出现报错“chown：正在更改‘新更改路径’的所有者：不允许的操作”或提示“mv：无法将‘*.out日志文件’移动至‘新更改路径’：权限不够”，是由于未将目录授权给Hadoop用户或授权时出错，此时只需执行“sudo chown -R haoop /var/log/hadoop”命令，然后重新启动Hadoop即可。

```
hadoop@Master:/usr/local/hadoop/sbin$ start-dfs.sh
WARNING: An illegal reflective access operation has occurred
WARNING: Illegal reflective access by org.apache.hadoop.security.authentication.util.KerberosUtil (file:/usr/local/h
adoop/share/hadoop/common/lib/hadoop-auth-2.6.5.jar) to method sun.security.krb5.Config.getInstance()
WARNING: Please consider reporting this to the maintainers of org.apache.hadoop.security.authentication.util.Kerbero
sUtil
WARNING: Use --illegal-access=warn to enable warnings of further illegal reflective access operations
WARNING: All illegal access operations will be denied in a future release
Starting namenodes on [Master]
Master: chown: 正在更改'/var/log/hadoop' 的所有者: 不允许的操作
Master: mv: 无法将'/var/log/hadoop/hadoop-hadoop-namenode-Master.out.1' 移动至'/var/log/hadoop/hadoop-hadoop-namenod
e-Master.out.2': 权限不够
Master: mv: 无法将'/var/log/hadoop/hadoop-hadoop-namenode-Master.out' 移动至'/var/log/hadoop/hadoop-hadoop-namenode-
Master.out.1': 权限不够
Master: starting namenode, logging to /var/log/hadoop/hadoop-hadoop-namenode-Master.out
Slave: starting datanode, logging to /usr/local/hadoop/logs/hadoop-hadoop-datanode-Slave.out
Starting secondary namenodes [Master]
Master: chown: 正在更改'/var/log/hadoop' 的所有者: 不允许的操作
Master: mv: 无法将'/var/log/hadoop/hadoop-hadoop-secondarynamenode-Master.out.1' 移动至'/var/log/hadoop/hadoop-hadoo
p-secondarynamenode-Master.out.2': 权限不够
Master: mv: 无法将'/var/log/hadoop/hadoop-hadoop-secondarynamenode-Master.out' 移动至'/var/log/hadoop/hadoop-hadoop-
secondarynamenode-Master.out.1': 权限不够
Master: starting secondarynamenode, logging to /var/log/hadoop/hadoop-hadoop-secondarynamenode-Master.out
WARNING: An illegal reflective access operation has occurred
WARNING: Illegal reflective access by org.apache.hadoop.security.authentication.util.KerberosUtil (file:/usr/local/h
adoop/share/hadoop/common/lib/hadoop-auth-2.6.5.jar) to method sun.security.krb5.Config.getInstance()
WARNING: Please consider reporting this to the maintainers of org.apache.hadoop.security.authentication.util.Kerbero
sUtil
WARNING: Use --illegal-access=warn to enable warnings of further illegal reflective access operations
WARNING: All illegal access operations will be denied in a future release
```

图6-1-9 更改Hadoop日志存放路径后报错

小 结

Hadoop系统日志在Hadoop平台运维的工作中非常重要，无论是排错还是平台维护，工作人员都需要经常查看日志，因此，平台搭建好后，有必要修改Hadoop系统日志存放路径。修改文件时，注意不要误删环境文件里的其他参数。

任务2 NameNode单节点故障的风险预防

学习目标

- 了解NameNode单节点故障的原因。
- 了解Hadoop HA架构原理。
- 掌握搭建Hadoop HA架构的方法。

任务描述

NameNode 是 HDFS 中负责存储元数据的节点，主要功能是管理和调度 DataNode 的存储和运行。NameNode 单点故障是指在 Hadoop 分布式文件系统工作过程中，由 NameNode 发生错误而引发系统崩溃的问题，通常是由 NameNode 存储过量或节点故障所致。在工作场景中，此类问题一旦发生，可能会导致整个集群无法正常工作。

针对 NameNode 单点故障的隐患，Hadoop 官方从 Hadoop 2.0 版本开始，为用户提供了 HDFS High Availability（HDFS 高可用，HDFS HA）架构来解决单点故障问题。HDFS HA 是针对 NameNode 单点元数据备份问题提出的解决方案，其工作原理是在传统的 NameNode 单节点基础上创建第二个 NameNode 节点，其中一个 NameNode 作为 Active NameNode，执行当前集群上的元数据服务，另一台 Standby NameNode 节点是备用节点，Standby NameNode 平时只作为 Slave 服务器执行简单的项目，在 Active NameNode 发生故障后切换为 Active 状态。两个节点都可访问、共享存储设备上的文件目录，然而只有 Active NameNode 对 Client 提供读写服务。

任务分析

在开始配置 HA 之前，要先检查准备环境，共有 3 个节点，主机名分别设为“bigdata1”“bigdata2”“bigdata3”，每个节点上已部署了 Hadoop、Java、ZooKeeper，3 台节点中，bigdata1 和 bigdata2 作为 NameNode，在 Hadoop 集群启动后，bigdata1 作为 Active NameNode，bigdata2 节点作为 Standby NameNode。

本任务实施分以下几步：

1）配置环境变量。

2）配置 Hadoop 参数。

3）配置并启动 ZooKeeper。

4）启动 Hadoop HA 集群。

任务实施

1．配置环境变量

由于主机名和 IP 地址不同，以下所有操作都须在每个节点上单独配置，在配置前建议先在每台虚拟机中执行“ifconfig”命令来查看和确定 IP 地址。

(1) 修改主机名

为方便集群节点角色的区分，需要修改各节点的主机名。使用“sudo gedit /etc/hostname”命令或“vim /etc/hostname”命令，打开“/etc/hostname”文件，在其中输入想要设置的当前节点的主机名，图 6-2-1 中，主机名原本是“virtualBox”，将当前节点的主机名改为“bigdata1”。

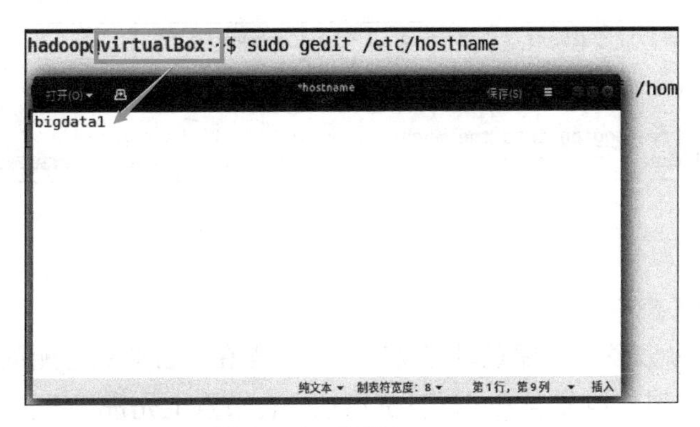

图 6-2-1　设置 hostname

（2）主机域名解析

打开“/etc/hosts”文件，将每个节点的 IP 地址和节点的主机名加入文件中，如图 6-2-2 所示。

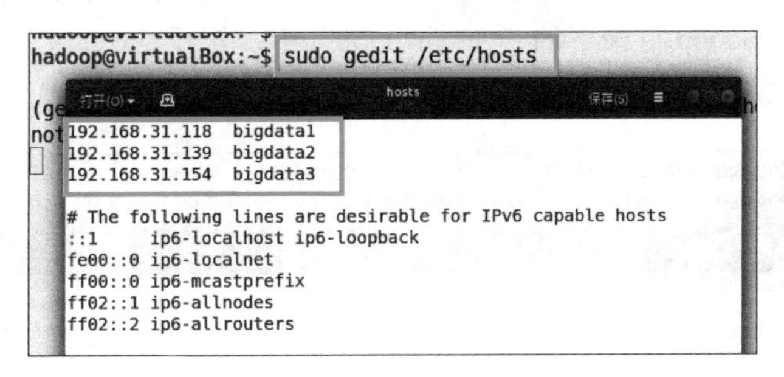

图 6-2-2　将节点 IP 地址和主机域名添加至 hosts 文件

（3）配置环境变量

打开“/etc/profile”文件，将 Hadoop 和 Java 路径添加进去。注意，图 6-2-3 中，当前节点的 Hadoop 文件目录在“/usr/local/hadoop”中，Java 配置在“/usr/lib/jvm/default-java”目录中。

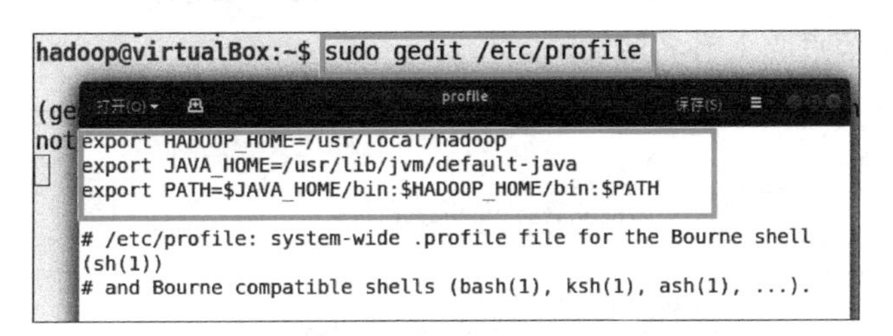

图 6-2-3　添加环境变量

（4）配置各节点之间 SSH 免密码登录

前面已学过设置 SSH 免密码登录以及 SSH 秘钥生成的方法，这里不再讲解。本任务学习为 Hadoop 的两个 NameNode 添加远程登录其他节点的命令。由于当前集群内有两个 NameNode，所以要将两个节点的公钥文件都添加至所有节点中。在两个节点上都执行“ssh-copy-id-f 用户名 @ 主机名”命令，添加成功后，会有如图 6-2-4 所提示的消息，此时执行“ssh 用户名 @ 主机名”命令，可远程登录其他节点。

```
hadoop@virtualBox:~$ ssh-copy-id -f hadoop@bigdata2

Number of key(s) added: 1

Now try logging into the machine, with:   "ssh 'hadoop@bigdata2'"
and check to make sure that only the key(s) you wanted were added.
```

图 6-2-4　设置各节点间 SSH 免密登录

2．配置 Hadoop 参数

Hadoop 的相关参数较多，配置时容易出错，可先在一台节点上配置，最后通过“scp”命令将文件目录复制到其他节点上。以下都可在一台节点上先进行设置，然后将 Hadoop 文件目录复制到其他节点中。

（1）配置 slaves 文件

slaves 文件下存放的是部署 DataNode 的主机名，可以将 3 台主机都部署 DataNode。slaves 文件存放在 Hadoop 目录下的“./etc/hadoop”中，打开 slaves 文件并将 3 个主机名都添加进去，如图 6-2-5 所示。

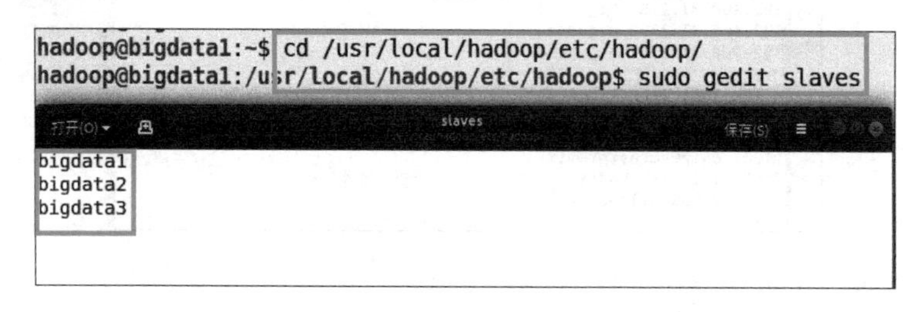

图 6-2-5　配置 slaves 文件

（2）配置 core-site.xml 文件

找到并打开 core-site.xml，加入如图 6-2-6 所示配置。注意，要将 fs.defaultFS 的值设置为将要作为 Master 节点的主机名地址。

```
<configuration>
        <property>
                <name>fs.defaultFS</name>
                <value>hdfs://bigdata1:9000</value>
        </property>
        <property>
                <name>hadoop.tmp.dir</name>
                <value>file:/usr/local/hadoop/tmp</value>
                <description>Abase for other temporary directories.</description>
        </property>
</configuration>
```

图 6-2-6　配置 core-site.xml 文件

（3）配置 hdfs-site.xml 文件

打开 hdfs-site.xml 文件，将 dfs.namenode.secondary 地址与 core-site.xml 中的 fs.defaultFS 同步，注意，当前集群中只有两个 slave 节点，因此 dfs.replication 设置为 2，如图 6-2-7 所示。

```
<configuration>
        <property>
                <name>dfs.namenode.secondary.http-address</name>
                <value>bigdata1:50090</value>
        </property>
        <property>
                <name>dfs.replication</name>
                <value>2</value>
        </property>
        <property>
                <name>dfs.namenode.name.dir</name>
                <value>file:/usr/local/hadoop/tmp/dfs/name</value>
        </property>
        <property>
                <name>dfs.datanode.data.dir</name>
                <value>file:/usr/local/hadoop/tmp/dfs/data</value>
        </property>
</configuration>
```

图 6-2-7　配置 hdfs-site.xml 文件

（4）配置 yarn-site.xml 文件

找到并打开 yarn-site.xml，加入图 6-2-8 所示的配置。将 yarn 部署在 bigdata2 节点中，因此要将 yarn.resourcemanager 的值设置为 bigdata2。

```
<configuration>
        <property>
                <name>yarn.resourcemanager.hostname</name>
                <value>bigdata2</value>
        </property>
        <property>
                <name>yarn.nodemanager.aux-services</name>
                <value>mapreduce_shuffle</value>
        </property>
</configuration>
```

图 6-2-8　yarn-site.xml 文件

（5）配置 mapred-site.xml 文件

找到并打开 mapred-site.xml，加入如图 6-2-9 所示的配置。

```
<configuration>
        <property>
                <name>mapreduce.framework.name</name>
                <value>yarn</value>
        </property>
        <property>
                <name>mapreduce.jobhistory.address</name>
                <value>bigdata1:10020</value>
        </property>
        <property>
                <name>mapreduce.jobhistory.webapp.address</name>
                <value>bogdata2:19888</value>
        </property>
</configuration>
```

图 6-2-9　mapred-site.xml 文件

（6）复制 Hadoop 文件目录到其他节点

Hadoop 相关文件配置完成后，可使用“scp-r 当前 Hadoop 文件夹路径要复制到的节点地址：目的路径”命令将 Hadoop 目录复制到 bigdata2 和 bigdata3 的服务器中，如图 6-2-10 所示。

```
hadoop@bigdata1:~$
hadoop@bigdata1:~$ scp -r /usr/local/hadoop hadoop@bigdata2:/usr/local/hadoop
libhdfs.so.0.0.0                                    100%  274KB   3.9MB/s   00:00
libhdfs.so                                          100%  274KB   3.9MB/s   00:00
libhadooppipes.a                                    100% 1889KB   4.3MB/s   00:00
libhadoop.so.1.0.0                                  100%  780KB   4.4MB/s   00:00
libhdfs.a                                           100%  433KB   4.4MB/s   00:00
libhadoop.a                                         100% 1338KB   4.5MB/s   00:00
libhadoop.so                                        100%  780KB   4.1MB/s   00:00
```

图 6-2-10　复制 Hadoop 文件目录到其他节点

（7）为 Hadoop 文件目录授予 Hadoop 用户权限

为了避免后面启动或访问 Hadoop 集群时因创建文件等授权问题影响整个 Hadoop 正常运行，为 3 个节点的 Hadoop 文件都授予 Hadoop 用户权限。在每个节点上执行“sudo chown -R 用户 授权路径”命令，如图 6-2-11 所示。

```
hadoop@bigdata1:~$ sudo chown -R hadoop /usr/local/hadoop
[sudo] hadoop 的密码:
hadoop@bigdata1:~$
```

图 6-2-11　为 Hadoop 文件目录授予 Hadoop 用户权限

3．配置并启动 ZooKeeper

为搭建 ZooKeeper 集群，以下 ZooKeeper 的配置和命令操作要在集群中所有 3 台服务器上都执行。

（1）配置 zoo.cfg 文件

使用“cp 旧文件名 新文件名”命令，将“zookeeper/conf”路径下的“zoo_sample.cfg”文件名修改为“zoo.cfg”，如图 6-2-12 所示。

```
hadoop@bigdata1:/usr/local/zookeeper/zookeeper-3.4.12/conf$ cp zoo_sample.cfg zoo.cfg
```

图 6-2-12　修改 zoo.cfg 文件名

打开“zoo.cfg”文件，将所有节点的 IP 地址和主机名信息添加到 zoo.cfg 中，添加信息如图 6-2-13 所示。

```
dataDir=/usr/local/zookeeper/zkdata
server.1=bigdata1:2888:3888
server.2=bigdata2:2888:3888
server.3=bigdata3:2888:3888
```

图 6-2-13　编辑 zoo.cfg

（2）配置 myid 文件

切换到“./zkdata”目录中（该目录是手动创建的），创建名为“myid”的文件，在其中编辑 ZooKeeper 节点编号，注意，此编号要与“zoo.cfg”中编辑的“server.”后的编号对应。例如，图 6-2-13 中当前主机为 bigdata1，为其分配的服务器为“sever.1”，因此在“myid”文件中要输入“1”。同样，要为另外两台服务器创建并编辑“myid”文件。

（3）启动 ZooKeeper 集群

分别在 3 台服务器上的 ZooKeeper 的 bin 目录下，使用“zkServer.sh start”命令，启动

ZooKeeper 集群，如图 6-2-14 所示。

```
hadoop@bigdata1:/usr/local/zookeeper/zookeeper-3.4.12/bin$ ./zkServer.sh start
ZooKeeper JMX enabled by default
Using config: /usr/local/zookeeper/zookeeper-3.4.12/bin/../conf/zoo.cfg
Starting zookeeper ... STARTED
```

图 6-2-14 启动 ZooKeeper 集群

4. 启动 Hadoop HA 集群

（1）启动 journalnode

切换到“./Hadoop /sbin”目录，输入“./hadoop_daemon.sh start journalnode”命令，启动 journalnode，如图 6-2-15 所示。

```
hadoop@bigdata1:/usr/local/hadoop/sbin$ ./hadoop-daemon.sh start journalnode
starting journalnode, logging to /usr/local/hadoop/logs/hadoop-hadoop-journalnode-bigdata1.
out
```

图 6-2-15 启动 journalnode

（2）格式化 NameNode

若是初次部署并启动 Hadoop 集群，需要先格式化 NameNode，如图 6-2-16 所示。

```
hadoop@bigdata1:/usr/local/hadoop/sbin$ hdfs namenode -format
```

图 6-2-16 格式化 NameNode

（3）同步两个 NameNode 节点

在 bigdata1 节点上启动 NameNode，如前面所介绍，bigdataq 节点将作为 Active NameNode 存放的服务器，如图 6-2-17 所示。

```
hadoop@bigdata1:/usr/local/hadoop$ cd sbin/
hadoop@bigdata1:/usr/local/hadoop/sbin$ ./hadoop-daemon.sh start namenode
```

图 6-2-17 在 bigdata1 节点上启动 NameNode

在 bigdata2 节点上执行 Standby NameNode 的同步机制，如图 6-2-18 所示。

```
hadoop@bigdata2:/usr/local/hadoop/sbin$ cd ../bin
hadoop@bigdata2:/usr/local/hadoop/bin$ hdfs namenode -bootstrapStandby
19/08/09 05:03:38 INFO namenode.NameNode: STARTUP_MSG:
/************************************************************
STARTUP_MSG: Starting NameNode
STARTUP_MSG:   host = bigdata2/192.168.31.139
STARTUP_MSG:   args = [-bootstrapStandby]
STARTUP_MSG:   version = 2.6.5
```

图 6-2-18 执行 Standby NameNode 的同步机制

同样，在 bigdata2 节点上启动 NameNode，如图 6-2-19 所示。

```
hadoop@bigdata2:/usr/local/hadoop/sbin$ ./hadoop-daemon.sh start namenode
```

图 6-2-19 在 bigdata2 节点上启动 NameNode

（4）启动 Hadoop 集群

切换到“./hadoop/sbin”目录下，执行“start-all.sh”命令，启动 Hadoop 集群。

5．查看服务启动情况

启动 Hadoop 集群后，可在浏览器输入 http://bigdata1:50070 和 http://bigdata2:50070 查看两个 NameNode 的状态，如图 6-2-20 和图 6-2-21 所示。

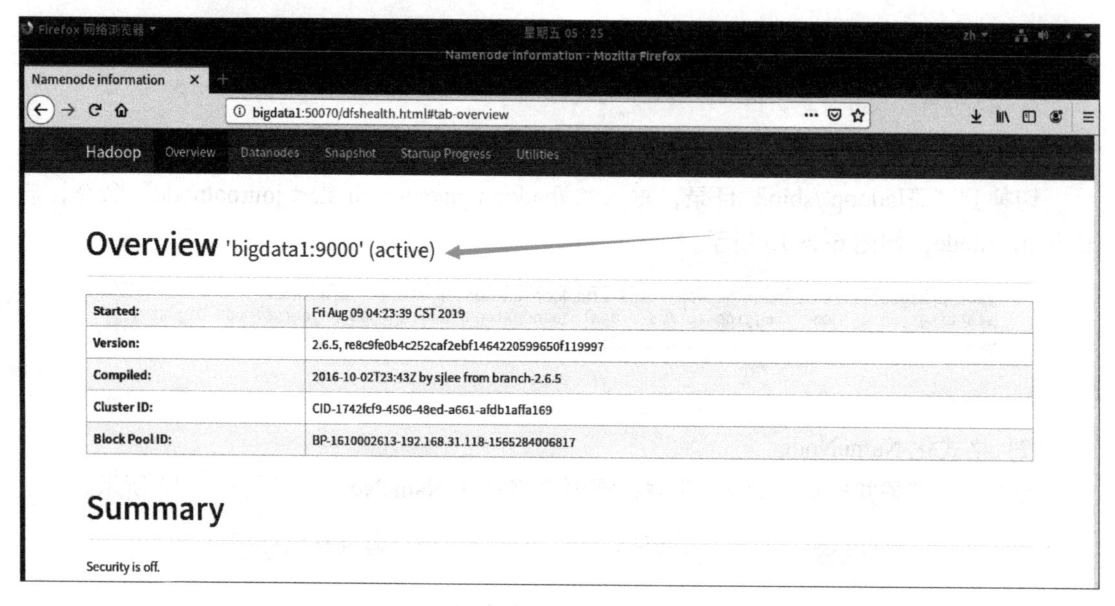

图 6-2-20　查看 Active NameNode 状态

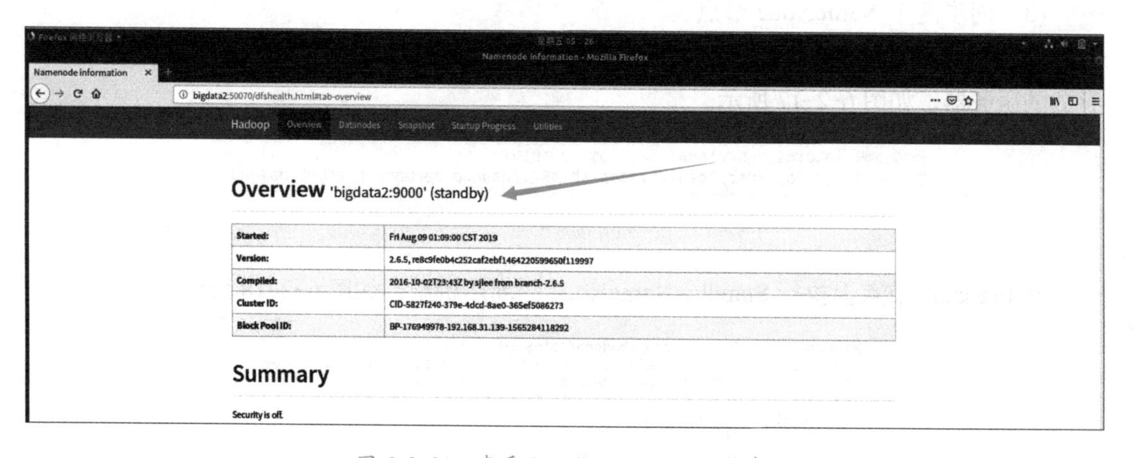

图 6-2-21　查看 Standby NameNode 状态

小　结

本任务主要讲解如何通过搭建 Hadoop HA 来应对 NameNode 单点故障风险，其中最重要的是在理解 HA 原理的基础上对 Hadoop 各项文件进行配置。在搭建集群时已经学习了配置 Hadoop 文件的方法，所以在部署 HA 的时候，务必要小心不要误删之前的配置或者重复添加相同的变量导致运行时出错。

任务 3　硬件故障及应对

学习目标

- 了解 Hadoop 集群的常见硬件故障。
- 掌握故障排错的方法。
- 掌握特定故障的解决方法。

任务描述

作为轻量级开源平台，Hadoop 广受中小企业欢迎的原因之一就是其可搭载在成本低廉的服务器中。然而，这也增添了硬件发生故障的风险。Hadoop 硬件故障主要指硬盘故障，在大型公司的业务场景下，硬盘故障在 Hadoop 平台运维中发生的概率很大。

任务分析

本任务将通过查看日志、查看硬盘情况、故障分析和故障解决这几个步骤学习典型硬件故障的问题表现和应对策略。

任务实施

1. 查看日志

通常情况下，硬件故障发生是由于某个节点服务器崩掉或进程出了问题，所以出现问题后首先要检查日志。

2. 查看硬盘情况

可用“df -h”命令查看当前硬盘的使用情况。注意，此步骤需要登录出现问题的服务器然后执行并查看。如图 6-3-1 所示，登录 bigdata2 节点查看硬盘情况。若少了某部分系统目录，则说明可能那个文件目录出现了问题。

```
hadoop@bigdata2:~$ df -h
文件系统        容量  已用  可用 已用% 挂载点
udev            1.9G     0  1.9G    0% /dev
tmpfs           395M  1.6M  393M    1% /run
/dev/sda1        63G  8.6G   52G   15% /
tmpfs           2.0G   26M  2.0G    2% /dev/shm
tmpfs           5.0M  4.0K  5.0M    1% /run/lock
tmpfs           2.0G     0  2.0G    0% /sys/fs/cgroup
/dev/loop0      3.8M  3.8M     0  100% /snap/gnome-system-monitor/57
/dev/loop1      141M  141M     0  100% /snap/gnome-3-26-1604/90
/dev/loop2       43M   43M     0  100% /snap/gtk-common-themes/1313
/dev/loop3      141M  141M     0  100% /snap/gnome-3-26-1604/74
/dev/loop4      3.8M  3.8M     0  100% /snap/gnome-system-monitor/100
/dev/loop5       35M   35M     0  100% /snap/gtk-common-themes/818
/dev/loop6       89M   89M     0  100% /snap/core/7270
/dev/loop7      150M  150M     0  100% /snap/gnome-3-28-1804/67
/dev/loop8      1.0M  1.0M     0  100% /snap/gnome-logs/61
/dev/loop9       55M   55M     0  100% /snap/core18/1074
/dev/loop10      15M   15M     0  100% /snap/gnome-characters/296
/dev/loop11      91M   91M     0  100% /snap/core/6350
/dev/loop12      15M   15M     0  100% /snap/gnome-logs/45
/dev/loop13     2.3M  2.3M     0  100% /snap/gnome-calculator/260
/dev/loop14      13M   13M     0  100% /snap/gnome-characters/139
/dev/loop15     4.2M  4.2M     0  100% /snap/gnome-calculator/406
tmpfs           395M   28K  395M    1% /run/user/121
tmpfs           395M   36K  395M    1% /run/user/1001
/dev/sr0         74M   74M     0  100% /media/hadoop/VBox_GAs_6.0.10
hadoop@bigdata2:~$
```

图 6-3-1　查看硬盘情况

3. 故障分析

若确定了出问题的文件目录，可输入“fdisk -l 问题目录”命令查看该目录的物理信息。此时再检查日志信息可能会有“localhost kernel：Buffer I/O error on device dm-4，logical block 0”此类报错，这说明可能是I/O负载较大等问题导致的或是硬盘有逻辑坏道，如图6-3-2所示。

```
hadoop@bigdata2:~$ sudo fdisk -l /dev/loop15
Disk /dev/loop15: 140.7 MiB, 147496960 字节, 288080 个扇区
单元: 扇区 / 1 * 512 = 512 字节
扇区大小(逻辑/物理): 512 字节 / 512 字节
I/O 大小(最小/最佳): 512 字节 / 512 字节
hadoop@bigdata2:~$
```

图 6-3-2　故障分析

4. 故障解决

针对上述问题，常用的解决方法是删掉问题目录下的所有数据，重新创建分区。若系统安装了parted工具，可尝试使用该工具，执行“parted 新目录”命令。

小　结

在本任务中，主要讲解了Hadoop集群硬盘故障的分析和解决方法，从查看运行日志开始着手，进而查看物理硬盘信息，根据错误提示判断是否属于硬盘问题，最后以硬盘坏道为例解释如何解决硬盘故障。

任务 4　Hadoop 系统的隐私安全

学习目标

- 了解Hadoop集群常见的安全隐患。
- 掌握不同隐患的排查方法。

任务描述

在教学场景下搭建的Hadoop集群常常没有考虑太多安全问题，但实际企业中，保证数据安全和平台安全是运维人员很重要的工作。

任务分析

典型Hadoop隐私安全问题可归结为两类：一是认证问题（Authentication），另一类是授权问题（Authorisation）。本任务主要从这两方面着手，解释Hadoop隐私安全问题是如何发生的以及如何应对。

任务实施

1. 认证问题

Hadoop并没有向用户提供安全认证的服务，由此常常会引发一系列安全问题。

1）用户可直接访问 HDFS 或 MapReduce 集群，因此，不仅任何用户都可获取平台上的数据，还容易引发用户强制对整个集群环境执行命令，造成整个集群受影响。

2）恶意攻击程序可能会伪装成为 Hadoop 平台上的某项服务，对服务器甚至是用户数据造成恶意攻击。

2. 授权问题

Hadoop 的数据节点 DataNode 未提供有效授权机制来限制访问数据节点的用户和服务，所以未授权用户也可通过数据 ID 获取数据，这大大增加了 DataNode 上存放的数据的安全风险。

3. Hadoop 安全验证问题解决方案——Kerberos

针对上述种种问题，Hadoop 提供了 Kerberos 安全机制。Kerberos 是一种分布式身份验证服务，其搭建在 Hadoop 集群之上，当客户服务器访问 Hadoop 节点数据时会直接访问 Kerberos，而不是直接访问 Hadoop 节点，由此保证了 Hadoop 节点的数据不会因被任意访问而受到攻击。

小　结

在本任务中，了解了 Hadoop 集群主要的安全隐患以及安全隐患发生的原因。针对两种安全隐患，介绍了使用 Kerberos 身份认证服务来保障 Hadoop 集群数据安全的方法。

任务 5　Hadoop 系统的未来

学习目标

- 了解 Hadoop 系统当前面临的挑战。
- 展望 Hadoop 系统未来。

任务描述

Hadoop 系统也被称为是 Hadoop 大数据生态圈，Hadoop 整个生态圈又提供了各种组件，其中以 HDFS、MapReduce 和 Yarn 最为核心，此外还有 Hive、ZooKeeper、HBase 等轻量级功能强大的组件，企业可根据自身发展需求配置和扩展各种组件。然而，随着大数据行业的发展，Spark、Elasticsearch 等其他针对大数据各种应用场景的解决方案也层出不穷。在机遇与挑战并存的背景下，Hadoop 系统的未来该何从呢？

任务分析

本任务通过分析 Hadoop 系统的挑战和机遇，共同构想 Hadoop 系统的未来。

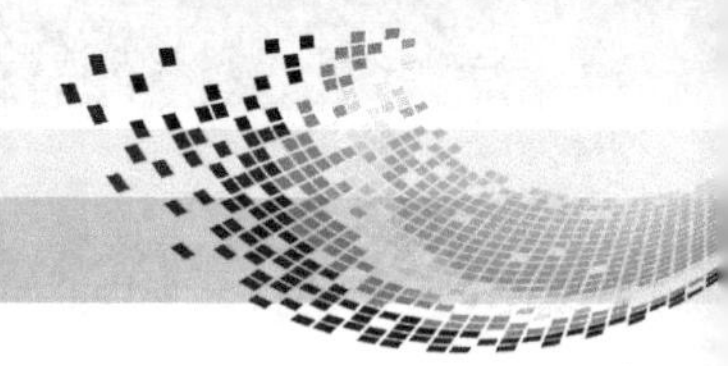

任务实施

1. 挑战

大数据时代，各种大数据平台面临的首要调整便是数据量的不断增长，能否应对不断扩大的数据体量也是Hadoop系统未来的挑战之一。此外，随着各种大数据公司技术的不断升级，能否适应难度逐渐加深的数据处理应用场景并提供相应的解决方案是Hadoop系统面临的又一挑战。通过前面的学习了解到，Hadoop自身也有各种限制，例如，实时数据交互、数据处理延迟、平台本身没有提供有效安全的机制保障，需要借助另外的服务保障等，能否在解决这些问题的基础上提供功能更强大、种类更多样、稳定性更强的服务，决定着Hadoop的未来发展前景。

2. 展望

作为强大的批处理计算平台，Hadoop首要扩展的功能就是线性扩展平台的能力，在不断扩容的情况下，能通过线性批处理方式保证数据的扩大不会影响处理进程。此外，在如今很多数据处理场景下，Hadoop都会与Spark等框架结合使用，以保证达到用户对数据处理的需求，由此可见，作为开源系统的Hadoop未来会变得兼容性更强。

小　结

在本任务中，主要对Hadoop当前面临的挑战进行了分析，同时对Hadoop未来发展提出相应的愿景。Hadoop作为一个成熟、稳定、功能多样的大数据生态系统，在未来很长时间内依然会在大数据领域存在和发展。

Project 7

项目7
Hadoop系统运维

任务 1　用 Ambari 搭建 Hadoop 及生态组件

学习目标

- 掌握安装 Ambari 的基本方法。
- 熟悉使用 Ambari 配置 Hadoop 及生态组件的流程。

任务描述

Ambari是一个部署安装Hadoop及生态组件的工具，安装完成后，使用Web界面实施维护与管理。Ambari支持HDFS、MapReduce、Hive、Pig、HBase、ZooKeeper、Sqoop和HCatalog等。Ambari 目前在企业中有着广泛的应用，是 Apache Software Foundation 中的一个顶级项目，也是最受欢迎的 5 个 Hadoop 管理工具之一。

任务给定 3 台虚拟机：node1、node2、node3，node1 为 master，其余为 slave。在 node1 上安装 Ambari，安装完成后，将 node2、node3 加入系统并配置 Hadoop 和 Hive。

任务分析

任务分 3 个过程：

1）在 node1 中安装 Ambari。

2）在 Ambari 中配置 Hadoop 和 Hive。

3）测试 Hadoop 和 Hive。

建议 node1、node2、node3 每台虚拟机硬盘配置大于 40GB，内存 2GB 以上，操作系统选择 Ubuntu-16.04-64，虚拟机通过桥接方式连接互联网。

任务实施有两个重点。

1）配置 Ambari 本地安装源。

2）配置 MySQL 服务。

任务实施

1）3 台虚拟机安装 JDK。

2）3 台虚拟机之间配置 SSH 免密码登录，具体配置过程请参考前面的任务，IP 地址与计算机名见表 7-1-1。

表 7-1-1　虚拟机信息

计 算 机 名	IP 地址	备　注
node1	192.168.200.211	master
node2	192.168.200.212	slave
node3	192.168.200.213	slave

SSH 免密码登录配置完成后，为了保证流畅，建议关闭 node2、node3 虚拟机。因为安装 Ambari 只在 node1 上进行。

3）获取 Ubuntu16 和 Ubuntu18 的 Ambari-2.7.3 安装包，如图 7-1-1 和图 7-1-2 所示。需要以下 4 个安装包。

名称	修改日期	类型	大小
HDP-3.1.0.0-ubuntu16-deb.tar.gz	2019/7/16 18:42	WinRAR 压缩文件	8,728,522 KB
ambari-2.7.3.0-ubuntu16.tar.gz	2019/7/16 18:10	WinRAR 压缩文件	1,913,531 KB
HDP-GPL-3.1.0.0-ubuntu16-gpl.tar.gz	2019/7/16 18:05	WinRAR 压缩文件	135 KB
HDP-UTILS-1.1.0.22-ubuntu16.tar.gz	2019/7/14 14:44	WinRAR 压缩文件	78 KB

图 7-1-1　Ubuntu16 安装文件列表

名称	修改日期	类型	大小
ambari-2.7.3.0-ubuntu18.tar.gz	2019/8/8 14:56	WinRAR 压缩文件	1,913,584 KB
HDP-3.1.0.0-ubuntu18-deb.tar.gz	2019/8/8 18:36	WinRAR 压缩文件	8,726,897 KB
HDP-GPL-3.1.0.0-ubuntu18-gpl.tar.gz	2019/8/8 14:09	WinRAR 压缩文件	233 KB
HDP-UTILS-1.1.0.22-ubuntu18.tar.gz	2019/8/8 14:07	WinRAR 压缩文件	56 KB

图 7-1-2　Ubuntu18 安装文件列表

4）使用 Xftp 工具把 Ubuntu16 安装包上传到 node1 虚拟机上，把 Ubuntu18 安装包上传到 node2 虚拟机上（下面只介绍 Ubuntu16 的上传过程），如图 7-1-3 所示。时间比较长，耐心等待。

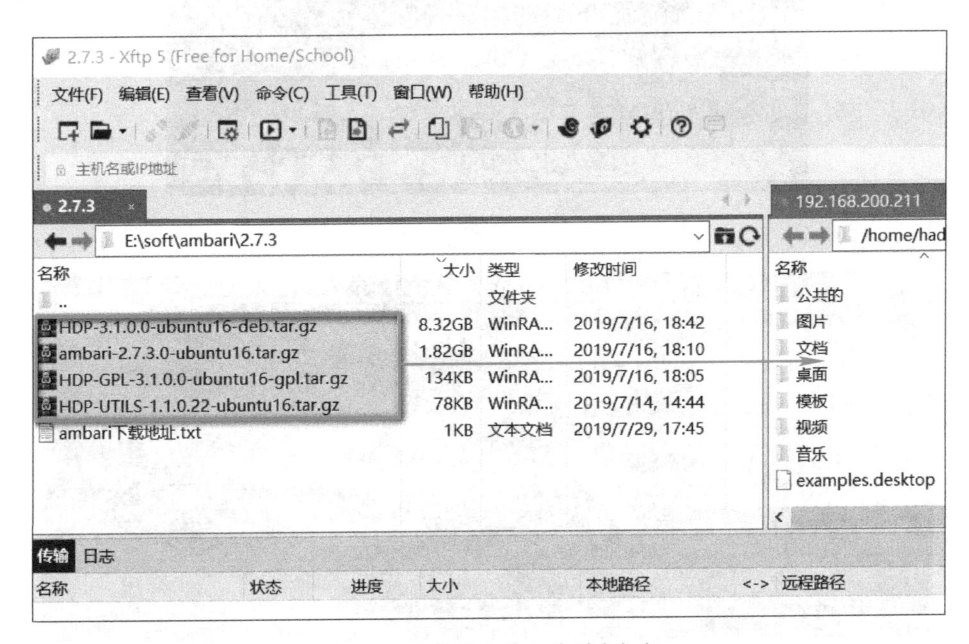

图 7-1-3　传送安装文件到虚拟机

将安装包移动到 /opt 目录下，如图 7-1-4 所示。

```
1 192.168.200.211
hadoop@node1:/opt$ ll
总用量 10642292
drwxr-xr-x  3 root   root         4096 8月   1 14:20 ./
drwxr-xr-x 24 root   root         4096 7月  29 19:50 ../
-rw-rw-r--  1 hadoop hadoop 1959455166 8月   1 12:50 ambari-2.7.3.0-ubuntu16.tar.gz
-rw-rw-r--  1 hadoop hadoop 8938005796 8月   1 12:56 HDP-3.1.0.0-ubuntu16-deb.tar.gz
-rw-rw-r--  1 hadoop hadoop     137269 8月   1 12:50 HDP-GPL-3.1.0.0-ubuntu16-gpl.tar.gz
-rw-rw-r--  1 hadoop hadoop      79582 8月   1 12:50 HDP-UTILS-1.1.0.22-ubuntu16.tar.gz
drwxr-xr-x  9 root   root         4096 7月  14 13:59 VBoxGuestAdditions-6.0.8/
hadoop@node1:/opt$
```

图 7-1-4　文件列表

5）在 node1 虚拟机上安装 MySQL 服务。

① 执行 sudo apt-get install mysql-server。

② 执行 sudo apt-get install mysql-client。

③ 执行 sudo apt-get install libmysqlclient-dev。

④ 以上安装命令建议在虚拟机上执行，以方便设置 root 密码。如果没有提示设置 root 密码，需要重新修改 root 密码。

⑤ 查询到用户 debian-sys-maint 的密码，如图 7-1-5 所示，登录到 MySQL 中，如图 7-1-6 所示。

```
hadoop@node1:/etc/mysql$ sudo cat debian.cnf
[sudo] hadoop 的密码:
# Automatically generated for Debian scripts. DO NOT TOUCH!
[client]
host     = localhost
user     = debian-sys-maint
password = xdCh8PNBxe1EKVxz
socket   = /var/run/mysqld/mysqld.sock
[mysql_upgrade]
host     = localhost
user     = debian-sys-maint
password = xdCh8PNBxe1EKVxz
socket   = /var/run/mysqld/mysqld.sock
hadoop@node1:/etc/mysql$
```

图 7-1-5　查看登录用户

```
hadoop@node1:/etc/mysql$ mysql -udebian-sys-maint -pxdCh8PNBxe1EKVxz
mysql: [Warning] Using a password on the command line interface can be insecure.
Welcome to the MySQL monitor.  Commands end with ; or \g.
Your MySQL connection id is 4
Server version: 5.7.27-0ubuntu0.18.04.1 (Ubuntu)

Copyright (c) 2000, 2019, Oracle and/or its affiliates. All rights reserved.

Oracle is a registered trademark of Oracle Corporation and/or its
affiliates. Other names may be trademarks of their respective
owners.

Type 'help;' or '\h' for help. Type '\c' to clear the current input statement.

mysql>
```

图 7-1-6　登录 MySQL

⑥ 输入以下命令修改 root 密码，如图 7-1-7 所示。

```
use mysql;
update user set authentication_string=PASSWORD("自定义密码") where user='root';
update user set plugin="mysql_native_password";
flush privileges;
quit;
```

图 7-1-7 修改 root 密码

6）开启 MySQL 远程服务，开通远程登录账号。

修改配置文件，如图 7-1-8 所示。配置文件内容如图 7-1-9 所示。

```
hadoop@node1:/etc/mysql/mysql.conf.d$ ls
mysqld.cnf  mysqld_safe_syslog.cnf
hadoop@node1:/etc/mysql/mysql.conf.d$ sudo vi mysqld.cnf
```

图 7-1-8 修改配置文件

```
[mysqld]
#
# * Basic Settings
#
user            = mysql
pid-file        = /var/run/mysqld/mysqld.pid
socket          = /var/run/mysqld/mysqld.sock
port            = 3306
basedir         = /usr
datadir         = /var/lib/mysql
tmpdir          = /tmp
lc-messages-dir = /usr/share/mysql
skip-external-locking
#
# Instead of skip-networking the default is now to listen only on
# localhost which is more compatible and is not less secure.
# bind-address          = 127.0.0.1
bind-address            = 0.0.0.0
#
```

图 7-1-9 配置文件内容

开通远程登录账号，增加远程用户如图 7-1-10 所示。

```
mysql> create user 'root'@'%' identified by '123456';
Query OK, 0 rows affected (0.00 sec)

mysql> grant all privileges on *.* to 'root'@'%';
Query OK, 0 rows affected (0.00 sec)

mysql> flush privileges;
Query OK, 0 rows affected (0.00 sec)
```

图 7-1-10 增加远程用户

在登录命令中指定 -h 参数，登录成功表明测试通过，如图 7-1-11 所示。

```
hadoop@node1:~$ mysql -h 192.168.200.211 -u root -p
Enter password:
Welcome to the MySQL monitor.  Commands end with ; or \g.
Your MySQL connection id is 4
Server version: 5.7.27-0ubuntu0.18.04.1 (Ubuntu)

Copyright (c) 2000, 2019, Oracle and/or its affiliates. All rights reserved.
```

图 7-1-11 远程登录 MySQL

创建 Ambari、Hive 的数据库，设置字符集为 UTF-8，如图 7-1-12 所示。

```
mysql> create database ambari character set utf8;
Query OK, 1 row affected (0.00 sec)

mysql> create database hive character set utf8;
Query OK, 1 row affected (0.00 sec)

mysql>
```

图 7-1-12　创建 Ambari 数据库

7）创建 Ambari 本地安装源。

① 利用 Python 命令创建临时 HTTP 服务节点，如图 7-1-13 和图 7-1-14 所示。

```
hadoop@node1:~$ sudo apt-get install python
```

图 7-1-13　安装 Python

如果主机已经安装 Python 则跳过此步骤。

```
hadoop@node1:~$ cd /opt
hadoop@node1:/opt$ python -m SimpleHTTPServer
Serving HTTP on 0.0.0.0 port 8000 ...
```

图 7-1-14　创建临时 HTTP 服务

执行后，创建 HTTP 服务完毕，在 XShell 中打开新的连接，转换到新窗口操作。此时，用浏览器可以正常访问 node1:8000 端口，如图 7-1-15 所示。

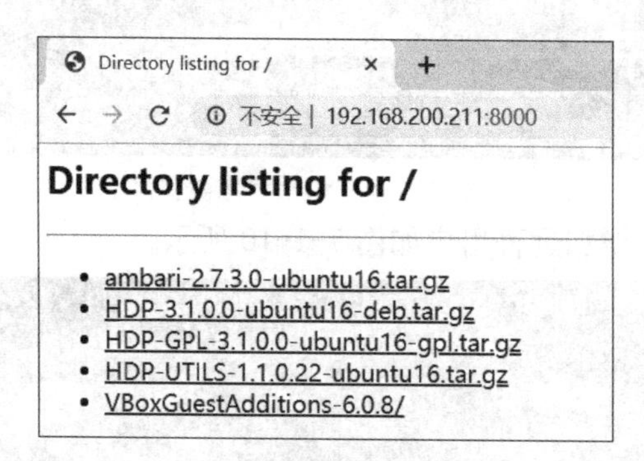

图 7-1-15　测试 HTTP 服务

解压 4 个安装包文件到当前目录，如图 7-1-16 所示。

```
hadoop@node1:/opt$ sudo tar -zxvf HDP-3.1.0.0-ubuntu16-deb.tar.gz
hadoop@node1:/opt$ sudo tar -zxvf ambari-2.7.3.0-ubuntu16.tar.gz
hadoop@node1:/opt$ sudo tar -zxvf HDP-GPL-3.1.0.0-ubuntu16-gpl.tar.gz
hadoop@node1:/opt$ sudo tar -zxvf HDP-UTILS-1.1.0.22-ubuntu16.tar.gz
```

图 7-1-16　解压 4 个安装包

考虑到虚拟机硬盘的空间较小，解压完毕建议删除安装包，如图 7-1-17 所示。

```
hadoop@node1:/opt$ sudo rm -f *.gz
```

图 7-1-17　删除 4 个安装包

本地源目录列表如图 7-1-18 所示。

```
hadoop@node1:/opt$ ll
总用量 28
drwxr-xr-x  7 root root  4096 8月   1 16:56 ./
drwxr-xr-x 24 root root  4096 7月  29 19:50 ../
drwxr-xr-x  3 root root  4096 8月   1 16:35 ambari/
drwxr-xr-x  3 1001 users 4096 12月 11  2018 HDP/
drwxr-xr-x  3 1001 users 4096 12月 11  2018 HDP-GPL/
drwxr-xr-x  3 1001 users 4096 8月  13  2018 HDP-UTILS/
drwxr-xr-x  9 root root  4096 7月  14 13:59 VBoxGuestAdditions-6.0.8/
hadoop@node1:/opt$
```

图 7-1-18　文件列表

② 创建 Ambari 的 apt 本地源列表。

在 /etc/apt/sources.list.d 目录下创建一个名为 ambari.list 的文件，如图 7-1-19 所示，内容如图 7-1-20 所示。

```
hadoop@node1:/etc/apt/sources.list.d$ sudo vi ambari.list
```

图 7-1-19　创建 Ambari 本地源文件

```
• 1 192.168.200.211    2 192.168.200.211  +
deb http://192.168.200.211:8000/ambari/ubuntu16/2.7.3.0-139/ Ambari main
~
```

图 7-1-20　Ambari 本地源文件内容

在 /etc/apt/sources.list.d 目录下创建一个名为 ambari-hdp.list 的文件，如图 7-1-21 所示，内容如图 7-1-22 所示。

```
hadoop@node1:/etc/apt/sources.list.d$ sudo vi ambari-hdp.list
```

图 7-1-21　创建 HDP 本地源文件

```
• 1 192.168.200.211    2 192.168.200.211  +
deb http://192.168.200.211:8000/HDP/ubuntu16/3.1.0.0-78/ HDP main
deb http://192.168.200.211:8000/HDP-GPL/ubuntu16/3.1.0.0-78/ HDP-GPL main
deb http://192.168.200.211:8000/HDP-UTILS/ubuntu16/1.1.0.22/ HDP-UTILS main
```

图 7-1-22　HDP 本地源文件内容

创建的列表文件如图 7-1-23 所示。

```
hadoop@node1:/etc/apt/sources.list.d$ ll
总用量 16
drwxr-xr-x 2 root root 4096 8月   1 16:29 ./
drwxr-xr-x 7 root root 4096 7月  17 16:33 ../
-rw-r--r-- 1 root root  216 8月   1 16:29 ambari-hdp.list
-rw-r--r-- 1 root root   73 8月   1 16:26 ambari.list
hadoop@node1:/etc/apt/sources.list.d$
```

图 7-1-23　创建的列表文件

③ 创建 apt-key，如图 7-1-24 所示。

```
hadoop@node1:~$ sudo apt-key adv --recv-keys --keyserver \
> keyserver.ubuntu.com B9733A7A07513CAD
Executing: /tmp/apt-key-gpghome.ZI8GHWelNf/gpg.1.sh --recv-keys
gpg: 密钥 B9733A7A07513CAD: 公钥"Jenkins (HDP Builds) <jenkin@ho
gpg: 合计被处理的数量: 1
gpg:               已导入: 1
hadoop@node1:~$
```

图 7-1-24　创建密钥

执行 sudo apt-get update 命令，正常输出信息，如图 7-1-25 所示。

```
hadoop@node1:~$ sudo apt-get update
获取:1 http://192.168.200.211:8000/HDP/ubuntu16/3.1.0.0-78 HDP InRelease [7,376 B]
获取:2 http://192.168.200.211:8000/HDP-GPL/ubuntu16/3.1.0.0-78 HDP-GPL InRelease [7,395 B]
获取:3 http://192.168.200.211:8000/HDP-UTILS/ubuntu16/1.1.0.22 HDP-UTILS InRelease [7,405 B]
获取:4 http://192.168.200.211:8000/ambari/ubuntu16/2.7.3.0-139 Ambari InRelease [7,379 B]
获取:5 http://192.168.200.211:8000/HDP/ubuntu16/3.1.0.0-78 HDP/main amd64 Packages [35.1 kB]
```

图 7-1-25　更新源

执行 sudo apt-cache showpkg ambari-server 命令，正常输出信息，如图 7-1-26 所示。

```
hadoop@node1:~$ sudo apt-cache showpkg ambari-server
Package: ambari-server
Versions:
2.7.3.0-139 (/var/lib/apt/lists/192.168.200.211:8000_ambari_ubuntu16_2.7.3.0-139_d
 Description Language:
                 File: /var/lib/apt/lists/192.168.200.211:8000_ambari_ubuntu16_2.7
                  MD5: c6d904389bc0d41429b0c7c52796924c


Reverse Depends:
Dependencies:
2.7.3.0-139 - openssl (0 (null)) postgresql (2 8.1) python (2 2.6) curl (0 (null))
Provides:
2.7.3.0-139 -
Reverse Provides:
hadoop@node1:~$
```

图 7-1-26　检索源信息

8）在 node2 上创建 Ubuntu18 的 HTTP 更新地址，方法与创建 Ubuntu16 基本相同，需要在本地源中单独建立一个 list 文件。

① 在 node1、node2、node3 创建本地源，如图 7-1-27 所示，文件内容如图 7-1-28 所示（这里只列出 node1 的过程）。

```
root@node1:/etc/apt/sources.list.d# ls
ambari-hdp-1.list  ambari-hdp.list  ambari.list
root@node1:/etc/apt/sources.list.d#
root@node1:/etc/apt/sources.list.d# vi ambari-hdp-1.list
```

图 7-1-27　在 node1 上创建本地源

```
deb http://192.168.200.212:8000/HDP/ubuntu18/3.1.0.0-78/ HDP main
deb http://192.168.200.212:8000/HDP-GPL/ubuntu18/3.1.0.0-78/ HDP-GPL main
deb http://192.168.200.212:8000/HDP-UTILS/ubuntu18/1.1.0.22/ HDP-UTILS main
```

图 7-1-28　node1 本地源文件内容

② 在 node1 上创建 apt-key（过程略）。

9）利用本地源安装 Ambari-server。

在 node1 上执行 sudo apt-get install ambari-server 命令。安装过程中，保持虚拟机的互联网连接，安装程序会自动安装依赖，如图 7-1-29 和图 7-1-30 所示。

```
hadoop@node1:~$ sudo apt-get install ambari-server
正在读取软件包列表... 完成
正在分析软件包的依赖关系树
正在读取状态信息... 完成
将会同时安装下列软件:
  libpq5 postgresql postgresql-10 postgresql-client-10 postgresql-client-c
建议安装:
  postgresql-doc locales-all postgresql-doc-10 libjson-perl isag
下列【新】软件包将被安装:
  ambari-server libpq5 postgresql postgresql-10 postgresql-client-10 postg
升级了 0 个软件包，新安装了 8 个软件包，要卸载 0 个软件包，有 0 个软件包未
需要下载 375 MB 的归档。
解压缩后会消耗 451 MB 的额外空间。
您希望继续执行吗？ [Y/n] Y
```

图 7-1-29　安装 Ambari-server

```
selecting default max_connections ... 100
selecting default shared_buffers ... 128MB
selecting default timezone ... Asia/Shanghai
selecting dynamic shared memory implementation ... posix
creating configuration files ... ok
running bootstrap script ... ok
performing post-bootstrap initialization ... ok
syncing data to disk ... ok

Success. You can now start the database server using:

    /usr/lib/postgresql/10/bin/pg_ctl -D /var/lib/postgresql/10/mai

Ver Cluster Port Status Owner    Data directory              Log fi
10  main    5432 down   postgres /var/lib/postgresql/10/main /var/l
update-alternatives: 使用 /usr/share/postgresql/10/man/man1/postmas
正在设置 postgresql (10+190) ...
```

图 7-1-30　安装信息

10）配置 Ambari 服务器。

① 使用 Xftp 工具把 MySQL 连接 jar 包（mysql-connector-java-5.1.32.jar）上传到虚拟机 node1，然后复制到 node1 的 /usr/share/java 目录下。

② 执行 sudo ambari-server setup 命令。手工指定 JDK（JAVA_HOME 目录），如图 7-1-31 所示。

```
Customize user account for ambari-server daemon [y/n] (n)? n
Adjusting ambari-server permissions and ownership...
Checking firewall status...
Checking JDK...
[1] Oracle JDK 1.8 + Java Cryptography Extension (JCE) Policy Files 8
[2] Custom JDK
==============================================================================
Enter choice (1): 2
WARNING: JDK must be installed on all hosts and JAVA_HOME must be valid on all
WARNING: JCE Policy files are required for configuring Kerberos security. If y
ts.
Path to JAVA_HOME: /usr/local/jdk
```

图 7-1-31　配置 Ambari 服务器

配置 MySQL 数据库，如图 7-1-32 所示。

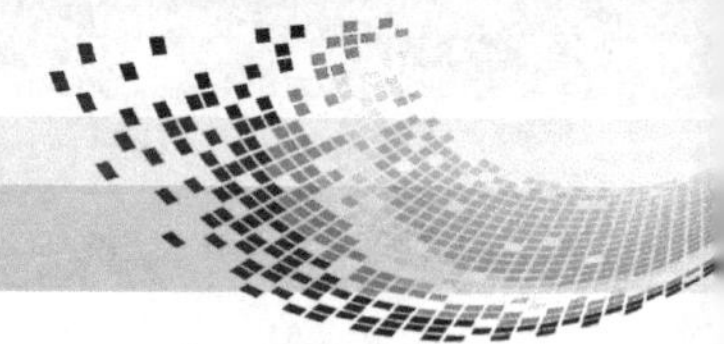

```
Enter advanced database configuration [y/n] (n)? y
Configuring database...
==============================================================================
Choose one of the following options:
[1] - PostgreSQL (Embedded)
[2] - Oracle
[3] - MySQL / MariaDB
[4] - PostgreSQL
[5] - Microsoft SQL Server (Tech Preview)
[6] - SQL Anywhere
[7] - BDB
==============================================================================
Enter choice (1): 3
Hostname (localhost): node1
Port (3306):
Database name (ambari):
Username (ambari): root
Enter Database Password (bigdata):
Re-enter password:
Configuring ambari database...
Enter full path to custom jdbc driver: /usr/share/java/mysql-connector-java-5.1.32.jar
```

图 7-1-32　配置 MySQL 数据库

配置成功，如图 7-1-33 所示。

```
Ambari repo file doesn't contain latest json url, skipping
Adjusting ambari-server permissions and ownership...
Ambari Server 'setup' completed successfully.
hadoop@node1:~$
```

图 7-1-33　配置成功

③ 执行数据库脚本，在 MySQL 数据库中生成 Ambari 的系统表，如图 7-1-34 所示。

```
hadoop@node1:~$ mysql -u root -p
Enter password:
Welcome to the MySQL monitor.  Commands end with ; or \g.
Your MySQL connection id is 10
Server version: 5.7.27-0ubuntu0.18.04.1 (Ubuntu)

Copyright (c) 2000, 2019, Oracle and/or its affiliates. All rights reserved.

Oracle is a registered trademark of Oracle Corporation and/or its
affiliates. Other names may be trademarks of their respective
owners.

Type 'help;' or '\h' for help. Type '\c' to clear the current input statement.

mysql> use ambari;
Database changed
mysql> source /var/lib/ambari-server/resources/Ambari-DDL-MySQL-CREATE.sql;
Query OK, 0 rows affected (0.00 sec)

Query OK, 0 rows affected (0.00 sec)
```

图 7-1-34　生成系统表

查看 Ambari 中的表，可以看到生成了 111 个表。图 7-1-35 列出了部分系统表。

11）启动 Ambari 服务。

① 执行 sudo ambari-server start 命令，如图 7-1-36 所示，启动 Ambari 服务。

② 访问 node1：8080 端口（用户名：admin，密码：admin），如图 7-1-37 所示，登录 Ambari。

```
mysql> show tables;
+-----------------------------+
| Tables_in_ambari            |
+-----------------------------+
| ClusterHostMapping          |
| QRTZ_BLOB_TRIGGERS          |
| QRTZ_CALENDARS              |
| QRTZ_CRON_TRIGGERS          |
| QRTZ_FIRED_TRIGGERS         |
| QRTZ_JOB_DETAILS            |
| QRTZ_LOCKS                  |
| QRTZ_PAUSED_TRIGGER_GRPS    |
| QRTZ_SCHEDULER_STATE        |
```

图 7-1-35　系统表

```
hadoop@node1:~$ sudo ambari-server start
[sudo] hadoop 的密码:
Using python  /usr/bin/python
Starting ambari-server
Ambari Server running with administrator privileges.
Organizing resource files at /var/lib/ambari-server/resources...
Ambari database consistency check started...
Server PID at: /var/run/ambari-server/ambari-server.pid
Server out at: /var/log/ambari-server/ambari-server.out
Server log at: /var/log/ambari-server/ambari-server.log
Waiting for server start......................................
Server started listening on 8080

DB configs consistency check: no errors and warnings were found.
Ambari Server 'start' completed successfully.
hadoop@node1:~$
```

图 7-1-36　启动 Ambari 服务

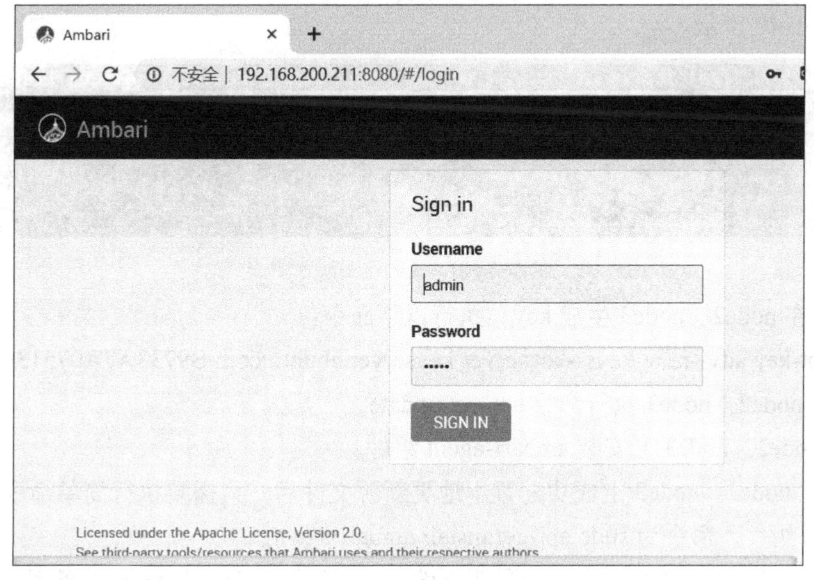

图 7-1-37　登录 Ambari

12）配置前的准备工作（此步骤内容完成后建议在虚拟机中建立快照）。

① 开启 node1、node2、node3 的 root 账号，Ubuntu 系统中 root 账号默认是关闭的。

在 node1 上为 root 账号设置密码，并切换到 root 账号（node2、node3 相同），如图 7-1-38 所示。

```
hadoop@node1:~$ sudo passwd root
[sudo] hadoop 的密码:
输入新的 UNIX 密码:
重新输入新的 UNIX 密码:
passwd: 已成功更新密码
hadoop@node1:~$
hadoop@node1:~$ su root
密码:
root@node1:/home/hadoop# cd ~
root@node1:~#
```

图 7-1-38 开启 root 账户

② 配置 node1、node2、node3 的 root 账号 SSH 免密码登录，并获取 node1 的私钥。

因为在 Ubuntu 系统中，不允许 root 账号 SSH 远程登录，所以首先要开启，然后重启 SSH 服务。只有这样才能按照正常的配置方法配置 root 用户 SSH 免密码登录。

修改 SSH 配置文件 vi/etc/ssh/sshd_config，增加如图 7-1-39 所示的语句。

```
#LoginGraceTime 2m
#PermitRootLogin prohibit-password
PermitRootLogin yes
#StrictModes yes
#MaxAuthTries 6
#MaxSessions 10
```

图 7-1-39 开启 root 远程登录

修改后重启 SSH 服务：service ssh restart。详细配置过程请参照项目 2 任务 2。

③ 配置 node2、node3 的 Ambari 更新源文件。

将 node1 主机 /etc/apt/source.list.d/ 目录下的两个 list 文件复制到 node2、node3 的对应目录，如图 7-1-40 所示。

```
root@node1:/etc/apt/sources.list.d# scp * root@node2:/etc/apt/sources.list.d/
ambari-hdp.list
ambari.list
root@node1:/etc/apt/sources.list.d# scp * root@node3:/etc/apt/sources.list.d/
ambari-hdp.list
ambari.list
root@node1:/etc/apt/sources.list.d#
```

图 7-1-40 复制更新源文件

然后，在 node2、node3 生成 key，执行以下命令：

sudo apt-key adv--recv-keys--keyserver keyserver.ubuntu.com B9733A7A07513CAD。

最后在 node2、node3 执行命令 apt-get update。

④ 在 node2、node3 上安装 ambari-agent 组件。

⑤ 当在 node2、node3 上成功配置本地更新源文件后，只需要执行简单命令就可以安装 ambari-agent 组件。命令为 sudo apt-get install ambari-agent。

⑥ 使用 Xftp 工具将 root 账号的私钥文件 id_rsa 复制到 Windows 桌面备用。

⑦ 在 node2、node3 上安装 mysql-client 组件，并将 mysql-connector-java-5.1.32.jar 驱动包复制到 /usr/share/java 目录下。安装 mysql-client 组件命令为 sudo apt-get install mysql-client、sudo apt-get install libmysqlclient-dev。

⑧ 在 node1 中修改特定目录权限：chmod -R +777 /var/run/ambari-server。

13）配置 Ambari 服务器。

在进行配置前，先检查 node1、node2、node3 的本地更新源文件是否正常。在虚拟机上检查执行 sudo apt-get update，状态正常即可。下面开始配置。

① 访问 node1:8080 端口，登录服务器，单击“LAUNCH INSTALL WIZARD”按钮，如图 7-1-41 开始配置。

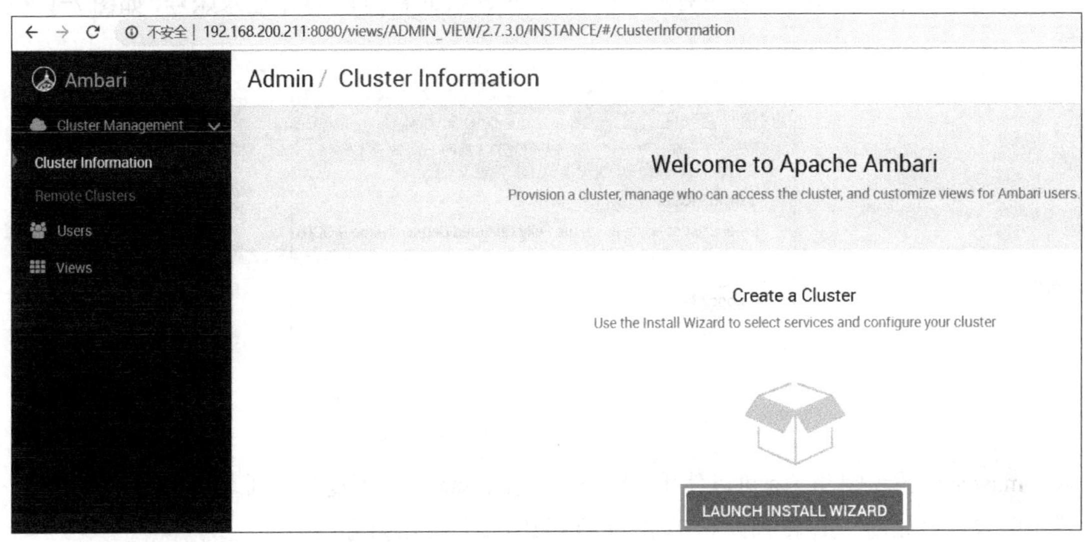

图 7-1-41　开始配置

② 输入集群名称“MyVirCluster”，如图 7-1-42 所示。

③ 选择正确的安装版本（关键配置），HDP 版本与安装包版本一致（3.1.0）；安装仓库使用本地仓库（Use Local Repository）；安装源地址选择 Ubuntu16，并填写详细地址，如图 7-1-43 ～图 7-1-45 所示。

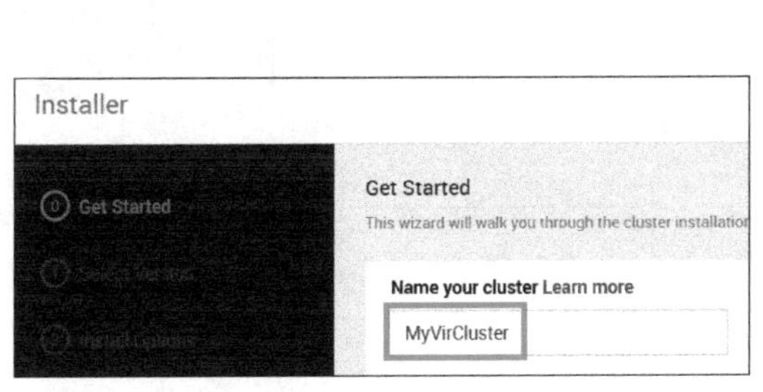

图 7-1-42　输入集群名称

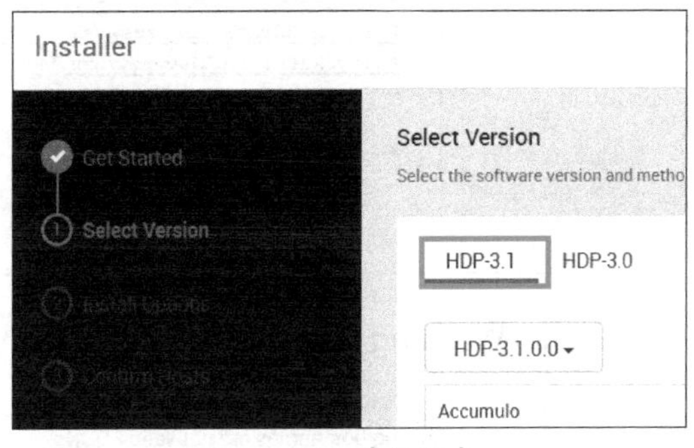

图 7-1-43　选择版本

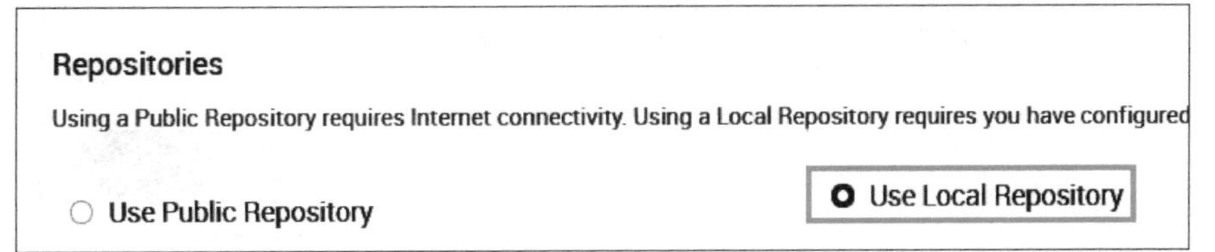

图 7-1-44　启用本地仓库

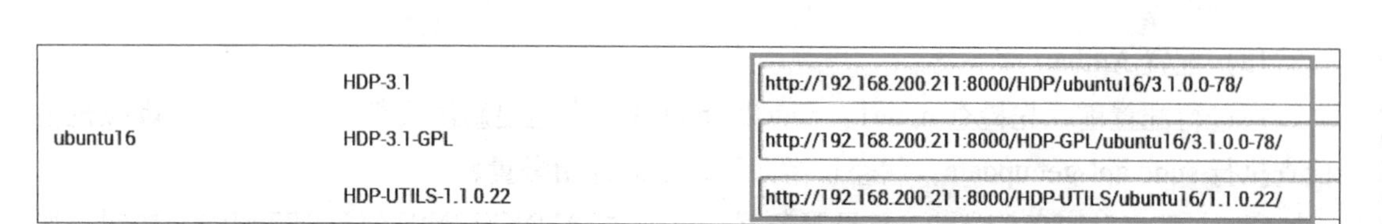

图 7-1-45 设置源地址

④ 输入集群主机名，设置所有的主机名、master 机的私钥 id_rsa、登录账号，如图 7-1-46 所示。

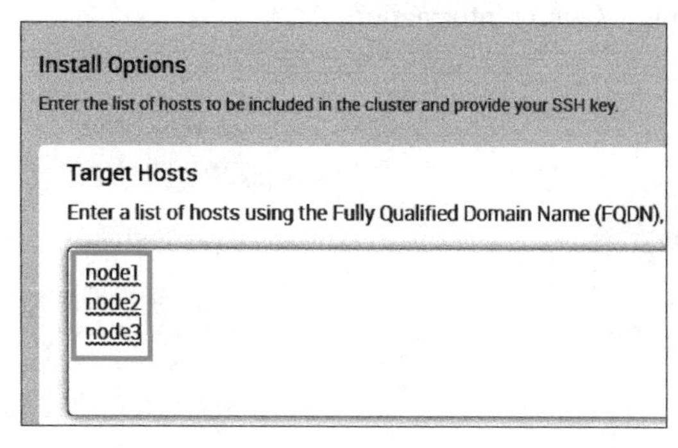

图 7-1-46 输入集群主机名

master 机的私钥 id_rsa 可以使用 Xftp 从主机的 .ssh 目录下复制得到，如图 7-1-47 所示。弹出警告信息如图 7-1-48 所示，单击“CONTINUE”按钮即可。

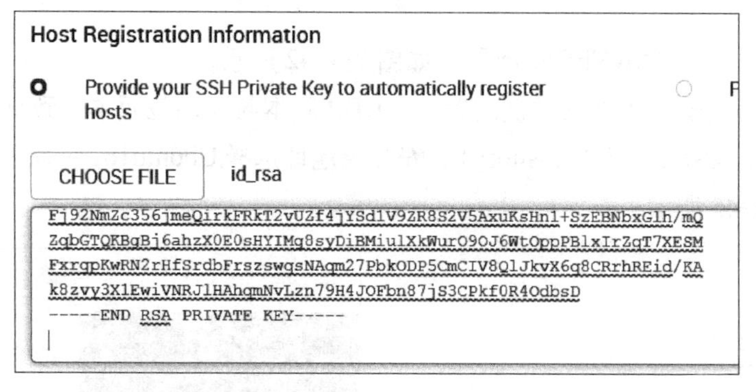

图 7-1-47 输入 node1 节点的 id_rsa

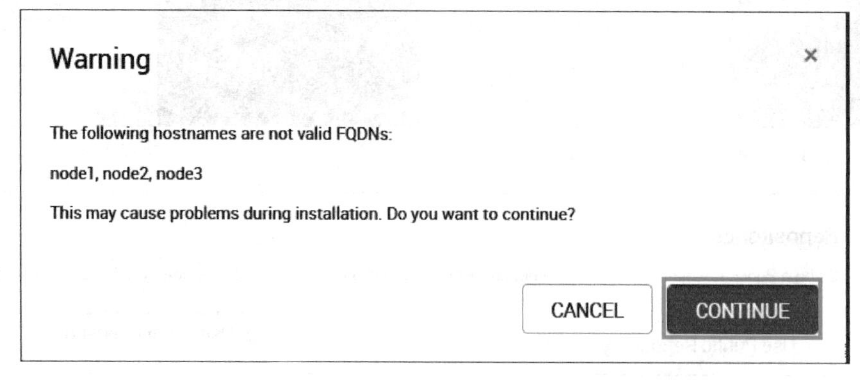

图 7-1-48 警告信息

14）自动配置。

① 启动自动配置程序，如图 7-1-49 和图 7-1-50 所示。

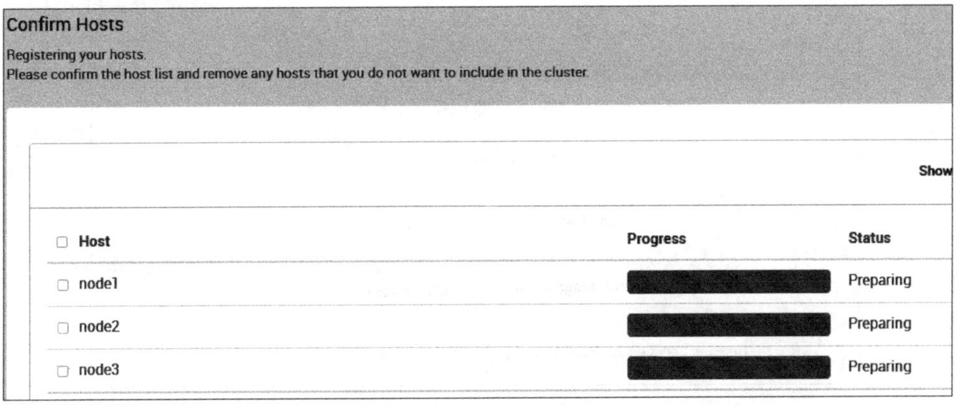

Confirm Hosts

Registering your hosts.
Please confirm the host list and remove any hosts that you do not want to include in the cluster.

Show

Host	Progress	Status
node1		Preparing
node2		Preparing
node3		Preparing

图 7-1-49　开始配置

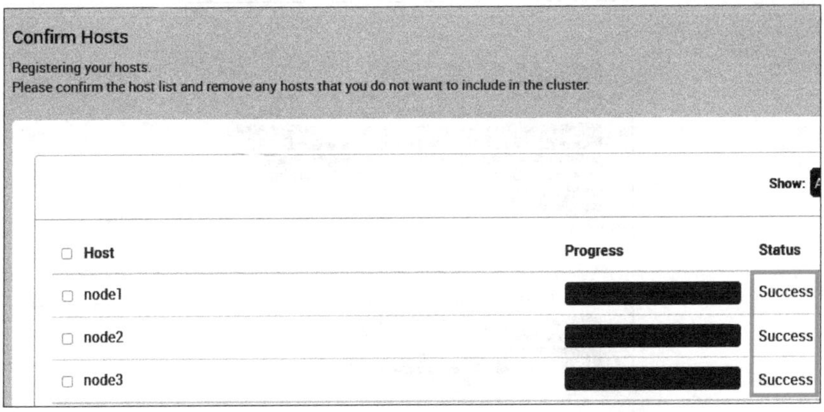

Confirm Hosts

Registering your hosts.
Please confirm the host list and remove any hosts that you do not want to include in the cluster.

Show:

Host	Progress	Status
node1		Success
node2		Success
node3		Success

图 7-1-50　配置成功

② 选择需要安装的服务，如图 7-1-51 所示。

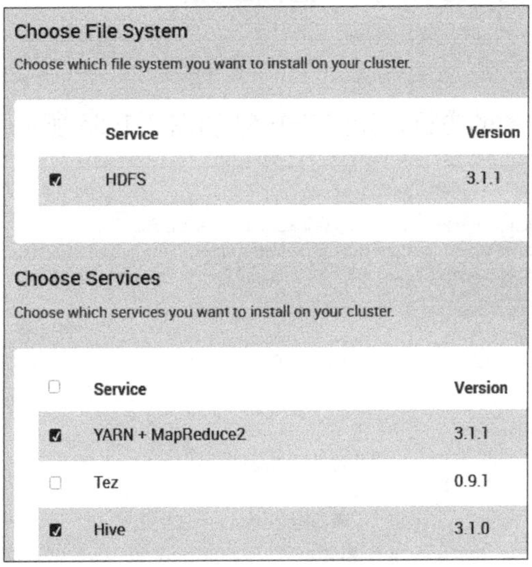

Choose File System

Choose which file system you want to install on your cluster.

Service	Version
HDFS	3.1.1

Choose Services

Choose which services you want to install on your cluster.

Service	Version
YARN + MapReduce2	3.1.1
Tez	0.9.1
Hive	3.1.0

图 7-1-51　选择服务

③ 选择安装 master 服务的主机，Hive 安装在 node1 上，其余使用默认设置，如图 7-1-52 和图 7-1-53 所示。

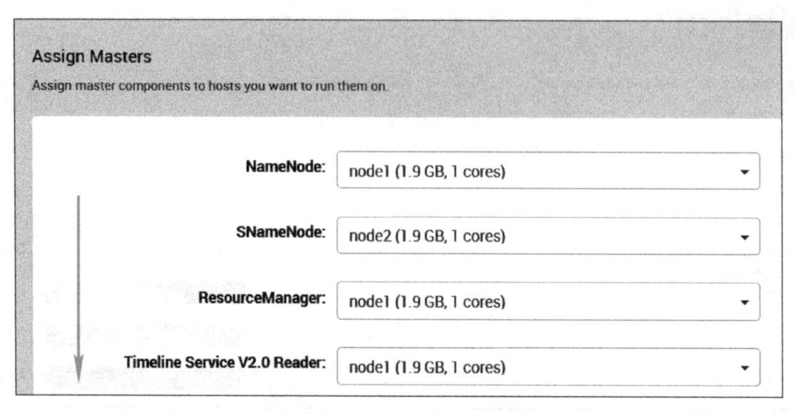

图 7-1-52　服务与节点配置

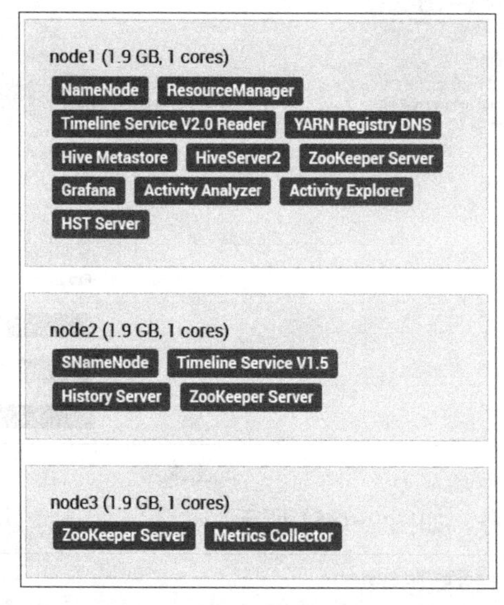

图 7-1-53　汇总信息

④ 选择安装 slave 服务的主机，如图 7-1-54 和图 7-1-55 所示。

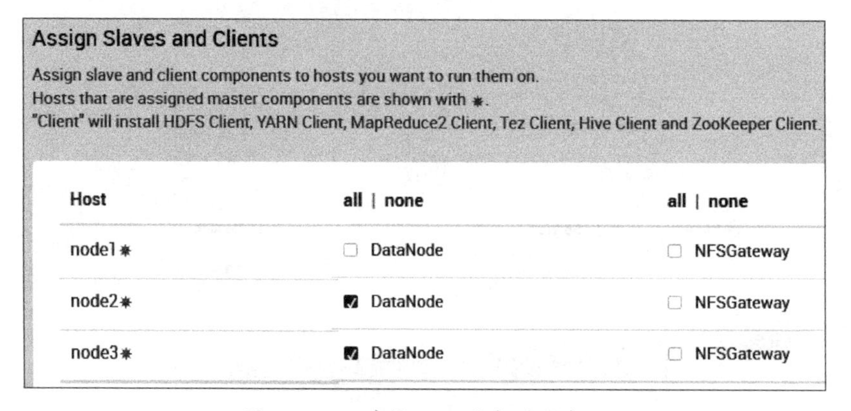

图 7-1-54　选择 slave 主机的服务 1

all | none
all | none
NodeManager
Client
NodeManager
Client
NodeManager
Client
Items per page: 25
1 - 3 of 3

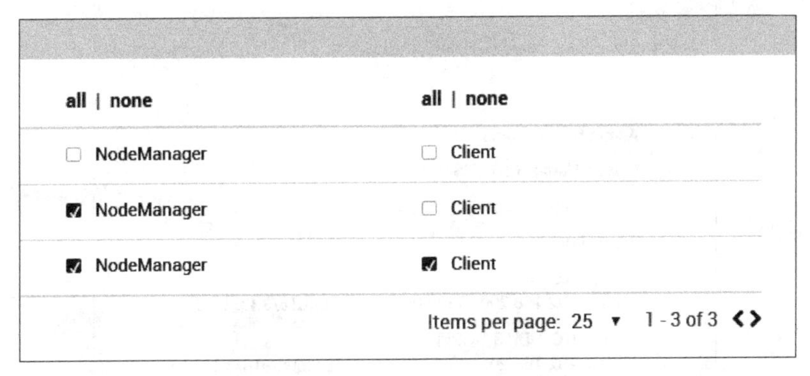

图 7-1-55　选择 slave 主机的服务 2

⑤ 配置服务密码和 Hive、Ranger 的数据驱动，如图 7-1-56 所示，执行 ambari-server setup--jdbc-db=mysql--jdbc-driver=/usr/share/java/mysql-connector-java-5.1.32.jar 命令后再测试。

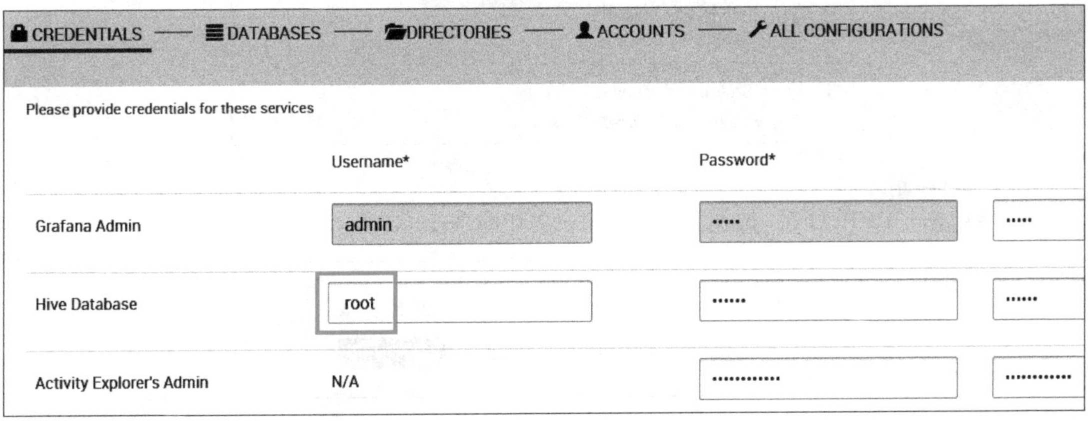

CREDENTIALS
DATABASES
DIRECTORIES
ACCOUNTS
ALL CONFIGURATIONS
Please provide credentials for these services
Username*
Password*
Grafana Admin
admin
Hive Database
root
Activity Explorer's Admin
N/A

图 7-1-56　配置 Hive 与 Ranger

设置 MySQL 数据库并测试连接，如图 7-1-57 所示。

CREDENTIALS
DATABASES
DIRECTORIES
ACCOUNTS
Please choose and configure the appropriate databases for these services
HIVE
Hive Database
Existing MySQL / MariaDB

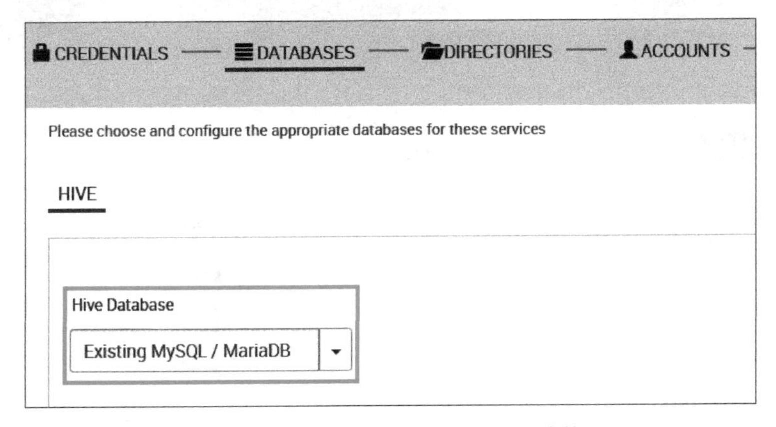

图 7-1-57　测试 Hive 的 MySQL 连接

检查最后设置，发现有一个错误，设置 SSL 密码为 admin。

⑥ 安装组件预览，如图 7-1-58 所示。

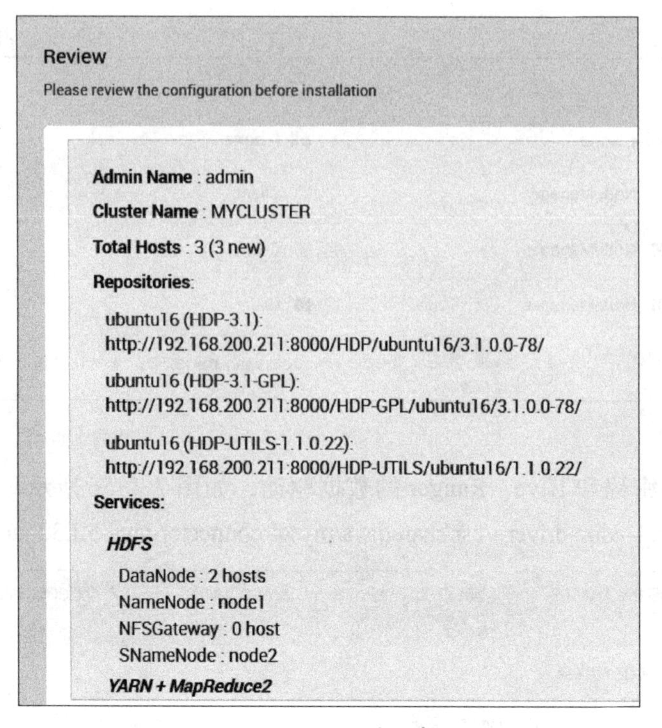

图 7-1-58　汇总信息

最后单击“DEPLOY”按钮，如图 7-1-59 和图 7-1-60 所示。

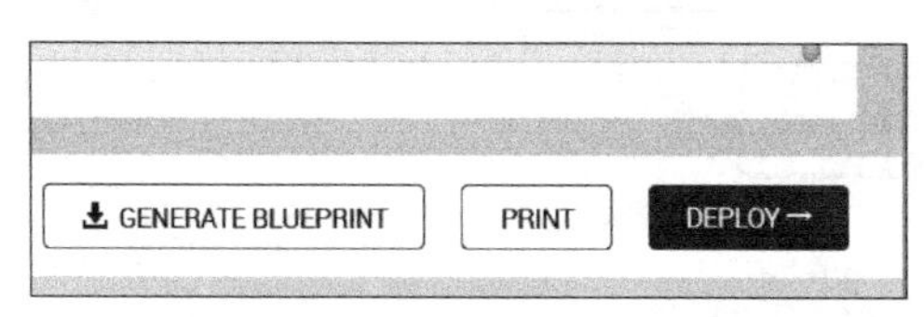

图 7-1-59　应用

图 7-1-60　开始配置

配置时间比较长，耐心等待。配置完成以后，只要没有出现 Fail（失败）信息，就没有问题，在安装过程中如果出现了 Warning 信息，不影响使用。

15）手工启动服务。

① 配置完成后的工作页面如图 7-1-61 所示。服务列表如图 7-1-62 所示。

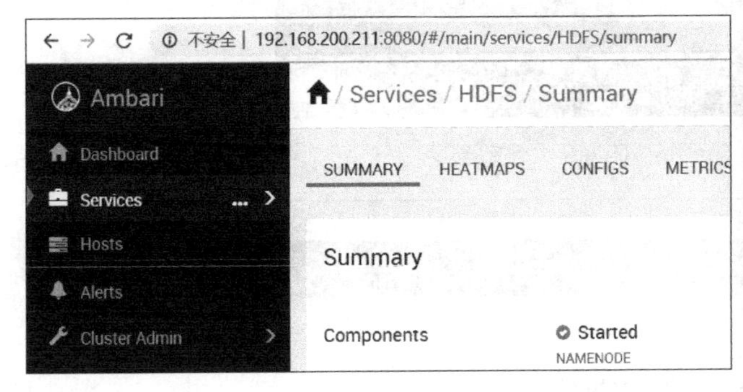

图 7-1-61　查看服务

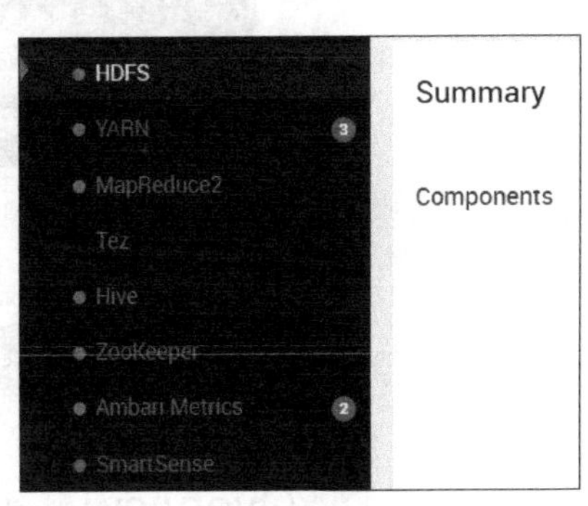

图 7-1-62　服务列表

说明：SmartSense（Hortonworks SmartSense，HST）是 Hortonworks 公司推出的商业工具，用于收集集群诊断数据，协助支持案例故障排除和分析，安装过程中需要付费获得账号 SenseID，可以将 HST 从服务中删除。

因为 HST 服务无法启动，导致配置完成后其他服务启动失败，需要通过手工方式来启动。在左边菜单选择具体服务后，单击左上方的“ACTIONS”按钮，如图 7-1-63 所示。

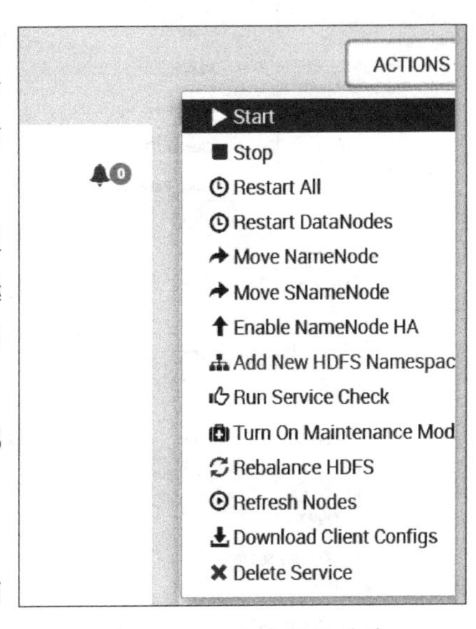

图 7-1-63　服务操作菜单

注意：首先应该启动 ZooKeeper 服务，然后是 HDFS 服务。HDFS 服务启动成功后，其他服务可以顺序启动，启动失败后可以反复尝试。

② 启动成功后 node1、node2、node3 的进程列表如图 7-1-64 和图 7-1-65 所示。

图 7-1-64　主机 1、主机 2 进程

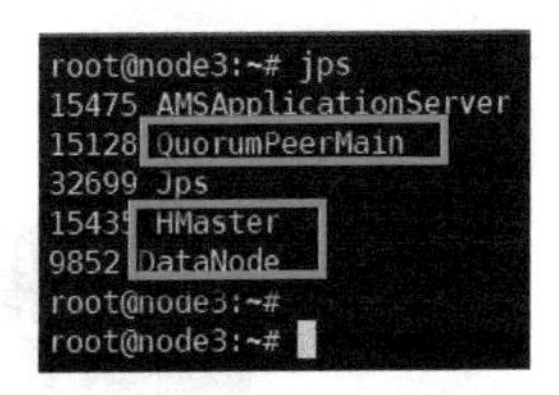

图 7-1-65　主机 3 进程

16）检查 HDFS（Hadoop）服务。

① 查看分布式文件系统，如图 7-1-66 所示。

② 查看 HDFS 的 Web 界面，如图 7-1-67 所示。

```
root@node1:~# hdfs dfs -ls /
Found 9 items
drwxrwxrwt   - yarn   hadoop          0 2019-08-09 10:16 /app-logs
drwxr-xr-x   - yarn   hadoop          0 2019-08-09 10:07 /ats
drwxr-xr-x   - hdfs   hdfs            0 2019-08-09 10:07 /atsv2
drwxr-xr-x   - hdfs   hdfs            0 2019-08-09 10:07 /hdp
drwxr-xr-x   - mapred hdfs            0 2019-08-09 10:16 /mapred
drwxrwxrwx   - mapred hadoop          0 2019-08-09 10:17 /mr-history
drwxrwxrwx   - hdfs   hdfs            0 2019-08-09 10:31 /tmp
drwxr-xr-x   - hdfs   hdfs            0 2019-08-09 10:31 /user
drwxr-xr-x   - hdfs   hdfs            0 2019-08-09 10:31 /warehouse
root@node1:~#
```

图 7-1-66　HDFS 文件列表

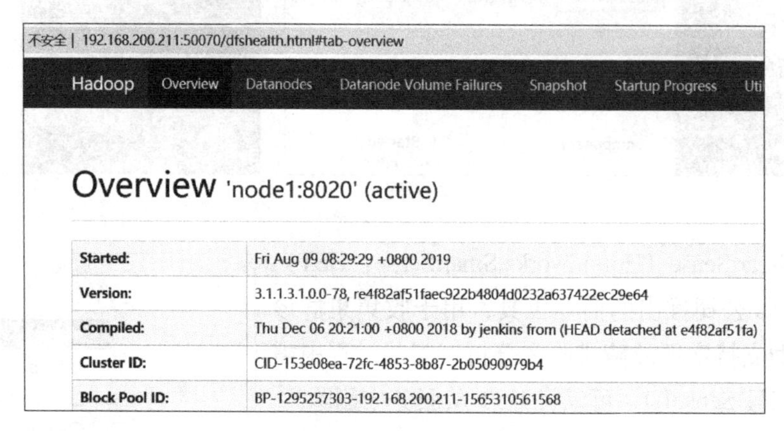

图 7-1-67　Hadoop 集群信息

③ DataNodes 的基本信息，如图 7-1-68 所示。

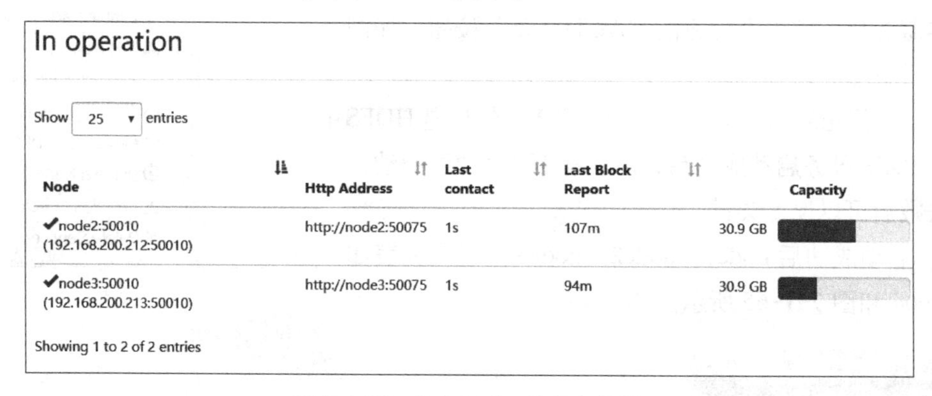

图 7-1-68　DataNodes 的基本信息

17）检查 Hive 服务。

① 连接 Hive，如图 7-1-69 所示。

```
root@node1:~# hive
SLF4J: Class path contains multiple SLF4J bindings.
SLF4J: Found binding in [jar:file:/usr/hdp/3.1.0.0-78/hive/lib/log4j-slf4j-im
SLF4J: Found binding in [jar:file:/usr/hdp/3.1.0.0-78/hadoop/lib/slf4j-log4j1
SLF4J: See http://www.slf4j.org/codes.html#multiple_bindings for an explanati
SLF4J: Actual binding is of type [org.apache.logging.slf4j.Log4jLoggerFactory
Connecting to jdbc:hive2://node1:2181,node3:2181,node2:2181/default;password=
19/08/09 11:26:46 [main]: INFO jdbc.HiveConnection: Connected to node1:10000
Connected to: Apache Hive (version 3.1.0.3.1.0.0-78)
Driver: Hive JDBC (version 3.1.0.3.1.0.0-78)
Transaction isolation: TRANSACTION_REPEATABLE_READ
Beeline version 3.1.0.3.1.0.0-78 by Apache Hive
0: jdbc:hive2://node1:2181,node3:2181,node2:2>
```

图 7-1-69　Hive 信息

② 执行“show databases;”命令，如图 7-1-70 所示。

```
0: jdbc:hive2://node1:2181,node3:2181,node2:2> show databases;
INFO  : Compiling command(queryId=hive_20190809112836_594b7628-
INFO  : Semantic Analysis Completed (retrial = false)
INFO  : Returning Hive schema: Schema(fieldSchemas:[FieldSchema
INFO  : Completed compiling command(queryId=hive_2019080911283
INFO  : Executing command(queryId=hive_20190809112836_594b7628-
INFO  : Starting task [Stage-0:DDL] in serial mode
INFO  : Completed executing command(queryId=hive_2019080911283
INFO  : OK
+---------------------+
|    database_name    |
+---------------------+
| default             |
| information_schema  |
| sys                 |
+---------------------+
3 rows selected (0.567 seconds)
0: jdbc:hive2://node1:2181,node3:2181,node2:2>
```

图 7-1-70　Hive 测试

小　结

本次学习需要对 Hadoop 及组件有一定程度的了解。在配置过程中，针对不同的 Linux 操作系统（如 CentOS），具体方法也不同，需要把握几个关键点：

1）因为 HDP 的安装包比较大（10GB 左右）、节点在国外，所以需要先将安装包下载到本地，创建本地安装源，只有这样才能有可靠流畅的安装体验。对于 Ubuntu 和 CentOS，创建本地安装源的方法完全不同。

2）配置 MySQL 服务器是安装过程中最容易出错的地方，node1 上要开启远程服务，其他节点才能访问。

3）配置过程中，全程需要使用 root 用户并配置 SSH 免密码登录，而 Ubuntu 系统默认不开启 root 用户，即使手工开启 root，也不允许 SSH 远程访问。

4）使用云主机或虚拟机的快照功能，在配置重要内容之前建立快照，能够让用户在发生错误后快速还原到上一个状态。

5）初学者在规划安装 Hadoop 组件时，建议选择 HDFS 和 HBase，不要选择 Hive，可以降低难度。

任务 2　动态增加和删除 Hadoop 节点

学习目标

- 掌握动态增加 Hadoop 节点的方法。
- 掌握动态减少 Hadoop 节点的方法。
- 了解 Hadoop 安全模式。

任务描述

动态增删节点是大数据平台运维过程中的常见工作。当业务数据暴增时，需要增加节

点，当节点软硬件升级或发生故障时，需要下架节点，不管是增加还是下架节点，要保证 Hadoop 服务不能中断，数据不能丢失。

本任务给定由两台虚拟机 master、slave1 组成的 Hadoop 分布式集群，一台全新的虚拟机 slave2，完成以下内容：

1）在 Hadoop 不停止服务的前提下，将 salve2 加入集群中，成为 Hadoop 集群的一个 DataNode 节点。

2）在 Hadoop 不停止服务的前提下，将 salve1 从集群中移除。

任务分析

任务实施中，首先要设置操作对象的基础配置，然后使用单命令来启动对应服务，再执行负载均衡，最后刷新 NameNode 的状态，通过显示节点报告来确认任务完成。

任务实施

1．动态增加 DataNode 节点

1）在开始增加前，需要记录当前的 Hadoop 的 DataNode 状态，从图 7-2-1 可以看出集群中一共有两个 DataNode 节点：master 和 slave1，输出信息如图 7-2-2 和图 7-2-3 所示。

In operation

Node	Last contact	Admin State	Capacity	Used	Non DFS Used	Remaining
master:50010 (192.168.200.180:50010)	1	In Service	18.58 GB	32 KB	7.58 GB	11 GB
slave1:50010 (192.168.200.181:50010)	1	In Service	18.58 GB	32 KB	7.04 GB	11.54 GB

图 7-2-1 Web 界面 DataNode 标签页

```
-------------------------------------------------
Live datanodes (2):

Name: 192.168.200.180:50010 (master)
Hostname: master
Decommission Status : Normal
Configured Capacity: 19945680896 (18.58 GB)
DFS Used: 32768 (32 KB)
Non DFS Used: 8137179136 (7.58 GB)
DFS Remaining: 11808468992 (11.00 GB)
DFS Used%: 0.00%
DFS Remaining%: 59.20%
Configured Cache Capacity: 0 (0 B)
Cache Used: 0 (0 B)
Cache Remaining: 0 (0 B)
Cache Used%: 100.00%
Cache Remaining%: 0.00%
Xceivers: 1
Last contact: Sat Aug 10 09:29:52 CST 2019
```

图 7-2-2 命令输出信息（DataNode1）

```
Name: 192.168.200.181:50010 (slave1)
Hostname: slave1
Decommission Status : Normal
Configured Capacity: 19945680896 (18.58 GB)
DFS Used: 32768 (32 KB)
Non DFS Used: 7558615040 (7.04 GB)
DFS Remaining: 12387033088 (11.54 GB)
DFS Used%: 0.00%
DFS Remaining%: 62.10%
Configured Cache Capacity: 0 (0 B)
Cache Used: 0 (0 B)
Cache Remaining: 0 (0 B)
Cache Used%: 100.00%
Cache Remaining%: 0.00%
Xceivers: 1
Last contact: Sat Aug 10 09:29:52 CST 2019
```

图 7-2-3 命令输出信息（DataNode2）

2）修改 master、slave1 的本地解析文件（/etc/hosts），如图 7-2-4 所示。

```
192.168.200.180 master
192.168.200.181 slave1
192.168.200.182 slave2
```

图 7-2-4 本地解析

3）打开 slave2 主机，设置计算机名、本地解析、安装 JDK、生成 SSH 公钥（详细过程略过）。

4）将 slave2 的 id_rsa.pub 公钥加入集群的 SSH 登录凭证 authorized_keys 中，配置 3 台

主机之间能够SSH免密码登录（详细过程略过）。

5）在master、slave1中修改$HADOOP_HOME/etc/hadoop/slaves文件，将slave2加入到表中，如图7-2-5所示。

图7-2-5 节点列表

6）在master中，将hadoop目录打包后，如图7-2-6所示，使用scp命令复制到slave2主机，如图7-2-7所示，然后在salve2主机中解压到指定目录（/usr/local），如图7-2-8所示，删除slave2主机Hadoop系统tmp目录下的所有内容，如图7-2-9所示。

```
hadoop@master:/usr/local$
hadoop@master:/usr/local$ sudo tar -zcvf hadoop.tar.gz ./hadoop/
```

图7-2-6 目录打包

```
hadoop@master:/usr/local$ ls
bin  etc  games  hadoop  hadoop.tar.gz  include  jdk  lib  man
hadoop@master:/usr/local$ scp hadoop.tar.gz hadoop@slave2:~
hadoop.tar.gz
hadoop@master:/usr/local$
```

图7-2-7 复制文件

```
hadoop@slave2:~$ ls
examples.desktop  hadoop.tar.gz  soft  公共的  模板  视频  图片
hadoop@slave2:~$ sudo tar -zxvf hadoop.tar.gz -C /usr/local
```

图7-2-8 文件解压

```
hadoop@slave2:~$ cd /usr/local/hadoop/tmp
hadoop@slave2:/usr/local/hadoop/tmp$ rm -rf *
hadoop@slave2:/usr/local/hadoop/tmp$ cd ~
hadoop@slave2:~$
```

图7-2-9 删除tmp目录内容

7）在slave2上启动DataNode服务，在master主机上执行负载均衡，如图7-2-10～图7-2-12所示。

```
hadoop@slave2:~$ hadoop-daemon.sh start datanode
starting datanode, logging to /usr/local/hadoop/logs/hadoop-
hadoop@slave2:~$ jps
8283 Jps
8207 DataNode
hadoop@slave2:~$
```

图7-2-10 启动DataNode进程

```
hadoop@slave2:~$ yarn-daemon.sh start nodemanager
starting nodemanager, logging to /usr/local/hadoop
hadoop@slave2:~$ jps
8498 Jps
8371 NodeManager
8207 DataNode
hadoop@slave2:~$
```

图7-2-11 启动NodeManager进程

```
hadoop@master:~$ start-balancer.sh -threshold 5
starting balancer, logging to /usr/local/hadoop/logs/hadoop-hadc
Time Stamp               Iteration#  Bytes Already Moved  Bytes
hadoop@master:~$
hadoop@master:~$
```

图7-2-12 负载均衡

8）查看增加 DataNode 节点后的集群状态，如图 7-2-13 所示，DataNode 节点已经变成 3 个，如图 7-2-14 ～图 7-2-16 所示。

In operation

Node	Last contact	Admin State	Capacity	Used	Non DFS Used
slave2:50010 (192.168.200.182:50010)	2	In Service	18.58 GB	24 KB	7.04 GB
master:50010 (192.168.200.180:50010)	0	In Service	18.58 GB	40 KB	7.58 GB
slave1:50010 (192.168.200.181:50010)	1	In Service	18.58 GB	32 KB	7.04 GB

图 7-2-13　Web 界面 DataNode 标签页

```
-------------------------------------------------
Live datanodes (3):

Name: 192.168.200.182:50010 (slave2)
Hostname: slave2
Decommission Status : Normal
Configured Capacity: 19945680896 (18.58 GB)
DFS Used: 24576 (24 KB)
Non DFS Used: 7559917568 (7.04 GB)
DFS Remaining: 12385738752 (11.54 GB)
DFS Used%: 0.00%
DFS Remaining%: 62.10%
Configured Cache Capacity: 0 (0 B)
Cache Used: 0 (0 B)
Cache Remaining: 0 (0 B)
Cache Used%: 100.00%
Cache Remaining%: 0.00%
Xceivers: 1
Last contact: Sat Aug 10 12:59:03 CST 2019
```

图 7-2-14　命令输出信息（DataNode1）

```
Name: 192.168.200.180:50010 (master)
Hostname: master
Decommission Status : Normal
Configured Capacity: 19945680896 (18.58 GB)
DFS Used: 40960 (40 KB)
Non DFS Used: 8141975552 (7.58 GB)
DFS Remaining: 11803664384 (10.99 GB)
DFS Used%: 0.00%
DFS Remaining%: 59.18%
Configured Cache Capacity: 0 (0 B)
Cache Used: 0 (0 B)
Cache Remaining: 0 (0 B)
Cache Used%: 100.00%
Cache Remaining%: 0.00%
Xceivers: 1
Last contact: Sat Aug 10 12:59:02 CST 2019
```

图 7-2-15　命令输出信息（DataNode2）

```
Name: 192.168.200.181:50010 (slave1)
Hostname: slave1
Decommission Status : Normal
Configured Capacity: 19945680896 (18.58 GB)
DFS Used: 32768 (32 KB)
Non DFS Used: 7558615040 (7.04 GB)
DFS Remaining: 12387033088 (11.54 GB)
DFS Used%: 0.00%
DFS Remaining%: 62.10%
Configured Cache Capacity: 0 (0 B)
Cache Used: 0 (0 B)
Cache Remaining: 0 (0 B)
Cache Used%: 100.00%
Cache Remaining%: 0.00%
Xceivers: 1
Last contact: Sat Aug 10 12:59:00 CST 2019
```

图 7-2-16　命令输出信息（DataNode3）

2．动态删除 DataNode 节点

将在上面拥有 3 个节点的 Hadoop 集群中动态删除 slave1 节点。执行过程中，除了需要手工停止 slave1 节点的 DataNode、DodeManager 两个进程外，还需要在 NameNode（master）节点上修改 hdfs-site.xml 文件，并制作下线的节点列表文件，最后强制刷新集群，完成动态删除任务。

1）编辑 master 主机的 hdfs-site.xml 文件，增加图 7-2-17 所示的内容。

```
<property>
    <name>dfs.hosts.exclude</name>
    <value>/usr/local/hadoop/etc/hadoop/excludes</value>
</property>
```

图 7-2-17　添加文件内容

2）在 /usr/local/hadoop/etc/hadoop 目录下创建文件 excludes，内容如图 7-2-18 所示（每行一个将要下线的机器名）。

图 7-2-18　下线机器名列表

3）强制加载配置，如图 7-2-19 所示。

```
hadoop@master:~$ hdfs dfsadmin -refreshNodes
Refresh nodes successful
hadoop@master:~$
```

图 7-2-19　强制加载配置

此时，再执行 hdfs dfsadmin-report 命令，观察 slave1 的状态，变为“Decommissioned”（停用），如图 7-2-20 所示。

```
Name: 192.168.200.181:50010 (slave1)
Hostname: slave1
Decommission Status : Decommissioned
Configured Capacity: 19945680896 (18.58 GB)
```

图 7-2-20 停用状态

刷新集群 Web 界面 DataNodes 页面，显示如图 7-2-21 所示。

In operation

Node	Last contact	Admin State	Capacity	Used
slave2:50010 (192.168.200.182:50010)	0	In Service	18.58 GB	40 KB
master:50010 (192.168.200.180:50010)	1	In Service	18.58 GB	40 KB
slave1:50010 (192.168.200.181:50010)	1	Decommissioned	18.58 GB	32 KB

图 7-2-21 Web 界面

4）停止 slave1 主机的 DataNode 和 NodeManager 进程，关闭 slave1 主机，完成下线主机任务，如图 7-2-22 和图 7-2-23 所示，最后在 master 主机的 hdfs-site.xml 文件中删除刚才添加的内容即可，如图 7-2-24 所示。

```
hadoop@slave1:~$ jps
3019 DataNode
3422 Jps
3151 NodeManager
hadoop@slave1:~$ hadoop-daemon.sh stop datanode
stopping datanode
```

图 7-2-22 停止 DataNode 进程

```
hadoop@slave1:~$ yarn-daemon.sh stop nodemanager
stopping nodemanager
hadoop@slave1:~$
hadoop@slave1:~$ jps
3510 Jps
hadoop@slave1:~$
```

图 7-2-23 停止 NodeManager 进程

```
# <property>
#     <name>dfs.hosts.exclude</name>
#     <value>/usr/local/hadoop/etc/hadoop/excludes</value>
# </property>
```

图 7-2-24 修改文件

3. 切换 Hadoop 安全模式

Hadoop 集群在刚启动或特殊情况下会进入安全模式（safemode）并报错“Cannotdelete/user/hadoop/input.Namenode is in safe mode.”，安全模式下禁止上传和修改 HDFS 中的文件。下面是关于安全模式的操作。

1）取得安全模式状态，如图 7-2-25 所示。

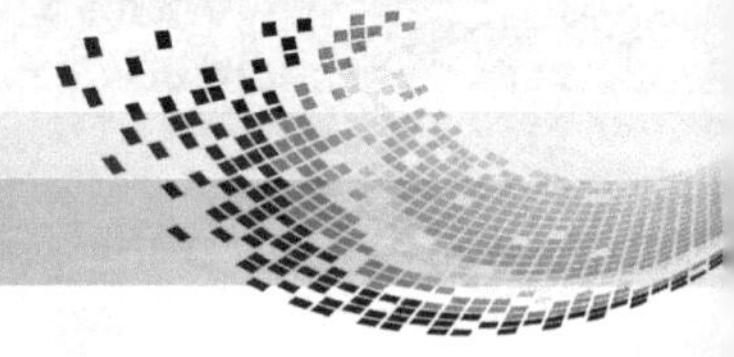

```
hadoop@master:~$ hdfs dfsadmin -safemode get
Safe mode is OFF
hadoop@master:~$
```

图 7-2-25　取得安全模式状态

2）进入 / 退出安全模式，如图 7-2-26 和图 7-2-27 所示。

```
hadoop@master:~$ hdfs dfsadmin -safemode enter
Safe mode is ON
hadoop@master:~$
```

图 7-2-26　进入安全模式

```
hadoop@master:~$ hdfs dfsadmin -safemode leave
Safe mode is OFF
hadoop@master:~$
```

图 7-2-27　退出安全模式

小　结

有人可能担心 NameNode 节点故障需要动态增减，Hadoop 可以配置成 HA（高可用）模式，HA 模式下任意一台故障系统会自动切换，不会影响集群的服务，具体操作方法可以阅读前面的内容。

在动态增加 DataNode 节点的时候，遇到节点刷新时闪进闪退的情况，这是因为新加入的 $HADOOP_HOME/tmp 目录下包含节点 ID 等信息，而 $HADOOP_HOME/tmp 目录又是从 master 主机复制过来的，出现了一个集群中存在两个相同的节点 ID。解决方法就是删除新增节点 $HADOOP_HOME/tmp 目录下所有内容。

在动态删除 DataNode 节点的时候，即使操作完成，依然可以看到被删除的节点。只要节点的状态为“Decommissioned”或者“Dead”就代表下线成功。

任务 3　从 SecondaryNameNode 恢复 NameNode

学习目标

- 掌握将 NameNode 与 SecondaryNameNode 配置在不同主机的方法。
- 掌握从 SecondaryNameNode 恢复 NameNode 的方法。

任务描述

SecondaryNameNode 简称 SNN，从字面上理解是 NameNode 的备份，其实是 HDFS metadata 信息的备份，能减少 NameNode 重启的时间。默认情况下，SecondaryNameNode 与 NameNode 进程启动在同一台主机中，如果 NameNode 主机死机，SecondaryNameNode 也会一起丢失，无法从 SecondaryNameNode 中恢复 NameNode。所以，为了安全，可以把 NameNode 与 SecondaryNameNode 分别设置启动在不同主机中。

在一个由 3 台虚拟机组成的功能正常的 Hadoop 集群中，每台虚拟机运行的进程见表 7-3-1。

表 7-3-1　主机进程

主 机 名	master	salve1	slave2
进　程	NameNode	NameNode	NameNode
	SecondaryNameNode	NodeManager	NodeManager
	ResourceManager		

1）将 SecondaryNameNode 转移到 slave1 主机，然后在 HDFS 的用户目录下上传文件 abc.txt。

2）用 kill 命令杀死 master 主机的 NameNode 进程，并删除 $HADOOP_HOME/tmp 目录下的所有子目录和文件，制造 master 主机故障。然后通过 slave1 主机的 SecondaryNameNode 恢复 NameNode 节点，能正常访问第一步上传的 abc.txt 文件。

任务分析

从表 7-3-1 可以看到，集群的 DataNode 节点有两个：slave1、slave2。NodeManager 与 DataNode 进程同步启动，ResourceManager 与 NameNode 同步启动。修改配置文件，将 SecondaryNameNode 转移到 slave1 中，然后在 master 主机制造死机故障，利用 SecondaryNameNode 恢复 NameNode 数据。

任务实施

1．配置将 SecondaryNameNode 转移到 slave1 中

1）在 master 主机的 Hadoop 配置目录下创建 master 如图 7-3-1 和图 7-3-2 所示的文件，文件内容为 slave1。

```
hadoop@master:/usr/local/hadoop/etc/hadoop$ vi master
```

图 7-3-1　创建文件

```
slave1
```

图 7-3-2　文件内容

2）修改 master 主机的 hdfs-site.xml 文件内容，增加两个属性，如图 7-3-3 所示。

```
<property>
        <name>dfs.secondary.http.address</name>
        <value>slave1:50090</value>
</property>
<property>
        <name>dfs.http.address</name>
        <value>master:50070</value>
</property>
```

图 7-3-3　增加两个属性

3）修改 master 主机的 core-site.xml 文件内容，增加 3 个属性，如图 7-3-4 所示。

```
<property>
        <name>fs.checkpoint.period</name>
        <value>600</value>
</property>
<property>
        <name>fs.checkpoint.size</name>
        <value>67108864</value>
</property>
<property>
        <name>fs.checkpoint.dir</name>
        <value>/usr/local/hadoop/tmp/dfs/namesecondary</value>
</property>
```

图 7-3-4　增加 3 个属性

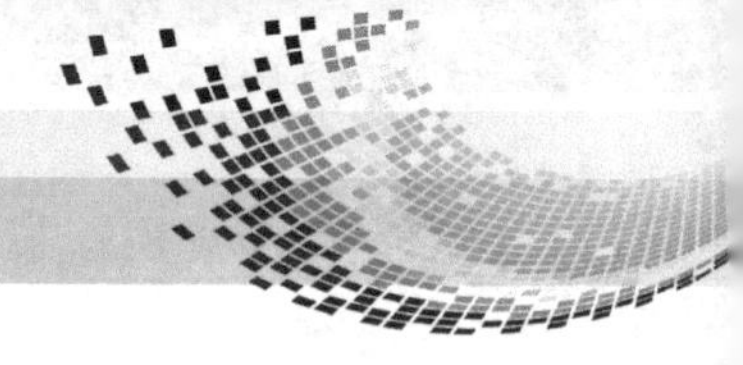

4）将 master 主机的 hdfs-site.xml、core-site.xml、master 三个文件通过 scp 命令分发到 slave1、slave2 主机的配置目录下，覆盖原来的文件（过程略）。

5）删除 3 台主机 $HADOOP_HOME/tmp 目录下的所有内容，在 master 主机上格式化 NameNode，如图 7-3-5 所示，最后使用 start-all.sh 命令启动集群，如图 7-3-6 所示。

```
hadoop@master:~$ hdfs namenode -format
```

图 7-3-5　格式化名称节点

```
hadoop@master:/usr/local/hadoop/tmp$ start-all.sh
This script is Deprecated. Instead use start-dfs.sh and start-yarn.sh
Starting namenodes on [master]
master: starting namenode, logging to /usr/local/hadoop/logs/hadoop-ha
slave2: starting datanode, logging to /usr/local/hadoop/logs/hadoop-ha
slave1: starting datanode, logging to /usr/local/hadoop/logs/hadoop-ha
Starting secondary namenodes [slave1]
slave1: starting secondarynamenode, logging to /usr/local/hadoop/logs/
starting yarn daemons
starting resourcemanager, logging to /usr/local/hadoop/logs/yarn-hadoo
slave1: starting nodemanager, logging to /usr/local/hadoop/logs/yarn-h
slave2: starting nodemanager, logging to /usr/local/hadoop/logs/yarn-h
```

图 7-3-6　启动集群

6）观察 3 台主机启动的 jps 进程，如图 7-3-7 ～图 7-3-9 所示。

```
hadoop@master:~$ jps
11034 NameNode
11578 Jps
11307 ResourceManager
hadoop@master:~$
```

图 7-3-7　master 主机

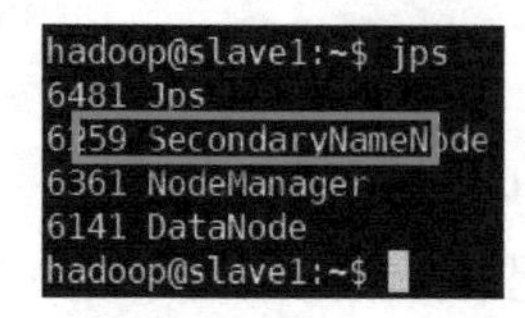

图 7-3-8　slave1 主机

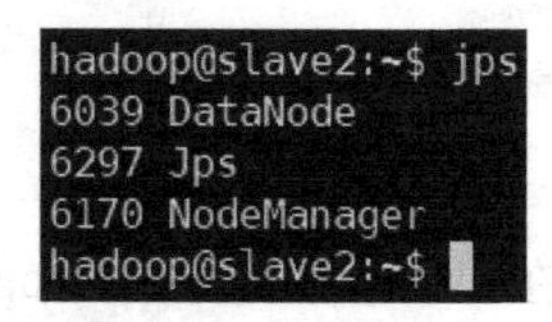

图 7-3-9　slave2 主机

从图 7-3-8 可以看到，SecondaryNameNode 进程出现在 slave1 主机列表中。

7）在 HDFS 中创建用户目录，并上传一个测试文件到 HDFS 用户目录中。这里，选择 JDK 安装包作为测试文件，如图 7-3-10 和图 7-3-11 所示。

```
hadoop@master:~$ hdfs dfs -mkdir -p /user/hadoop
hadoop@master:~$ hdfs dfs -put jdk-8u211-linux-x64.tar.gz
hadoop@master:~$ hdfs dfs -ls
Found 1 items
-rw-r--r--   1 hadoop supergroup  194990602 2019-08-13 10:32 jdk-8u211-
hadoop@master:~$
```

图 7-3-10　创建用户目录和测试文件

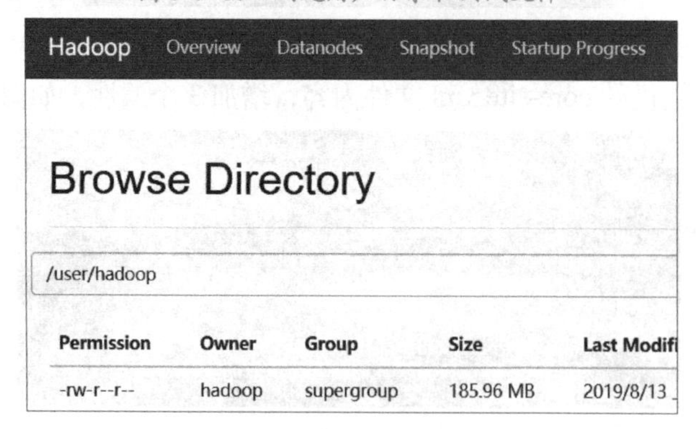

图 7-3-11　HDFS 用户目录（Web 界面）

8）手动 Checkpoint。

- 进入安全模式：hdfs dfsadmin -safemode enter。
- 备份：hdfs dfsadmin -saveNamespace。
- 退出安全模式：hdfs dfsadmin -safemode leave。

2. 制造 NameNode 主机死机故障

在 master 主机中，杀死 NameNode 进程并删除，如图 7-3-12 和图 7-3-13 所示。

```
hadoop@master:~$ jps
4983 Jps
4360 ResourceManager
3887 NameNode
hadoop@master:~$ kill -9 3887
hadoop@master:~$ jps
4995 Jps
4360 ResourceManager
hadoop@master:~$
```

图 7-3-12 杀死 NameNode 进程

```
hadoop@master:/usr/local/hadoop/tmp/dfs/name$ ls
current  in_use.lock
hadoop@master:/usr/local/hadoop/tmp/dfs/name$ rm -rf *
hadoop@master:/usr/local/hadoop/tmp/dfs/name$ ls
hadoop@master:/usr/local/hadoop/tmp/dfs/name$
```

图 7-3-13 删除 NameNode 数据

此时，访问集群发生如图 7-3-14 和图 7-3-15 所示的故障。

```
hadoop@master:~$ hdfs dfs -ls
ls: Call From master/192.168.200.180 to master:9000 failed
sed
hadoop@master:~$
```

图 7-3-14 故障 1

图 7-3-15 故障 2

3. 从 SecondaryNameNode 恢复 NameNode

1）先执行 stop-all.sh 停止集群。

2）从 slave1 主机的 SecondaryNameNode 目录复制文件到 name 目录下，如图 7-3-16 所示。

```
hadoop@master:/usr/local/hadoop/tmp/dfs$ ls
name
hadoop@master:/usr/local/hadoop/tmp/dfs$ scp -r hadoop@slave1:/usr/local/hadoop/tmp/dfs/namesecondary .
fsimage_0000000000000000002.md5
VERSION
fsimage_0000000000000000000
fsimage_0000000000000000002
fsimage_0000000000000000000.md5
edits_0000000000000000001-0000000000000000002
in_use.lock
hadoop@master:/usr/local/hadoop/tmp/dfs$ ls
name  namesecondary
hadoop@master:/usr/local/hadoop/tmp/dfs$
```

图 7-3-16　网络复制

3）将 namesecondary 下的所有目录文件复制到 name 目录下，如图 7-3-17 所示。

```
hadoop@master:/usr/local/hadoop/tmp/dfs/namesecondary$ cp -r * ../name
hadoop@master:/usr/local/hadoop/tmp/dfs/namesecondary$ cd ..
```

图 7-3-17　复制到 name 目录

4）执行 start-all.sh 启动集群。

5）查看目录和 Web 界面，能查询到测试文件，恢复成功，如图 7-3-18 和图 7-3-19 所示。

```
hadoop@master:~$ hdfs dfs -ls /user/hadoop
Found 1 items
-rw-r--r--   1 hadoop supergroup  194990602 2019-08-
hadoop@master:~$
```

图 7-3-18　查询测试文件

Hadoop　Overview　Datanodes　Snapshot　Startup Progress　Utilities

Browse Directory

/user/hadoop

Permission	Owner	Group	Size	Last Modified
-rw-r--r--	hadoop	supergroup	185.96 MB	2019/8/13 下午3:30:58

图 7-3-19　查询 Web 界面

小　结

名称节点的数据是 Hadoop 集群的关键数据，丢失后就不能启动集群，HDFS 上存储的数据就无法找回。所以，在配置的时候，要把 NameNode 和 SecondaryNameNode 分别配置在不同的主机上，此外，系统还允许存在多个 SecondaryNameNode 备份。Checkpoint 是恢复 NameNode 的前提，有自动和手工两种方式，自动 Checkpoint 需要在配置文件中设置自动备份的时间间隔（单位为秒）。还有一种通过 SecondaryNameNode 恢复 NameNode 的方法，就是使用 hadoop namenode -importCheckpoint 命令来操作，具体过程自行搜索。

任务 4 Zabbix 安装与配置

学习目标

- 掌握 Zabbix Server 的安装与配置方法。
- 掌握 Zabbix Agent 的安装与配置方法。
- 掌握 Zabbix 简单使用方法。

任务描述

Zabbix 是一款开源分布式集群监控软件，能够监控服务器、交换机、UPS 等各种硬件设备，支持 Agent、SSH/Telnet、SNMP、JMX 等通信方式。Zabbix 可以应用于不同规模的场景，小到几台服务器，大到上千台各类设备。

Zabbix 的架构如图 7-4-1 所示。

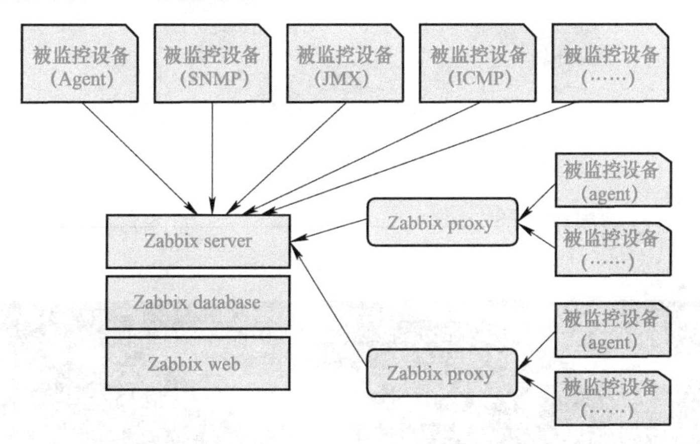

图 7-4-1 Zabbix 架构

Zabbix 的工作模式分为主动和被动两种，划分依据是从 Agent 主动发送数据（Send）还是被动拉取数据（Get）。管理员可以在 Agent 端使用 zabbix_sender 工具测试是否能向 Server 发送数据，使用 zabbix_get 工具测试 Server 能否从 Agent 拉取数据。

在由 3 台虚拟机构成的集群中，安装 Zabbix Server 和 Agent，搭建最基本的监控环境。虚拟机基本信息见表 7-4-1。

表 7-4-1 虚拟机基本信息

虚拟机名称	IP 地址	服　务	账 号 密 码
master	192.168.200.180	Zabbix Server、Agent	123456
slave1	192.168.200.181	agent	123456
salve2	192.168.200.182	agent	123456

任务分析

Zabbix 的安装需要 MySQL、PHP、Apache2 的支持，在安装的过程中，需要熟悉这些组件的安装与使用。建议先单独安装 MySQL 并配置 root 密码。安装源的配置是重点，默认的安装源为 repo.zabbix.com，基本上无法联通，需手工修改源为清华大学镜像。

任务实施

1. 在 master 主机中下载并安装 Zabbix Server

1）打开下载地址，在打开的网页中选择版本、操作系统、数据库，如图 7-4-2 和图 7-4-3 所示。

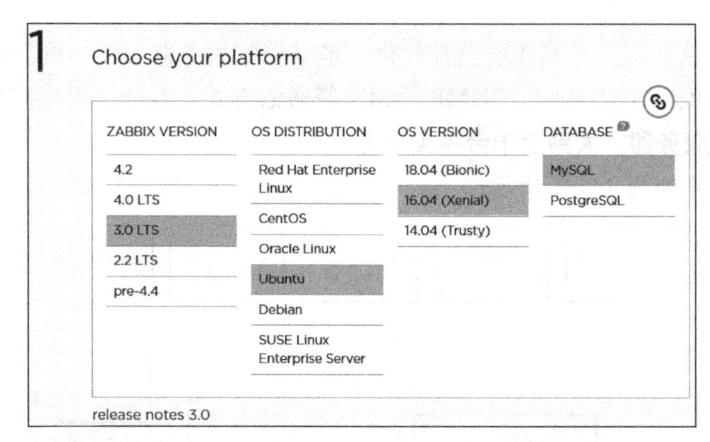

图 7-4-2　选择版本

```
hadoop@master:~$ wget https://repo.zabbix.com/zabbix/3.0/ubuntu/pool/main/z/zabbix-release/
--2019-08-14 18:53:10--  https://repo.zabbix.com/zabbix/3.0/ubuntu/pool/main/z/zabbix-relea
正在解析主机 repo.zabbix.com (repo.zabbix.com)... 162.243.159.138, 2604:a880:1:20::b82:1001
正在连接 repo.zabbix.com (repo.zabbix.com)|162.243.159.138|:443... 已连接。
已发出 HTTP 请求，正在等待回应... 200 OK
长度： 3856 (3.8K) [application/octet-stream]
正在保存至："zabbix-release_3.0-2+xenial_all.deb"

zabbix-release_3.0-2+xenial_all.deb          100%[=====================================

2019-08-14 18:53:29 (723 MB/s) - 已保存 "zabbix-release_3.0-2+xenial_all.deb" [3856/3856])

hadoop@master:~$ ls
```

图 7-4-3　下载过程

2）安装 Zabbix 更新源，如图 7-4-4 和图 7-4-5 所示。

2

Install and configure Zabbix server for your platform

a. Install Zabbix repository

documentation

```
# wget https://repo.zabbix.com/zabbix/3.0/ubuntu/pool/main/z/zabbix-release/zabbix-release_3.0-2+xenial_all.deb
# dpkg -i zabbix-release_3.0-2+xenial_all.deb
# apt update
```

图 7-4-4　安装 Zabbix

```
hadoop@master:~$ sudo dpkg -i zabbix-release_3.0-2+xenial_all.deb
[sudo] hadoop 的密码:
正在选中未选择的软件包 zabbix-release。
(正在读取数据库 ... 系统当前共安装有 211643 个文件和目录。)
正准备解包 zabbix-release_3.0-2+xenial_all.deb  ...
正在解包 zabbix-release (3.0-2+xenial) ...
正在设置 zabbix-release (3.0-2+xenial) ...
hadoop@master:~$
```

图 7-4-5　安装过程

当执行 sudo apt-get update 命令的时候，无法连接到 repo.zabbix.com，按照以下步骤修改更新源地址为清华大学。

修改 /etc/apt/source.list.d/zabbix.list 文件，修改为图 7-4-6 所示的内容，更新后如图 7-4-7 所示。

```
deb https://mirrors.tuna.tsinghua.edu.cn/zabbix/zabbix/3.0/ubuntu  xenial main
deb-src https://mirrors.tuna.tsinghua.edu.cn/zabbix/zabbix/3.0/ubuntu xenial main
```

图 7-4-6　更新源文件内容

```
hadoop@master:~$ sudo apt-get update
命中:1 http://mirrors.aliyun.com/ubuntu xenial InRelease
命中:2 http://mirrors.aliyun.com/ubuntu xenial-updates InRelease
命中:3 http://mirrors.aliyun.com/ubuntu xenial-security InRelease
获取:4 https://mirrors.tuna.tsinghua.edu.cn/zabbix/zabbix/3.0/ubuntu xenial InRelease [7,093 B]
获取:5 https://mirrors.tuna.tsinghua.edu.cn/zabbix/zabbix/3.0/ubuntu xenial/main Sources [884 B]
获取:6 https://mirrors.tuna.tsinghua.edu.cn/zabbix/zabbix/3.0/ubuntu xenial/main amd64 Packages [2,456 B]
获取:7 https://mirrors.tuna.tsinghua.edu.cn/zabbix/zabbix/3.0/ubuntu xenial/main i386 Packages [2,448 B]
已下载 12.9 kB，耗时 1秒 (6,777 B/s)
正在读取软件包列表... 完成
hadoop@master:~$
```

图 7-4-7　更新后

3）安装 MySQL 服务并设置 root 密码为“123456”，如图 7-4-8 和图 7-4-9 所示。

```
hadoop@master:~$ sudo apt-get install mysql-server
正在读取软件包列表... 完成
正在分析软件包的依赖关系树
正在读取状态信息... 完成
将会同时安装下列软件:
  libaio1 libevent-core-2.0-5 libhtml-template-perl
建议安装:
  libipc-sharedcache-perl mailx tinyca
下列【新】软件包将被安装:
  libaio1 libevent-core-2.0-5 libhtml-template-perl
升级了 0 个软件包，新安装了 9 个软件包，要卸载 0 个软
需要下载 18.8 MB 的归档。
解压缩后会消耗 161 MB 的额外空间。
您希望继续执行吗? [Y/n]
```

图 7-4-8　安装 MySQL 服务

```
hadoop@master:~$ mysql -u root -p
Enter password:
Welcome to the MySQL monitor.  Commands end with ; or \g.
Your MySQL connection id is 4
Server version: 5.7.27-0ubuntu0.16.04.1 (Ubuntu)

Copyright (c) 2000, 2019, Oracle and/or its affiliates. All rights reserved.

Oracle is a registered trademark of Oracle Corporation and/or its
affiliates. Other names may be trademarks of their respective
owners.

Type 'help;' or '\h' for help. Type '\c' to clear the current input statement.

mysql>
```

图 7-4-9　登录 MySQL 服务器

4）安装 Zabbix 的 Server、Agent、Frontend，如图 7-4-10 所示。

```
hadoop@master:~$ sudo apt-get install zabbix-server-mysql zabbix-frontend-php zabbix-agent
正在读取软件包列表... 完成
正在分析软件包的依赖关系树
正在读取状态信息... 完成
将会同时安装下列软件：
  apache2 apache2-bin apache2-data apache2-utils fping libapache2-mod-php libapache2-mod-php
  libmysqlclient20 libodbc1 libopenipmi0 libssh2-1 php-bcmath php-common php-gd php-ldap php
  php7.0-ldap php7.0-mbstring php7.0-mysql php7.0-opcache php7.0-readline php7.0-xml snmpd t
建议安装：
  apache2-doc apache2-suexec-pristine | apache2-suexec-custom php-pear libmyodbc odbc-postgr
下列【新】软件包将被安装：
  apache2 apache2-bin apache2-data apache2-utils fping libapache2-mod-php libapache2-mod-php
  libmysqlclient20 libodbc1 libopenipmi0 libssh2-1 php-bcmath php-common php-gd php-ldap php
  php7.0-ldap php7.0-mbstring php7.0-mysql php7.0-opcache php7.0-readline php7.0-xml snmpd t
升级了 0 个软件包，新安装了 40 个软件包，要卸载 0 个软件包，有 10 个软件包未被升级。
需要下载 11.0 MB 的归档。
解压缩后会消耗 48.1 MB 的额外空间。
您希望继续执行吗？ [Y/n]
```

图 7-4-10　安装 Zabbix、Agent 组件

5）创建 Zabbix 数据库（root 密码：123456），如图 7-4-11 所示。

```
hadoop@master:~$ mysql -u root -p
Enter password:
Welcome to the MySQL monitor.  Commands end with ; or \g.
Your MySQL connection id is 6
Server version: 5.7.27-0ubuntu0.16.04.1 (Ubuntu)

Copyright (c) 2000, 2019, Oracle and/or its affiliates. All rights reserved.

Oracle is a registered trademark of Oracle Corporation and/or its
affiliates. Other names may be trademarks of their respective
owners.

Type 'help;' or '\h' for help. Type '\c' to clear the current input statement.

mysql> create database zabbix character set utf8 collate utf8_bin;
Query OK, 1 row affected (0.01 sec)

mysql> grant all privileges on zabbix.* to zabbix@localhost identified by '123456';
Query OK, 0 rows affected, 1 warning (0.02 sec)

mysql> flush privileges;
Query OK, 0 rows affected (0.03 sec)

mysql> quit;
Bye
hadoop@master:~$
```

图 7-4-11　创建数据库

6）初始化 Zabbix 数据库（密码：123456），如图 7-4-12 和图 7-4-13 所示。

```
hadoop@master:~$ zcat /usr/share/doc/zabbix-server-mysql*/create.sql.gz | mysql -uzabbix -p zabbix
Enter password:
hadoop@master:~$
```

图 7-4-12　初始化数据库

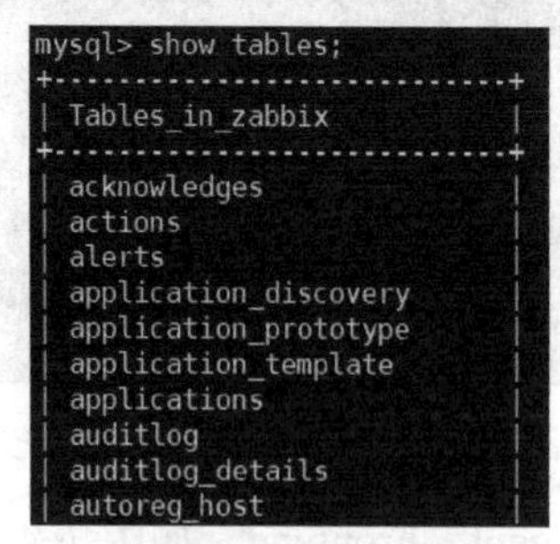

```
mysql> show tables;
+------------------------+
| Tables_in_zabbix       |
+------------------------+
| acknowledges           |
| actions                |
| alerts                 |
| application_discovery  |
| application_prototype  |
| application_template   |
| applications           |
| auditlog               |
| auditlog_details       |
| autoreg_host           |
```

图 7-4-13　Zabbix 系统表（共 113 个）

7）编辑配置文件。

修改 /etc/zabbix/zabbix_server.conf。设置密码：DBPassword=123456。

修改 /etc/zabbix/apache.conf，设置时区（有两处需要修改）：php_value date.timezone Asia/Shanghai。

8）重启服务并设置自启动，如图 7-4-14 所示。

```
hadoop@master:~$ sudo systemctl restart zabbix-server zabbix-agent apache2
hadoop@master:~$ sudo systemctl enable zabbix-server zabbix-agent apache2
Synchronizing state of zabbix-server.service with SysV init with /lib/system
Executing /lib/systemd/systemd-sysv-install enable zabbix-server
Synchronizing state of zabbix-agent.service with SysV init with /lib/systemd
Executing /lib/systemd/systemd-sysv-install enable zabbix-agent
apache2.service is not a native service, redirecting to systemd-sysv-install
Executing /lib/systemd/systemd-sysv-install enable apache2
hadoop@master:~$
```

图 7-4-14　重启服务并设置自启动

9）打开如图 7-4-15 所示的 Web 界面（http://192.168.200.180/zabbix）。

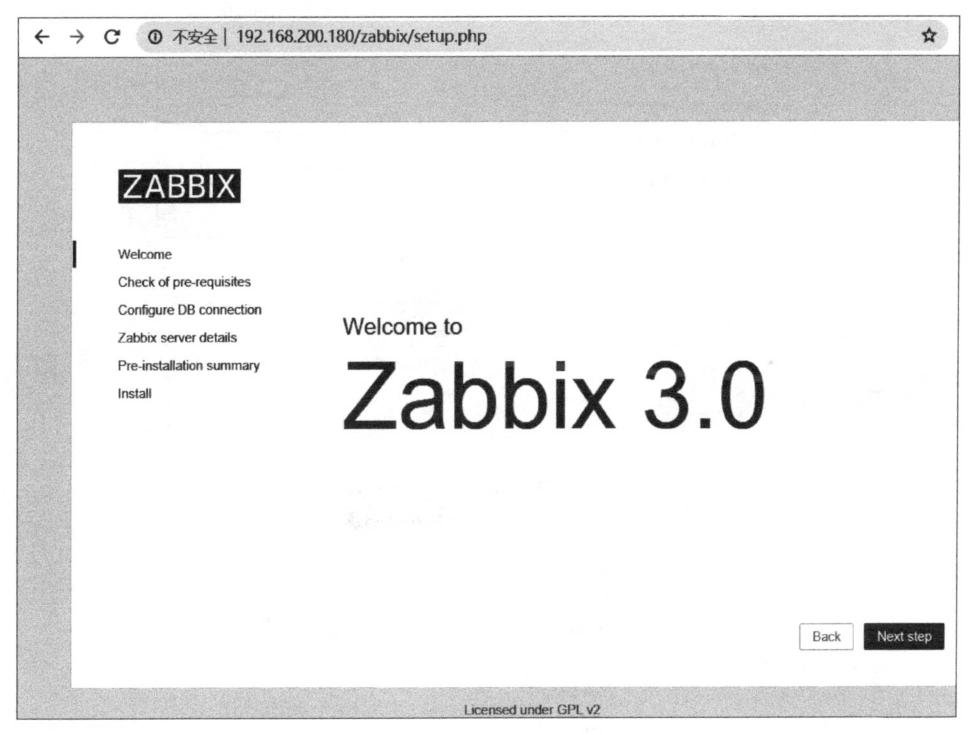

图 7-4-15　Web 界面

2．在 master 主机中配置 Zabbix Server

1）设置数据库连接（密码：123456），如图 7-4-16 所示。

2）设置服务器，如图 7-4-17 所示。

3）以管理员身份登录（用户名：Admin，密码：zabbix），如图 7-4-18 所示，登录后的主界面如图 7-4-19 所示。

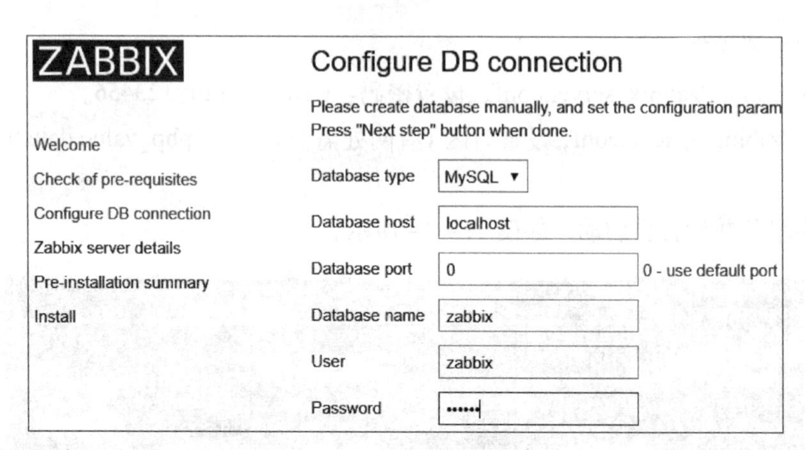

图 7-4-16　设置数据库连接

图 7-4-17　设置服务器

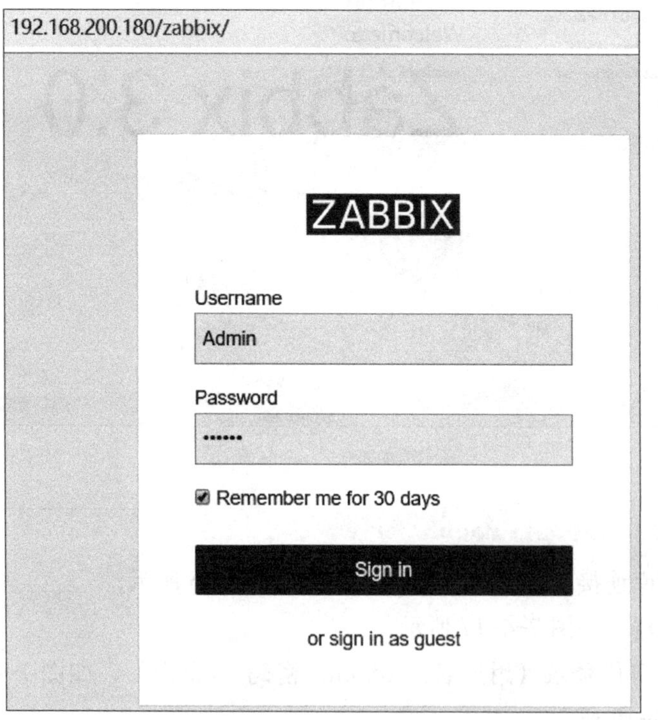

图 7-4-18　登录服务器

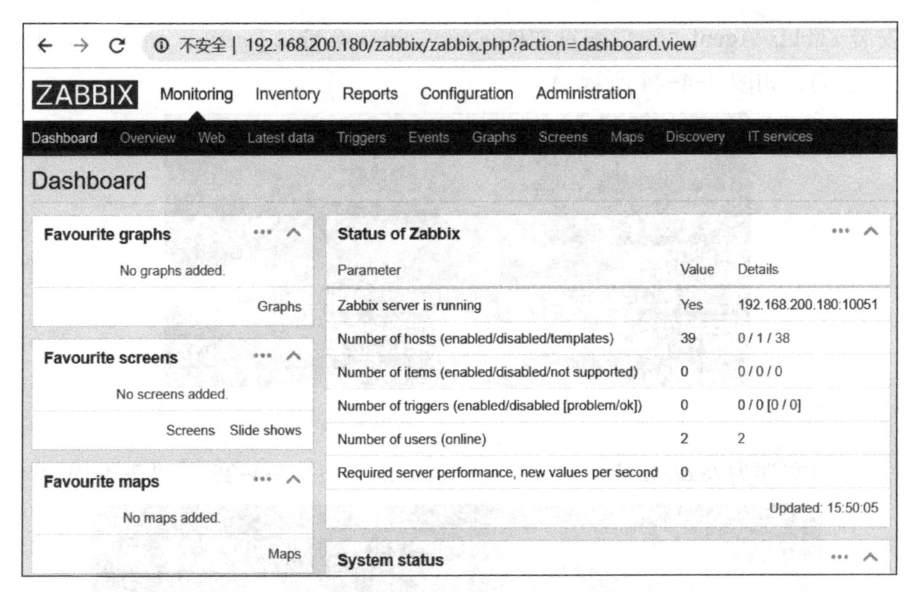

图 7-4-19 Zabbix 主界面

3．在 slave1 主机安装 Zabbix Agent 并测试连接

1）使用 Xftp 工具把 master 主机中的源包复制到 slave1 中（过程略），然后创建安装源并修改源为清华大学镜像，最后更新源，如图 7-4-20 ～图 7-4-23 所示。

```
hadoop@slave1:~$ ls
examples.desktop  master  soft  zabbix-release_3.0-2+xenial_all.deb
hadoop@slave1:~$ sudo dpkg -i zabbix-release_3.0-2+xenial_all.deb
[sudo] hadoop 的密码：
正在选中未选择的软件包 zabbix-release。
(正在读取数据库 ... 系统当前共安装有 211643 个文件和目录。)
正准备解包 zabbix-release_3.0-2+xenial_all.deb  ...
正在解包 zabbix-release (3.0-2+xenial) ...
正在设置 zabbix-release (3.0-2+xenial) ...
hadoop@slave1:~$
```

图 7-4-20 创建安装源

```
hadoop@slave1:~$ cd /etc/apt/sources.list.d/
hadoop@slave1:/etc/apt/sources.list.d$ ls
zabbix.list
hadoop@slave1:/etc/apt/sources.list.d$ vi zabbix.list
hadoop@slave1:/etc/apt/sources.list.d$ sudo vi zabbix.list
```

图 7-4-21 修改源

```
deb https://mirrors.tuna.tsinghua.edu.cn/zabbix/zabbix/3.0/ubuntu xenial main
deb-src https://mirrors.tuna.tsinghua.edu.cn/zabbix/zabbix/3.0/ubuntu xenial main
```

图 7-4-22 修改后的内容

```
hadoop@slave1:~$ sudo apt-get update
命中:1 http://mirrors.aliyun.com/ubuntu xenial InRelease
命中:2 http://mirrors.aliyun.com/ubuntu xenial-updates InRelease
命中:3 http://mirrors.aliyun.com/ubuntu xenial-security InRelease
获取:4 https://mirrors.tuna.tsinghua.edu.cn/zabbix/zabbix/3.0/ubuntu
获取:5 https://mirrors.tuna.tsinghua.edu.cn/zabbix/zabbix/3.0/ubuntu
获取:6 https://mirrors.tuna.tsinghua.edu.cn/zabbix/zabbix/3.0/ubuntu
获取:7 https://mirrors.tuna.tsinghua.edu.cn/zabbix/zabbix/3.0/ubuntu
已下载 12.9 kB，耗时 4秒 (3,019 B/s)
正在读取软件包列表... 完成
hadoop@slave1:~$
```

图 7-4-23 更新源

2）安装 Zabbix Agent，编辑配置文件（/etc/zabbix/zabbix_agentd.conf），并重启服务，设置服务自启动，如图 7-4-24 所示。

```
hadoop@slave1:~$ sudo apt-get install zabbix-agent
正在读取软件包列表... 完成
正在分析软件包的依赖关系树
正在读取状态信息... 完成
下列【新】软件包将被安装:
  zabbix-agent
升级了 0 个软件包，新安装了 1 个软件包，要卸载 0 个
需要下载 157 kB 的归档。
解压缩后会消耗 613 kB 的额外空间。
获取:1 https://mirrors.tuna.tsinghua.edu.cn/zabbix/
已下载 157 kB，耗时 2秒 (57.1 kB/s)
```

图 7-4-24　安装 zabbix-agent 组件

修改的配置文件为 /etc/zabbix/zabbix_agentd.conf，如图 7-4-25 ～图 7-4-28 所示。

```
90 #
91 # Mandatory: yes, if StartAgents is not explicitly set to 0
92 # Default:
93 # Server=
94
95 Server=192.168.200.180
96
```

图 7-4-25　修改 Server 值

```
132 # Mandatory: no
133 # Default:
134 # ServerActive=
135
136 ServerActive=192.168.200.180
137
```

图 7-4-26　修改 ServerActive 值

```
143 # Mandatory: no
144 # Default:
145 # Hostname=
146
147 Hostname=Zabbix server
148
```

图 7-4-27　修改 Hostname 值

```
hadoop@slave1:~$ sudo systemctl restart zabbix-agent
hadoop@slave1:~$ sudo systemctl enable zabbix-agent
Synchronizing state of zabbix-agent.service with SysV
Executing /lib/systemd/systemd-sysv-install enable za
hadoop@slave1:~$
```

图 7-4-28　重启服务并设置自启动

3）从服务端测试客户端是否成功。

先在 master 主机安装 zabbix_get 组件，如图 7-4-29 所示，测试成功后如图 7-4-30 所示。

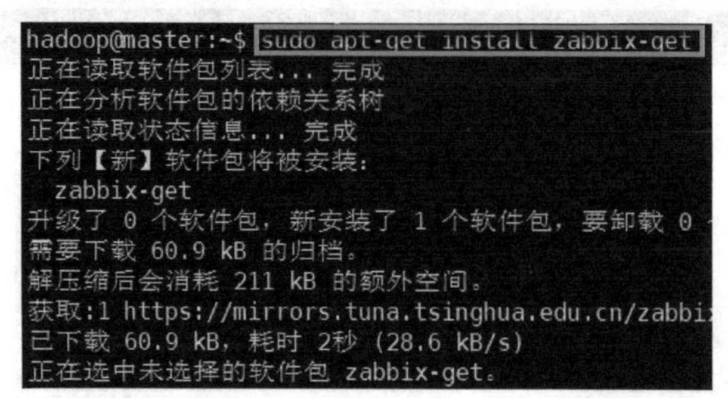

```
hadoop@master:~$ sudo apt-get install zabbix-get
正在读取软件包列表... 完成
正在分析软件包的依赖关系树
正在读取状态信息... 完成
下列【新】软件包将被安装:
  zabbix-get
升级了 0 个软件包，新安装了 1 个软件包，要卸载 0
需要下载 60.9 kB 的归档。
解压缩后会消耗 211 kB 的额外空间。
获取:1 https://mirrors.tuna.tsinghua.edu.cn/zabbi
已下载 60.9 kB，耗时 2秒 (28.6 kB/s)
正在选中未选择的软件包 zabbix-get。
```

图 7-4-29　安装组件

```
hadoop@master:~$ zabbix_get -s 192.168.200.181 -p10050 -k "system.uptime"
15910
```

图 7-4-30　测试成功

4. 在 Web 管理界面添加 slave1、slave2 监控主机

1）参照 slave1 的安装过程，在 slave2 主机安装 Zabbix Agent，并修改配置文件开启服务（过程略）。

2）在 Web 管理界面单击“Configuration”→“Hosts”，配置主机，创建、添加主机、填写主机信息，如图 7-4-31 ～图 7-4-35 所示。

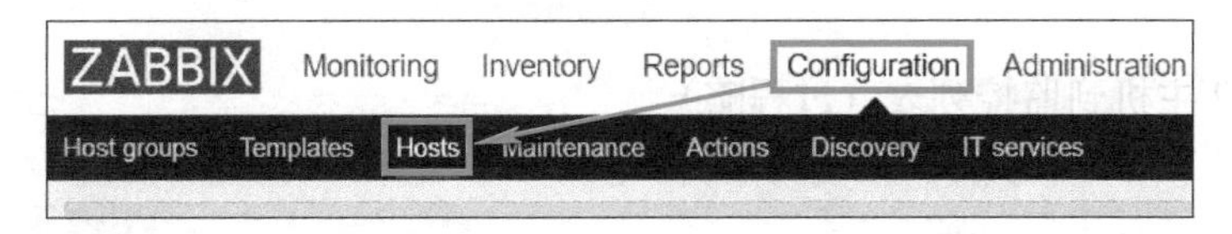

图 7-4-31　配置主机

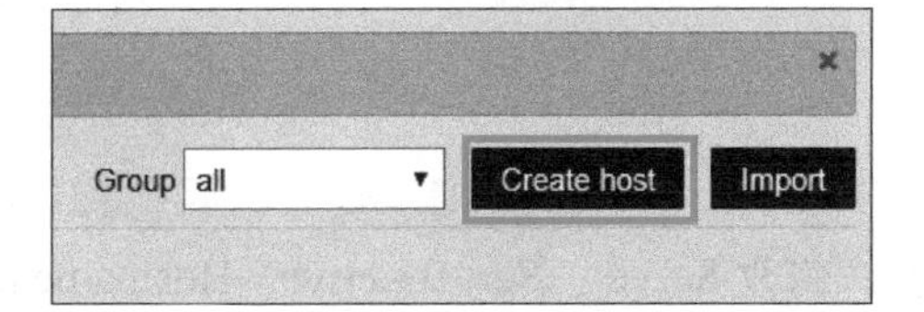

图 7-4-32　创建主机

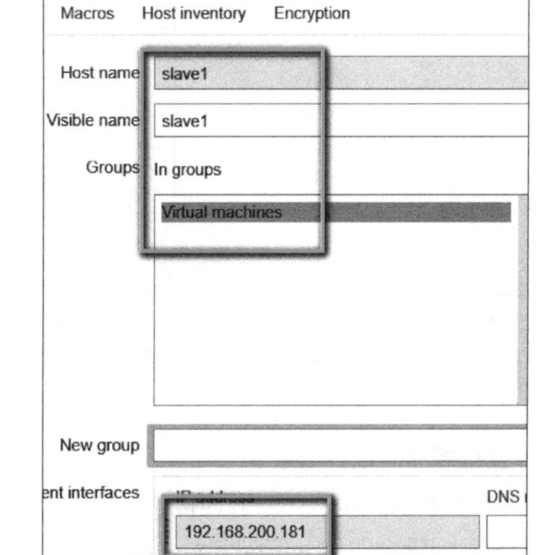

图 7-4-33　填写主机信息

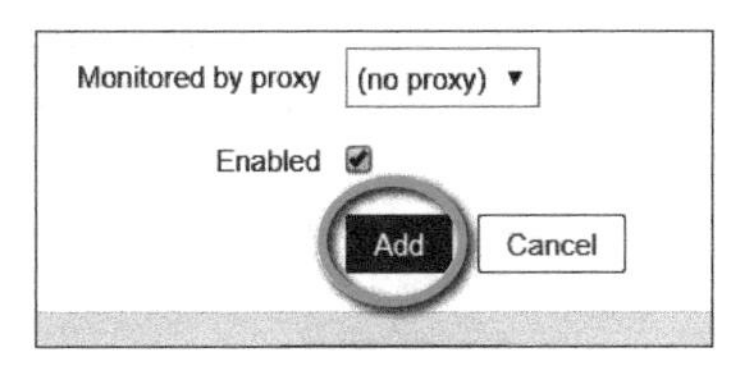

图 7-4-34　添加主机

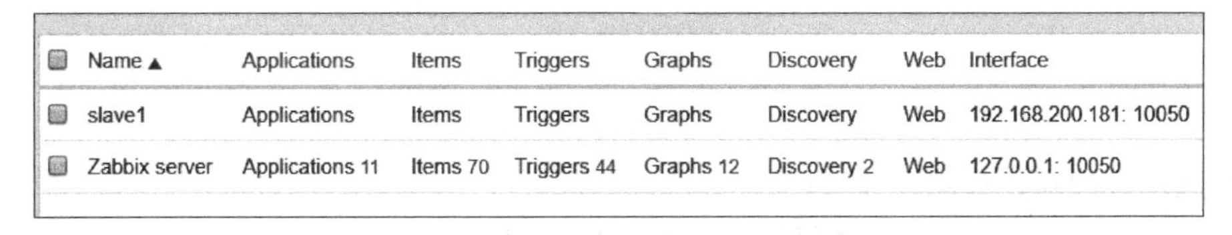

Name ▲	Applications	Items	Triggers	Graphs	Discovery	Web	Interface
slave1	Applications	Items	Triggers	Graphs	Discovery	Web	192.168.200.181: 10050
Zabbix server	Applications 11	Items 70	Triggers 44	Graphs 12	Discovery 2	Web	127.0.0.1: 10050

图 7-4-35　主机列表

打开 Zabbix Server 的监控，如图 7-4-36 所示。

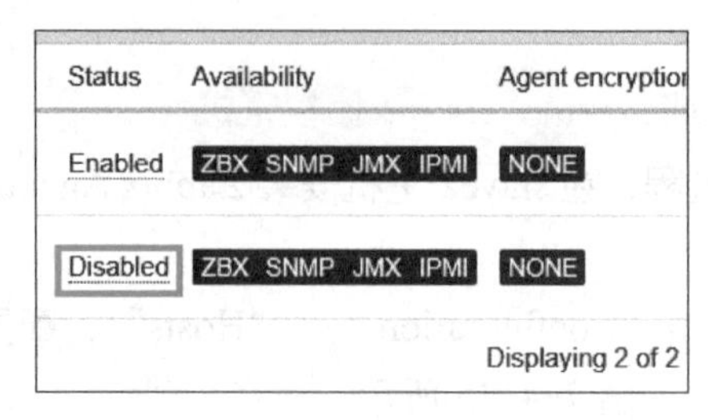

图 7-4-36　开启 Zabbix Server 监控

添加 slave2 主机到监控列表（过程略）。

5. 添加 Windows 主机

1）下载 Windows 客户端。选择 Zabbix Agents，如图 7-4-37 和图 7-4-38 所示。

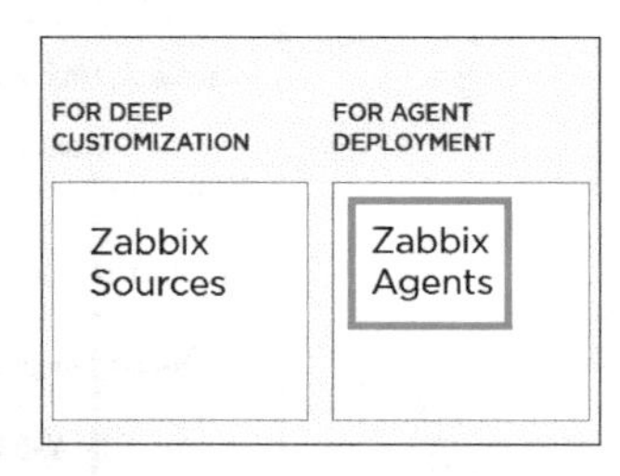

图 7-4-37　下载客户端

图 7-4-38　下载

直接解压下载的安装包即可。

2）配置客户端，并测试连接。

编辑配置文件（conf/zabbix_agentd.win.conf），修改 Server、ServerActive、Hostname 的内容，内容与 slave1、slave2 主机相同，目录结构如图 7-4-39 所示。

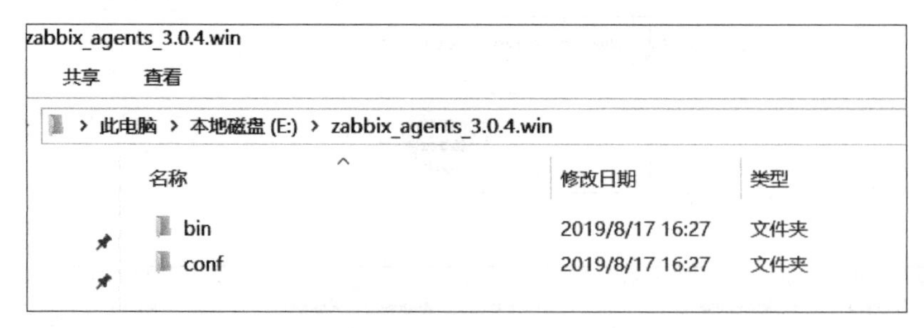

图 7-4-39　目录结构

3）启动客户端，如图 7-4-40 所示。

测试与加入 Server 的操作过程与 slave1、slave2 相同。

图 7-4-40　启动客户端

小　结

基本使用环境搭建完毕后，可以人为制造一些故障，比如在一个虚拟机上复制一些大文件，造成硬盘空间不足的故障，然后查看 Zabbix 监控报告。

任务 5　Ansible 基础

学习目标

- 了解 Ansible 的工作原理和工作流程。
- 掌握安装和配置 Ansible 的基本方法。
- 掌握 Ansible 命令的使用方法。
- 掌握使用 Ansible 执行简单运维任务的方法。

任务描述

Ansible 是一种自动化运维工具，能够实现批量配置、安装、执行的功能，集群规模越大越能显示 Ansible 的优势。Ansible 是一种框架，其功能的实现主要依赖于集成的各种模块。Ansible 的安装与配置比较简单，无须服务器端无须客户端，只要在控制主机上安装和配置完毕，以 SSH 或者 SSL 等方式连接到被控制主机，被控制主机的 Python 版本大于 2.0，即可远程执行指令完成运维任务。

Ansible 的结构如图 7-5-1 所示。

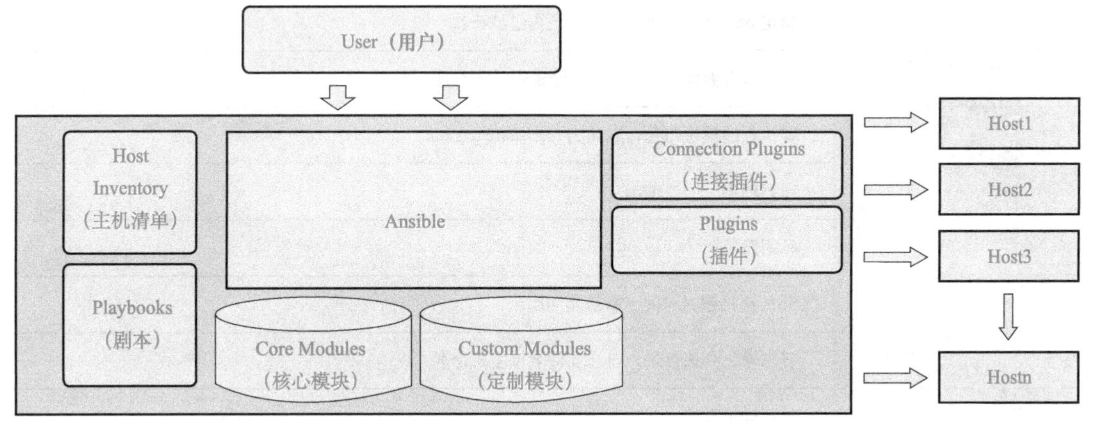

图 7-5-1　Ansible 的结构

Ansible 的工作流程如图 7-5-2 所示。

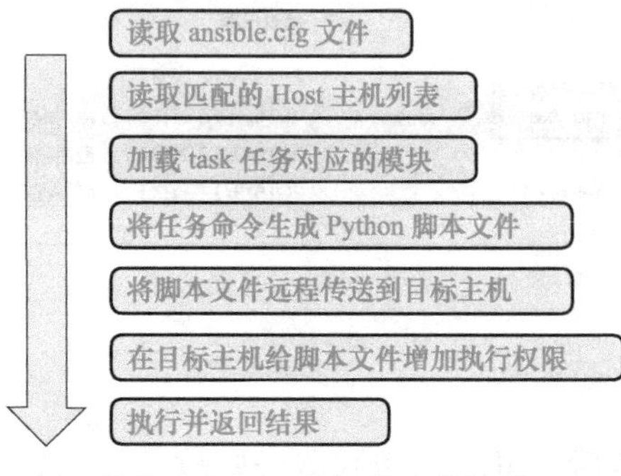

图 7-5-2　Ansible 的工作流程

Ansible 命令参数见表 7-5-1。

表 7-5-1　Ansible 命令参数

-m	要执行的模块，默认为 command
-a	模块的参数
-u	SSH 连接的用户名，默认用户为 root，在 ansible.cfg 中可以配置
-k	提示输入 SSH 登录密码，当使用密码验证的时候用
-s	sudo 运行
-U	sudo 到哪个用户，默认为 root
-K	提示输入 sudo 密码，当不是 NOPASSWD 模式时使用
-C	只是测试一下会改变什么内容，不会真正去执行
-c	连接类型（default=smart）
-f	fork 多少进程并发处理，默认为 5 个
-i	指定 hosts 文件路径，默认为 default=/etc/ansible/hosts
-I	指定 pattern，对已匹配的主机再过滤一次
--list-host	只打印有哪些主机会执行这个命令，不会实际执行
-M	要执行的模块路径，默认为 /usr/share/ansible
-o	压缩输出，摘要输出
--private-key	私钥路径
-T	SSH 连接超时时间，默认是 10s
-t	日志输出到该目录，日志文件名以主机命名
-v	显示详细日志

本任务提供 3 台运行 Ubuntu 16.4 的虚拟机（host1、host2、host3），已经配置好 Hadoop 用户的 SSH 免密码登录和本地解析。在 host1 主机上安装和配置 Ansible，完成以下 4 个内容：

1）使用 Ansible 执行 shell 命令，在 host1、host2、host3 主机的 home 目录创建 test 子目录。

2）使用 Ansible 复制 host1~/test/test.txt（内容为 this is host1）到 host1、host2、host3 的 home 目录下。

3）使用 Ansible，在 host1、host2、host3 主机在线安装 mysql-server 软件。

4）使用 Ansible，编写剧本文件 test.yaml，在 host1、host2、host3 主机的 home 目录下创建 test_abc 子目录，并在线安装 wget 包。

任务分析

安装 Ansible 需要先安装一个公共组件 software-properties-common，然后创建安装源和 apt-key，再用 apt-get 命令在线安装。按照 Ansible 的工作流程，需要先配置 ansible.cfg 文件，然后编写 hosts 主机列表，前 3 个内容执行 ansible 命令就可以完成，第 4 个内容需要额外编写剧本文件 test.yaml。

任务实施

1. 在 host1 主机上安装 Ansible 控制端

1）安装 software-properties-common 公共组件，如图 7-5-3 所示。

```
hadoop@host1:~$ sudo apt-get install software-properties-common
[sudo] hadoop 的密码:
正在读取软件包列表... 完成
正在分析软件包的依赖关系树
正在读取状态信息... 完成
```

图 7-5-3　安装公共组件

2）配置 Ansible 安装源和 apt-key，如图 7-5-4 所示。

```
hadoop@host1:~$ sudo apt-add-repository ppa:ansible/ansible
 Ansible is a radically simple IT automation platform that makes yo
- automate in a language that approaches plain English, using SSH,

http://ansible.com/
 更多信息: https://launchpad.net/~ansible/+archive/ubuntu/ansible
按回车继续或者 Ctrl+c 取消添加

gpg: 钥匙环'/tmp/tmp44v4x1mf/secring.gpg'已建立
gpg: 钥匙环'/tmp/tmp44v4x1mf/pubring.gpg'已建立
gpg: 下载密钥'7BB9C367', 从 hkp 服务器 keyserver.ubuntu.com
gpg: /tmp/tmp44v4x1mf/trustdb.gpg: 建立了信任度数据库
gpg: 密钥 7BB9C367: 公钥"Launchpad PPA for Ansible, Inc."已导入
gpg: 合计被处理的数量: 1
gpg:               已导入: 1  (RSA: 1)
OK
hadoop@host1:~$
```

图 7-5-4　配置安装源

3）更新安装源，如图 7-5-5 所示。

```
hadoop@host1:~$ sudo apt-get update
命中:1 http://mirrors.aliyun.com/ubuntu xenial InRelease
命中:2 http://mirrors.aliyun.com/ubuntu xenial-updates In
命中:3 http://mirrors.aliyun.com/ubuntu xenial-security I
获取:4 http://ppa.launchpad.net/ansible/ansible/ubuntu xe
获取:5 http://ppa.launchpad.net/ansible/ansible/ubuntu xe
获取:6 http://ppa.launchpad.net/ansible/ansible/ubuntu xe
获取:7 http://ppa.launchpad.net/ansible/ansible/ubuntu xe
已下载 19.4 kB，耗时 4秒 (3,919 B/s)
正在读取软件包列表... 完成
hadoop@host1:~$
```

图 7-5-5　更新安装源

4）安装 Ansible。因为源的原因，下载速度可能比较慢，耐心等待，如图 7-5-6 所示。

```
hadoop@host1:~$ sudo apt-get install ansible
正在读取软件包列表... 完成
正在分析软件包的依赖关系树
正在读取状态信息... 完成
下列软件包是自动安装的并且现在不需要了:
  linux-headers-4.4.0-154 linux-headers-4.4.0-154-generic
使用'sudo apt autoremove'来卸载它(它们)。
将会同时安装下列软件:
  python-cffi-backend python-crypto python-cryptography p
  python-pkg-resources python-pyasn1 python-setuptools py
建议安装:
  python-crypto-dbg python-crypto-doc python-cryptography
下列【新】软件包将被安装:
  ansible python-cffi-backend python-crypto python-crypto
  python-pkg-resources python-pyasn1 python-setuptools py
升级了 0 个软件包，新安装了 18 个软件包，要卸载 0 个软件包
需要下载 6,475 kB 的归档。
解压缩后会消耗 55.6 MB 的额外空间。
您希望继续执行吗？ [Y/n] Y
```

图 7-5-6　安装 Ansible

2．在 host1 主机上配置 Ansible

1）配置 /etc/ansible/ansible.cfg 文件。这个文件是系统自动生成的模板文件，可以直接在上面修改，也可以复制到当前目录，在当前目录中修改。当前目录的 ansible.cfg 优先级高于 /etc/ansible/ansible.cfg，如图 7-5-7 和图 7-5-8 所示。

```
hadoop@host1:~$ sudo vi /etc/ansible/ansible.cfg
[sudo] hadoop 的密码:
```

图 7-5-7　修改配置文件

```
[defaults]

# some basic default values...

inventory      = /etc/ansible/hosts
#library        = /usr/share/my_modules/
#module_utils   = /usr/share/my_module_utils/
#remote_tmp     = ~/.ansible/tmp
#local_tmp      = ~/.ansible/tmp
#plugin_filters_cfg = /etc/ansible/plugin_filters.yml
forks          = 5
#poll_interval  = 15
sudo_user      = hadoop
#ask_sudo_pass = True
#ask_pass      = True
#transport      = smart
remote_port    = 22
#module_lang    = C
#module_set_locale = False
timeout = 60
```

图 7-5-8　配置文件内容

2）修改 /etc/ansible/hosts 配置文件。该文件由图 7-5-8 中的“inventory”指定，文件记录操作的主机列表、端口等信息。在文件中添加一个主机组，组名为“hadoopservers”，组中含 host1、host2、host3 三台主机的 IP，如图 7-5-9 和图 7-5-10 所示。

```
hadoop@host1:~$ sudo vi /etc/ansible/hosts
[sudo] hadoop 的密码:
```

图 7-5-9 修改主机列表文件

```
# Ex 1: Ungrouped hosts, specify before any group headers.

[hadoopservers]
192.168.200.180
192.168.200.181
192.168.200.182
```

图 7-5-10 主机列表文件

3. 在 3 台主机的 home 目录下创建 test 子目录

1）执行 ansible 命令，如图 7-5-11 所示。

```
hadoop@host1:~$ ansible hadoopservers -m shell -a 'mkdir ~/test' -o
192.168.200.180 | CHANGED | rc=0 | (stdout)
192.168.200.181 | CHANGED | rc=0 | (stdout)
192.168.200.182 | CHANGED | rc=0 | (stdout)
hadoop@host1:~$
```

图 7-5-11 执行 ansible 命令

2）查看 3 台主机的 home 目录，如图 7-5-12 所示。

```
hadoop@host1:~$ ls
examples.desktop  公共的  模板  视频  图片  文档  下载  音乐  桌面
hadoop@host1:~$ ls
examples.desktop  test  公共的  模板  视频  图片  文档  下载  音乐  桌面
hadoop@host1:~$
```

```
hadoop@host2:~$ ls
examples.desktop  公共的  模板  视频  图片  文档  下载  音乐  桌面
hadoop@host2:~$ ls
examples.desktop  test  公共的  模板  视频  图片  文档  下载  音乐  桌面
hadoop@host2:~$
```

```
hadoop@host3:~$ ls
examples.desktop  公共的  模板  视频  图片  文档  下载  音乐  桌面
hadoop@host3:~$ ls
examples.desktop  test  公共的  模板  视频  图片  文档  下载  音乐  桌面
hadoop@host3:~$
```

图 7-5-12 host1、host2、host3 的 home 目录

4. 将 host1 的 ~/test/test.txt 文件复制到 3 台主机的 home 目录

1）在 host1 的 ~/test 目录下创建 test.txt 文件，如图 7-5-13 所示。

```
hadoop@host1:~/test$ vi test.txt
hadoop@host1:~/test$ ls
test.txt
hadoop@host1:~/test$
```

图 7-5-13 创建 test.txt 文件

2）执行 ansible 命令，如图 7-5-14 所示。

```
hadoop@host1:~$ ansible hadoopservers -m copy -a 'src=~/test/test.txt dest=~/test.txt' -o
192.168.200.182 | CHANGED => {"ansible_facts": {"discovered_interpreter_python": "/usr/bin
: [{"msg": "Distribution Ubuntu 16.04 on host 192.168.200.182 should use /usr/bin/python3,
ible release will default to using the discovered platform python for this host. See https
on", "version": "2.12"}], "dest": "/home/hadoop/test.txt", "gid": 1000, "group": "hadoop",
": "/home/hadoop/.ansible/tmp/ansible-tmp-1566284713.75-232131357991336/source", "state":
192.168.200.180 | CHANGED => {"ansible_facts": {"discovered_interpreter_python": "/usr/bin
: [{"msg": "Distribution Ubuntu 16.04 on host 192.168.200.180 should use /usr/bin/python3,
ible release will default to using the discovered platform python for this host. See https
on", "version": "2.12"}], "dest": "/home/hadoop/test.txt", "gid": 1000, "group": "hadoop",
": "/home/hadoop/.ansible/tmp/ansible-tmp-1566284713.71-115895028534900/source", "state":
192.168.200.181 | CHANGED => {"ansible_facts": {"discovered_interpreter_python": "/usr/bin
: [{"msg": "Distribution Ubuntu 16.04 on host 192.168.200.181 should use /usr/bin/python3,
ible release will default to using the discovered platform python for this host. See https
on", "version": "2.12"}], "dest": "/home/hadoop/test.txt", "gid": 1000, "group": "hadoop",
": "/home/hadoop/.ansible/tmp/ansible-tmp-1566284713.73-25513538580754/source", "state": "
hadoop@host1:~$
```

图 7-5-14　执行 ansible 命令

3）查看目标主机的 home 目录，如图 7-5-15 所示。

```
hadoop@host2:~$ ls
examples.desktop  test  公共的  模板  视频  图片  文档  下载
hadoop@host2:~$ ls
examples.desktop  test  test.txt  公共的  模板  视频  图片  文
hadoop@host2:~$
```

图 7-5-15　查看 host2 主机的 home 目录

5．3 台主机在线安装 mysql-server

因为安装任务需要用管理员（root）身份执行，所以在执行任务前，需要在 Ubuntu 中开启 root 账户，并设置 root 用户的 SSH 免密码登录，具体过程参照项目 7 任务 1 的部分内容。

1）开启 root 账户，并设置 root 的 SSH 免密码登录（具体过程略）。

2）修改 /etc/ansible/ansible.cfg，设置 sudo_user 为 root，如图 7-5-16 所示。

```
inventory      = /etc/ansible/hosts
#library        = /usr/share/my_modules/
#module_utils   = /usr/share/my_module_utils/
#remote_tmp     = ~/.ansible/tmp
#local_tmp      = ~/.ansible/tmp
#plugin_filters_cfg = /etc/ansible/plugin_filters.yml
forks          = 5
#poll_interval  = 15
sudo_user      = root
#ask_sudo_pass = True
#ask_pass      = True
#transport      = smart
remote_port    = 22
#module_lang    = C
#module_set_locale = False
timeout = 60
```

图 7-5-16　修改 ansible.cfg 文件

3）查看 3 台主机是否安装 mysql-server（以 host2 为例），如图 7-5-17 所示。

```
root@host2:~# dpkg -L mysql-server
dpkg-query: 软件包 mysql-server 没有被安装
使用 dpkg --info (= dpkg-deb --info) 来检测打包好的文件,
还可以通过 dpkg --contents (= dpkg-deb --contents) 来列出它们的内容.
root@host2:~#
```

图 7-5-17　显示安装信息 1

4）执行 ansible 命令，如图 7-5-18 所示。

```
root@host1:~# ansible hadoopservers -m apt -a 'name=mysql-server state=installed update_cache=true' -d
192.168.200.181 | CHANGED => {"ansible_facts": {"discovered_interpreter_python": "/usr/bin/python"}, "
: [{"msg": "State 'installed' is deprecated. Using state 'present' instead.", "version": "2.9"}, {"msg
 is using /usr/bin/python for backward compatibility with prior Ansible releases. A future Ansible rel
ocs.ansible.com/ansible/2.8/reference_appendices/interpreter_discovery.html for more information", "ve
.\nBuilding dependency tree...\nReading state information...\nThe following additional packages will b
```

图 7-5-18　执行 ansible 命令

5）查看 mysql-server 的安装信息，如图 7-5-19 所示。

```
root@host2:~# dpkg -L mysql-server
/.
/usr
/usr/share
/usr/share/doc
/usr/share/doc/mysql-server
/usr/share/doc/mysql-server/copyright
/usr/share/doc/mysql-server/changelog.Debian.gz
/usr/share/doc/mysql-server/NEWS.Debian.gz
root@host2:~#
```

图 7-5-19　显示安装信息 2

6．编写剧本，并在目标主机创建目录和在线安装 wget 包

1）卸载 3 台主机的 wget 包，以方便再次安装（以 host2 为例），如图 7-5-20 所示。

```
root@host2:~# apt-get remove wget
正在读取软件包列表... 完成
正在分析软件包的依赖关系树
正在读取状态信息... 完成
下列软件包是自动安装的并且现在不需要了：
  hplip-data libart-2.0-2 libsane-hpaio libwebpmux1 pyth
使用'apt autoremove'来卸载它(它们)。
下列软件包将被【卸载】：
  hplip printer-driver-postscript-hp ssh-import-id ubun
升级了 0 个软件包，新安装了 0 个软件包，要卸载 5 个软件
解压缩后将会空出 2,736 kB 的空间。
您希望继续执行吗？ [Y/n] Y
(正在读取数据库 ... 系统当前共安装有 211953 个文件和目录
正在卸载 printer-driver-postscript-hp (3.16.3+repack0-1)
正在卸载 hplip (3.16.3+repack0-1) ...
正在卸载 ssh-import-id (5.5-0ubuntu1) ...
正在卸载 ubuntu-standard (1.361.4) ...
正在卸载 wget (1.17.1-1ubuntu1.5) ...
正在处理用于 cups (2.1.3-4ubuntu0.9) 的触发器 ...
正在处理用于 man-db (2.7.5-1) 的触发器 ...
正在处理用于 dbus (1.10.6-1ubuntu3.4) 的触发器 ...
正在处理用于 install-info (6.1.0.dfsg.1-5) 的触发器 ...
root@host2:~#
```

图 7-5-20　卸载 wget 包

2）检查 3 台主机的 wget 包，如图 7-5-21 所示。

3）在 host1 主机的 home 目录编写剧本文件 test.yaml。具体内容如图 7-5-22 所示。

```
root@host2:~# dpkg -L wget
/etc
/etc/wgetrc
root@host2:~# wget
bash: /usr/bin/wget: 没有那个文件或目录
root@host2:~#
```

图 7-5-21　host2 主机查询

```
---
- hosts: hadoopservers
  remote_user: root
  tasks:
  - name: create dir test in home
    shell: mkdir ~/test_abc
  - name: install wget
    apt: name=wget state=installed update_cache=true
```

图 7-5-22　剧本文件

4）执行剧本文件，如图 7-5-23 所示。

```
root@host1:~# ansible-playbook test.yaml

PLAY [hadoopservers] ******************************

TASK [Gathering Facts] ****************************
ok: [192.168.200.180]
ok: [192.168.200.181]
ok: [192.168.200.182]

TASK [create dir test in home] ********************
 [WARNING]: Consider using the file module with st
command task or set 'command_warnings=False' in an

changed: [192.168.200.180]
changed: [192.168.200.182]
changed: [192.168.200.181]

TASK [install wget] *******************************
 [WARNING]: Could not find aptitude. Using apt-get

[DEPRECATION WARNING]: State 'installed' is deprec
deprecation_warnings=False in ansible.cfg.
changed: [192.168.200.181]
changed: [192.168.200.182]
changed: [192.168.200.180]

PLAY RECAP ****************************************
192.168.200.180            : ok=3    changed=2
192.168.200.181            : ok=3    changed=2
192.168.200.182            : ok=3    changed=2
```

图 7-5-23　执行剧本

5）查看 3 台主机的 home 目录和 wget 包安装情况（以 host2 为例），如图 7-5-24 和图 7-5-25 所示。

```
root@host2:~# dpkg -L wget
/.
/usr
/usr/bin
/usr/bin/wget
/usr/share
/usr/share/info
/usr/share/info/wget.info.gz
/usr/share/man
/usr/share/man/man1
/usr/share/man/man1/wget.1.gz
/usr/share/doc
/usr/share/doc/wget
/usr/share/doc/wget/NEWS.gz
/usr/share/doc/wget/README
/usr/share/doc/wget/AUTHORS
/usr/share/doc/wget/copyright
/usr/share/doc/wget/changelog.Debian.gz
/usr/share/doc/wget/MAILING-LIST
/etc
/etc/wgetrc
root@host2:~# wget
wget: 未指定 URL
用法:  wget [选项]... [URL]...
```

图 7-5-24　查询 wget 包

```
root@host2:~# ls
test_abc
root@host2:~#
```

图 7-5-25　home 目录

小　结

通过完成任务，可以体会到 Ansible 给运维带来的便利，特别是运行剧本，能够实现一键运维、批量管理。建议自行深入学习剧本的编写、调试技巧，下一个任务将使用 ansible-playbook 来实现 Hadoop 集群的搭建。

任务 6　使用 Ansible 部署 Hadoop 集群

学习目标

- 掌握用 ansible 创建安装 Hadoop 集群剧本的方法。
- 熟悉 ansible-play 的命令格式。
- 掌握 ansible 剧本调试技巧。

任务描述

通过前面的学习，初步了解了 Ansible 自动化运维的基本原理，对于部署 Hadoop 分布式集群前面也已经学过。现在，将使用 Ansible 来设计一键安装 Hadoop 集群的剧本。

本任务提供 3 台安装 Ubuntu 16.04 的虚拟机 host1、host2、host3，均开启 root 账户并配置免密码登录，JDK 已经配置完毕，host1 主机已经安装 ansible。

要求在 host1 主机使用 Ansible 设计剧本，完成一键安装 Hadoop 分布式集群。

任务分析

准备工作阶段按照先后顺序参照主机的实际设置很快就能完成。剧本编写阶段比较麻烦，剧本比较长，建议分段调试，不要全部写完一次性调试。此外，需要对搭建 Hadoop 集群流程非常熟悉。

任务实施

1. 准备工作

1）在 host1 主机的 /etc/ansible 目录下创建如图 7-6-1 所示的目录。如果 tree 命令不能执行，则先用 apt install tree 命令安装 tree 模块。

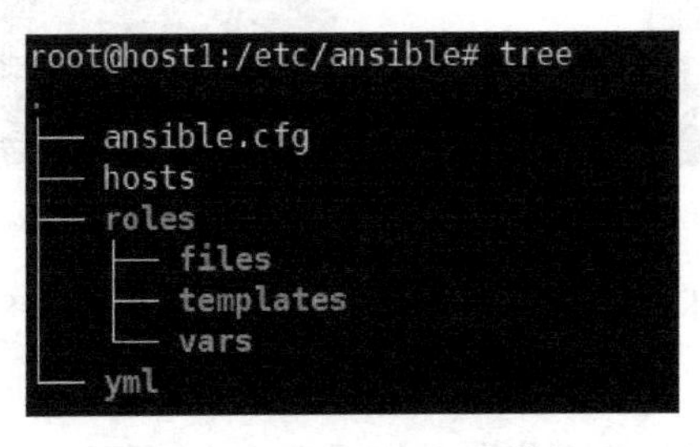
```
root@host1:/etc/ansible# tree
.
├── ansible.cfg
├── hosts
├── roles
│   ├── files
│   ├── templates
│   └── vars
└── yml
```

图 7-6-1　Ansible 目录结构

2）将 Hadoop 安装包文件 hadoop-2.7.3.tar.gz 复制到 roles/files 目录下，解压后将目录名 hadoop-2.7.3 更名为 hadoop，再次压缩为 hadoop.tar.gz，如图 7-6-2 所示。

3）将 hadoop-env.sh、slaves、core-site.xml、hdfs-site.xml、yarn-site.xml、mapred-site.xml 六个文件配置完毕后复制到 roles/templates 目录下，并在文件名末尾加上“.j2”，如图 7-6-3 所示。

```
root@host1:/etc/ansible/roles/files# ls
hadoop.tar.gz
root@host1:/etc/ansible/roles/files#
```

图 7-6-2 复制安装包

```
root@host1:/etc/ansible/roles/templates#
root@host1:/etc/ansible/roles/templates# ll
总用量 36
drwxr-xr-x 2 root root 4096 8月  22 18:51 ./
drwxr-xr-x 5 root root 4096 8月  22 16:11 ../
-rw-r--r-- 1 root root 1388 8月  22 18:49 core-site.xml.j2
-rw-r--r-- 1 root root 4221 8月  22 18:49 hadoop-env.sh.j2
-rw-r--r-- 1 root root 1422 8月  22 18:49 hdfs-site.xml.j2
-rw-r--r-- 1 root root 1049 8月  22 18:49 mapred-site.xml.j2
-rw-r--r-- 1 root root   14 8月  22 18:49 slaves.j2
-rw-r--r-- 1 root root  964 8月  22 18:49 yarn-site.xml.j2
root@host1:/etc/ansible/roles/templates#
```

图 7-6-3 Hadoop 配置文件

4）编辑 /etc/ansible/hosts 文件，内容如图 7-6-4 所示。

5）在 roles/vars 下创建 main.yml 文件，如图 7-6-5 所示。

```
[hadoopservers]
192.168.200.180 namenode_active=true datanode=true
192.168.200.181 namenode_active=false datanode=true
192.168.200.182 namenode_active=false datanode=true
```

图 7-6-4 hosts 文件

```
HadoopDir: /usr/local
AnsibleDir: /etc/ansible
```

图 7-6-5 main.yml 文件

准备工作完成后的目录与文件结构如图 7-6-6 所示。

2．编写剧本文件 /etc/ansible/yml/hadoop.yml，文件分为 4 段，拼接成一个文件

1）文件第一段：剧本基础设置，如图 7-6-7 所示。

```
root@host1:/etc/ansible# tree
.
├── ansible.cfg
├── hosts
├── roles
│   ├── files
│   │   └── hadoop.tar.gz
│   ├── templates
│   │   ├── core-site.xml.j2
│   │   ├── hadoop-env.sh.j2
│   │   ├── hdfs-site.xml.j2
│   │   ├── mapred-site.xml.j2
│   │   ├── slaves.j2
│   │   └── yarn-site.xml.j2
│   └── vars
│       └── main.yml
└── yml
    └── hadoop.yml

5 directories, 11 files
root@host1:/etc/ansible#
```

图 7-6-6 全部文件与目录结构

```
- hosts: hadoopservers
  remote_user: root
  roles:
  - roles
```

图 7-6-7 文件第一段

2）文件第二段：改写环境变量文件 /etc/profile，如图 7-6-8 所示，共写入 4 行语句。

3）文件第三段：配置文件与目录操作，如图 7-6-9 所示。

4）文件第四段：格式化与启动集群，如图 7-6-10 所示。

```
tasks:
 - name: modify configuration1
   lineinfile:
       dest:  /etc/profile
       line: 'export HADOOP_HOME=/usr/local/hadoop'
 - name: modify configuration2
   lineinfile:
       dest:  /etc/profile
       line: 'export PATH=$HADOOP_HOME/bin:$HADOOP_HOME/sbin:$PATH'
 - name: modify configuration3
   lineinfile:
       dest:  /etc/profile
       line: 'export HADOOP_COMMON_LIB_NATIVE_DIR=$HADOOP_HOME/lib/native'
 - name: modify configuration4
   lineinfile:
       dest:  /etc/profile
       line: 'export HADOOP_OPTS="-Djava.library.path=$HADOOP_HOME/lib:$HADOOP_COMMON_LIB_NATIVE_DIR"'
```

图 7-6-8　文件第二段

```
 - name: copy and unzip hadoop
   unarchive: src={{AnsibleDir}}/roles/files/hadoop.tar.gz dest={{HadoopDir}}
 - name: create hadoop logs directory
   file: dest={{HadoopDir}}/hadoop/logs mode=0775 state=directory
 - name: create hadoop tmp directory
   file: dest={{HadoopDir}}/hadoop/tmp mode=0777 state=directory

 - name: install configuration file yarn-site.xml.sh.j2 for hadoop
   template: src={{AnsibleDir}}/roles/templates/yarn-site.xml.j2 dest={{HadoopDir}}/hadoop/etc/hadoop/yarn-site.xml
 - name: install configuration file mapred-sit.xml.sh.j2 for hadoop
   template: src={{AnsibleDir}}/roles/templates/mapred-site.xml.j2 dest={{HadoopDir}}/hadoop/etc/hadoop/mapred-site.xml
 - name: install configuration file hadoop-env.sh.j2 for hadoop
   template: src={{AnsibleDir}}/roles/templates/hadoop-env.sh.j2 dest={{HadoopDir}}/hadoop/etc/hadoop/hadoop-env.sh
 - name: install configuration file core-site.xml.j2 for hadoop
   template: src={{AnsibleDir}}/roles/templates/core-site.xml.j2 dest={{HadoopDir}}/hadoop/etc/hadoop/core-site.xml
 - name: install configuration file hdfs-site.xml.j2 for hadoop
   template: src={{AnsibleDir}}/roles/templates/hdfs-site.xml.j2 dest={{HadoopDir}}/hadoop/etc/hadoop/hdfs-site.xml
 - name: install configuration file slaves.j2 for hadoop
   template: src={{AnsibleDir}}/roles/templates/slaves.j2 dest={{HadoopDir}}/hadoop/etc/hadoop/slaves
```

图 7-6-9　文件第三段

```
 - name: change shell sbin file
   file: dest={{HadoopDir}}/hadoop/sbin mode=0755 recurse=yes
 - name: change shell bin file
   file: dest={{HadoopDir}}/hadoop/bin mode=0755 recurse=yes

 - name: format active namenode hdfs
   shell: bash {{HadoopDir}}/hadoop/bin/hdfs namenode -format -force
   become: true
   become_method: su
   become_user: root
   when: namenode_active == "true"
 - name: start all
   shell: bash {{HadoopDir}}/hadoop/sbin/start-all.sh
   become: true
   become_method: su
   become_user: root
   when: namenode_active == "true"
   tags:
     - start hadoop
```

图 7-6-10　文件第四段

3．执行剧本，查看 Hadoop 启动状况

1）执行剧本，如图 7-6-11 和图 7-6-12 所示。

2）查看 Hadoop 进程，如图 7-6-13 ～图 7-6-15 所示。

```
root@host1:/etc/ansible# ansible-playbook -i hosts yml/hadoop.yml

PLAY [hadoopservers] ****************************************************

TASK [Gathering Facts] **************************************************


TASK [modify configuration1] ********************************************
changed: [192.168.200.180]
changed: [192.168.200.182]
changed: [192.168.200.181]
```

图 7-6-11　执行剧本

```
PLAY RECAP ****************************************************************************
192.168.200.180            : ok=[illegible]   changed=15   unreachable=0   failed=0   skipped=0
192.168.200.181            : ok=[illegible]   changed=13   unreachable=0   failed=0   skipped=2
192.168.200.182            : ok=[illegible]   changed=13   unreachable=0   failed=0   skipped=2
```

图 7-6-12　执行结果

```
root@host1:~# jps
4241 ResourceManager
3842 NameNode
4676 Jps
3996 DataNode
4366 NodeManager
root@host1:~#
```

图 7-6-13　host1 的 jps 进程

```
root@host2:~# jps
3481 Jps
3356 NodeManager
3261 SecondaryNameNode
3135 DataNode
root@host2:~#
```

图 7-6-14　host2 的 jps 进程

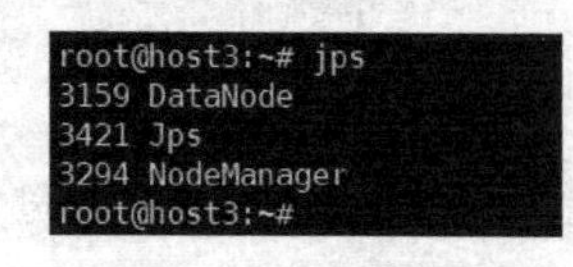

图 7-6-15　host3 的 jps 进程

小　结

任务剧本中包含的内容有执行命令、创建文件、修改文件、文件解压、修改权限 5 个模块，需要特别注意模块的书写格式。在分段调试剧本的时候，每段必须保留剧本的前 4 行，否则剧本无法执行。剧本在执行前，先使用 -C 参数检查语法，如“ansible-play -i hosts yml/hadoop.yml -C”。

任务 7　Docker 安装与应用

学习目标

- 了解 Docker 的基本原理。
- 掌握 Docker 的安装方法。
- 熟悉 Docker 基本命令。
- 掌握创建 Docker 容器的方法。

任务描述

Docker 是 PaaS 提供商 dotCloud 开源的一个基于 LXC 的容器引擎，源代码托管在 GitHub 上，它基于 Go 语言并遵从 Apache 2.0 协议开发。Docker 是一个开源的应用容器引擎，让开发者可以打包他们的应用和依赖包到一个可移植的容器中，然后发布到任何流行的 Linux 机器上，也可以实现虚拟化，容器使用沙箱机制，相互之间不会有任何接口。Docker 一般由以下几个部分组成：

- dockerClient（客户端）。
- dockerDaemon（守护进程）。
- dockerImage（镜像）。
- dockerContainer（容器）。

Docker 与 VM（虚拟机）有着相似的功能，但 Docker 所占用的系统资源比较少，启动速度快，继承性好。例如，在一台服务器安装 3 个虚拟节点的 Hadoop 集群，使用 VM 技术需要安装 3 个虚拟操作系统，而使用 Docker 技术只需要安装一个虚拟操作系统。

在虚拟机 host1 中安装 Docker，然后创建一个 MySQL 5.5 应用容器。

任务分析

1）在安装 Docker 的过程中，相对于官方源，使用阿里云安装源有着较好的安装体验。

2）Docker 有两个版本：docker-ce（社区版）和 docker-ee（企业版）。

3）Docker 在创建容器过程中需要下载镜像，如果没有加速器将会花费很多时间。需要注册阿里云账号，获得专属加速器，添加到配置文件中。

4）docker-compse 组件可运行和管理多个 Docker 容器；docker-machine 是 Docker 官方提供的 Docker 管理工具。可管理多个 Docker 主机，可搭建 swarm 集群。

任务实施

1. 在 Ubuntu 主机 host1 中安装 Docker

1）更新安装源，如图 7-7-1 所示。

```
root@host1:~# apt-get update
命中:1 http://mirrors.aliyun.com/ubuntu xenial InRelease
获取:2 http://mirrors.aliyun.com/ubuntu xenial-updates InRelease [109 kB]
获取:3 http://mirrors.aliyun.com/ubuntu xenial-security InRelease [109 kB]
命中:4 http://ppa.launchpad.net/ansible/ansible/ubuntu xenial InRelease
已下载 218 kB，耗时 1秒 (134 kB/s)
正在读取软件包列表... 完成
```

图 7-7-1　更新安装源

2）使用 apt-get 命令安装以下工具：apt-transport-https、ca-certificates、curl、software-properties-common 、lrzsz。

3）安装 GPG 证书，如图 7-7-2 所示。

```
root@host1:~# curl -fsSL http://mirrors.aliyun.com/docker-ce/linux/ubuntu/gpg | sudo apt-key add -
OK
root@host1:~#
```

图 7-7-2　安装 GPG 证书

4）写入安装源：add-apt-repository “deb [arch=amd64] http://mirrors.aliyun.com/docker-ce/linux/ubuntu $（lsb_release -cs）stable”。

5）安装 docker-ce，如图 7-7-3 所示。

6）验证 Docker 版本，如图 7-7-4 所示。

```
root@host1:~# apt-get update
命中:1 http://mirrors.aliyun.com/ubuntu xenial InRel
获取:2 http://mirrors.aliyun.com/ubuntu xenial-updat
获取:3 http://mirrors.aliyun.com/ubuntu xenial-secur
获取:4 http://mirrors.aliyun.com/docker-ce/linux/ubu
获取:5 http://mirrors.aliyun.com/docker-ce/linux/ubu
命中:6 http://ppa.launchpad.net/ansible/ansible/ubun
已下载 295 kB，耗时 0秒 (446 kB/s)
正在读取软件包列表... 完成
root@host1:~# apt-get install docker-ce
正在读取软件包列表... 完成
正在分析软件包的依赖关系树
正在读取状态信息... 完成
```

图 7-7-3　安装 docker-ce

```
root@host1:~# docker version
Client: Docker Engine - Community
 Version:           19.03.1
 API version:       1.40
 Go version:        go1.12.5
 Git commit:        74b1e89e8a
 Built:             Thu Jul 25 21:21:35 2019
 OS/Arch:           linux/amd64
 Experimental:      false

Server: Docker Engine - Community
 Engine:
  Version:          19.03.1
  API version:      1.40 (minimum version 1.12)
  Go version:       go1.12.5
  Git commit:       74b1e89e8a
  Built:            Thu Jul 25 21:20:09 2019
  OS/Arch:          linux/amd64
  Experimental:     false
 containerd:
  Version:          1.2.6
  GitCommit:        894b81a4b802e4eb2a91d1ce216b8817763c29fb
 runc:
  Version:          1.0.0-rc8
  GitCommit:        425e105d5a03fabd737a126ad93d62a9eeede87f
 docker-init:
  Version:          0.18.0
  GitCommit:        fec3683
root@host1:~#
```

图 7-7-4　验证 Docker 版本

2．配置阿里云镜像加速器

1）注册阿里云账号（略过）。

2）得到专属加速器地址，如图 7-7-5 所示。

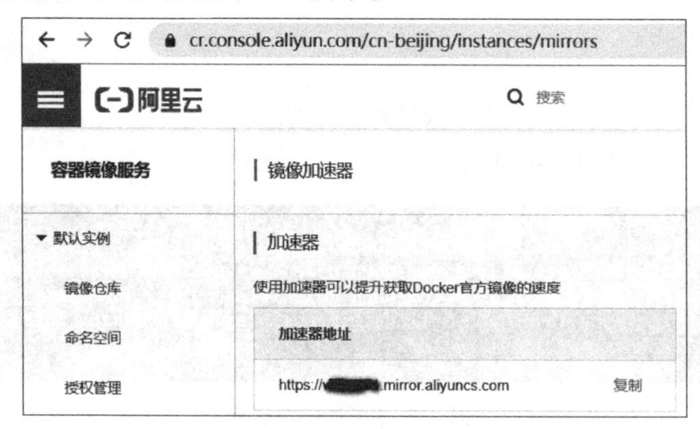

图 7-7-5　镜像加速器

3）将地址替换成自己的地址，写入配置文件中，如图 7-7-6 和图 7-7-7 所示。修改完毕后重启服务，如图 7-7-8 所示。

```
root@host1:~# mkdir -p /etc/docker
root@host1:~# tee /etc/docker/daemon.json <<-'EOF'
> {
>   "registry-mirrors": ["您的专属加速器地址"]
> }
> EOF
{
  "registry-mirrors": ["您的专属加速器地址"]
}
root@host1:~#
```

图 7-7-6　写入加速器

图 7-7-7 daemon.json 文件

```
root@host1:~# sudo systemctl daemon-reload
root@host1:~# sudo systemctl restart docker
root@host1:~#
```

图 7-7-8 重启服务

3．下载镜像并运行容器

1）从官方仓库下载 MySQL 5.5 的镜像，如图 7-7-9 所示，因为启用了加速器，1min 内即可完成。

```
root@host1:~# docker pull mysql/mysql-server:5.5
5.5: Pulling from mysql/mysql-server
a8d84c1f755a: Pull complete
a98c10778cf6: Pull complete
e1fe4cb698c9: Pull complete
7c67030deb6e: Pull complete
Digest: sha256:9f3de990c575998c9934b2fa02a47f983619b77ca5c9348200fda6d579521966
Status: Downloaded newer image for mysql/mysql-server:5.5
docker.io/mysql/mysql-server:5.5
root@host1:~#
```

图 7-7-9 下载镜像

2）查看 Docker 镜像，如图 7-7-10 所示。

```
root@host1:~# docker images |grep mysql
mysql/mysql-server   5.5   1105404428e8   6 months ago   173MB
root@host1:~#
```

图 7-7-10 查看 Docker 镜像

3）运行 MySQL 容器，如图 7-7-11 所示。

```
root@host1:~# docker run --name mysql5.5 \
> -p 3308:3306 \
> -v $PWD/conf:/etc/mysql/conf.d \
> -v $PWD/logs:/logs \
> -v $PWD/data:/var/lib/mysql \
> -e MYSQL\_ROOT\_PASSWORD=123 \
> -d mysql/mysql-server:5.5
1937b5666bdc5c88765ca3e29b95fe6886db92589cb70b393648ed73dd098742
root@host1:~#
```

图 7-7-11 运行 MySQL 容器

命令参数含义如下：

- -name 容器名称。
- -p 3308:3306 宿主机端口：容器内部端口。
- -e 运行参数 初始化 root 用户的密码。
- -d mysql/mysql-server:5.5 镜像名字加标签。
- -v $PWD/conf:/etc/mysql/conf.d 将主机 home 目录下的 conf/my.cnf 挂载到容器的 /etc/mysql/my.cnf。
- -v $PWD/logs:/logs 将主机 home 目录下的 logs 目录挂载到容器的 /logs。
- -v $PWD/data:/var/lib/mysql 将主机当前目录下的 data 目录挂载到容器的 /var/lib/mysql。

4）为了测试登录，先进入如图 7-7-12 所示的容器，开启远程登录，如图 7-7-13 所示。

5）测试登录。执行命令前，先在宿主机安装 mysql-client 组件，否则，MySQL 命令不能执行，注意通过 -P（大写）设置端口号为 3308，如图 7-7-14 所示。另外，输入密码的时候直接按 <Enter> 键，因为 root@% 没有设置密码。

```
root@host1:~# docker exec -it mysql5.5 bash
bash-4.2#
bash-4.2#
bash-4.2#
```

图 7-7-12　进入容器

```
bash-4.2# mysql -u root -p
Enter password:
Welcome to the MySQL monitor.  Commands end with ; or \g.
Your MySQL connection id is 39
Server version: 5.5.62 MySQL Community Server (GPL)

Copyright (c) 2000, 2018, Oracle and/or its affiliates. All rights re

Oracle is a registered trademark of Oracle Corporation and/or its
affiliates. Other names may be trademarks of their respective
owners.

Type 'help;' or '\h' for help. Type '\c' to clear the current input s

mysql> GRANT ALL PRIVILEGES ON *.* TO 'root'@'%' WITH GRANT OPTION;
Query OK, 0 rows affected (0.01 sec)

mysql> FLUSH PRIVILEGES
Query OK, 0 rows affected (0.00 sec)

mysql> quit;
Bye
bash-4.2#
```

图 7-7-13　开启远程访问（容器）

```
root@host1:~# mysql -u root -p -h 127.0.0.1 -P 3308
Enter password:
Welcome to the MySQL monitor.  Commands end with ; or \g.
Your MySQL connection id is 165
Server version: 5.5.62 MySQL Community Server (GPL)

Copyright (c) 2000, 2019, Oracle and/or its affiliates. All rights reserved.

Oracle is a registered trademark of Oracle Corporation and/or its
affiliates. Other names may be trademarks of their respective
owners.

Type 'help;' or '\h' for help. Type '\c' to clear the current input statement.

mysql>
```

图 7-7-14　宿主机登录容器 MySQL

4. 常用容器操作命令

1）查询正在运行的容器，如图 7-7-15 所示。

```
root@host1:~# docker ps
CONTAINER ID        IMAGE                        COMMAND
1937b5666bdc        mysql/mysql-server:5.5       "/entrypoint.sh mysq…"
```

图 7-7-15　查询容器

2）停止容器，如图 7-7-16 所示。

```
root@host1:~# docker stop 1937b5666bdc
1937b5666bdc
root@host1:~#
```

图 7-7-16　停止容器

3）启动容器，如图 7-7-17 所示。

图 7-7-17 启动容器

4）删除容器。如果要删除一个正在运行的容器，增加 -f 选项，如图 7-7-18 所示。

```
root@host1:~# docker ps -a
CONTAINER ID        IMAGE                     COMMAND
1937b5666bdc        mysql/mysql-server:5.5    "/entrypo:
root@host1:~# docker rm -f 1937b5666bdc
```

图 7-7-18 删除容器

小 结

本任务下载的 MySQL 镜像也可以从网易云中拉取，但需要先注册账号才能获取镜像地址，从网易云下载镜像可以不用设置加速器，建议利用下载的镜像多创建几个容器，体验 Docker 带来的便利。

任务 8 使用 Docker 部署 Hadoop 集群

学习目标

- 掌握使用 Docker 组装 Hadoop 集群的一般方法。
- 掌握使用 Docker 搭建 Hadoop 集群的一般方法。

任务描述

一般情况下，安装 3 个节点的 Hadoop 集群需要在宿主机上先安装 3 台虚拟主机，然后在虚拟主机上配置 SSH 免密码登录、安装 JDK、修改 Hadoop 配置文件等工作来完成搭建。比较便利的方法是利用 Ansible 工具编写安装剧本，实现一键安装。也可以使用 Ambari 工具安装 Hadoop 集群外加整套的生态组件。本任务使用 Docker 安装 Hadoop 集群，更加简单、硬件要求更低、启动更加迅捷。如果 Docker 镜像中已经包含 Hadoop 节点，只需要将这些节点“组装”成 Hadoop 集群。如果 Docker 镜像仅是一个空白的 CentOS 或 Ubuntu 操作系统，需要在 Docker 容器中用传统的方法“搭建”Hadoop 集群。

任务中包含两个方面内容：

1）在一个 Ubuntu 虚拟主机中，利用 Docker 技术下载 Hadoop 节点镜像，组装一个含 3 个节点的 Hadoop 集群。

2）在一个 Ubuntu 虚拟主机中，利用 Docker 技术下载 CentOS7 镜像，然后安装含 3 个节点的 Hadoop 集群。

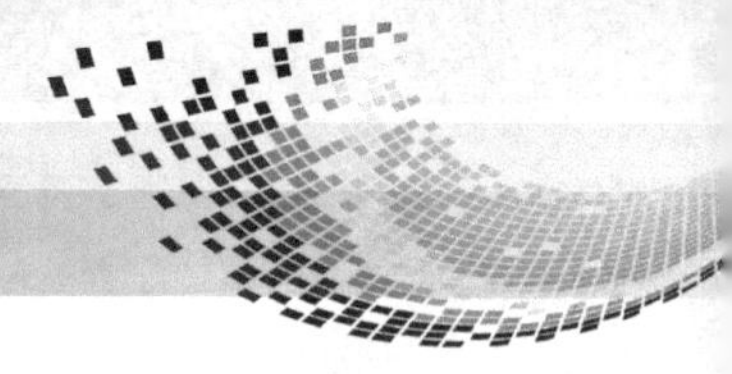

任务分析

任务给定了一台虚拟机，因为 Hadoop 集群比较耗资源，所以此虚拟机设置内存大于 4GB，硬盘大于 40GB。此外，集群之间需要启用网络连接，创建网关。

任务实施

（一）组装一个含 3 个节点的 Hadoop 集群

kiwenlau/hadoop-cluster-docker 在 GitHub 上获得了 236 个 Star，DockerHub 的镜像下载次数为 2000 多次，是一个非常受欢迎的项目，本任务将使用这个镜像。Hadoop 的 master 和 slave 分别运行在不同的 Docker 容器中，其中 hadoop-master 容器中运行 NameNode 和 ResourceManager，hadoop-slave 容器中运行 DataNode 和 NodeManager。

1. 准备网络和下载镜像

1）在 Docker 中为 Hadoop 集群创建单独的网络，如图 7-8-1 和图 7-8-2 所示。

```
root@host1:~# docker network create --driver=bridge hadoop
57e7961e2db147c35a79b3b38b1da196d0a04ab4c2d717fcc3591e7c4d8f7701
root@host1:~#
```

图 7-8-1　创建 Hadoop 网络

```
root@host1:~# docker network ls
NETWORK ID          NAME                DRIVER              SCOPE
9963f9ab3d1e        bridge              bridge              local
57e7961e2db1        hadoop              bridge              local
de1e2045ac35        host                host                local
e56dd9b6d927        none                null                local
root@host1:~#
```

图 7-8-2　显示网络

2）下载 kiwenlau/hadoop-cluster-docker 镜像，如图 7-8-3 和图 7-8-4 所示。

```
root@host1:~# docker pull kiwenlau/hadoop:1.0
1.0: Pulling from kiwenlau/hadoop
6c953ac5d795: Pull complete
3eed5ff20a90: Pull complete
f8419ea7c1b5: Pull complete
51900bc9e720: Pull complete
a3ed95caeb02: Pull complete
bd8785af34f8: Pull complete
bbc3db9806c0: Pull complete
10b317fed6db: Pull complete
ff167c65c3cc: Pull complete
b6f1a5a93aa5: Pull complete
21f0d52e6cae: Pull complete
35ebd7467cfb: Pull complete
Digest: sha256:e4fe1788c2845c857b98cec6bba0bbcd5ac9f97fd3d73088a17fd9a0c4017934
Status: Downloaded newer image for kiwenlau/hadoop:1.0
docker.io/kiwenlau/hadoop:1.0
root@host1:~#
```

图 7-8-3　下载镜像

```
root@host1:~# docker images
REPOSITORY            TAG        IMAGE ID        CREATED          SIZE
mysql/mysql-server    5.5        1105404428e8    6 months ago     173MB
kiwenlau/hadoop       1.0        a59a34125272    3 years ago      829MB
root@host1:~#
```

图 7-8-4　显示镜像

3）下载 GitHub 仓库，如图 7-8-5 所示。

```
root@host1:~# ls
hadoops
root@host1:~# git clone https://github.com/kiwenlau/hadoop-cluster-docker
正克隆到 'hadoop-cluster-docker'...
remote: Enumerating objects: 392, done.
remote: Total 392 (delta 0), reused 0 (delta 0), pack-reused 392
接收对象中: 100% (392/392), 191.83 KiB | 76.00 KiB/s, 完成.
处理 delta 中: 100% (211/211), 完成.
检查连接... 完成。
root@host1:~# ls
hadoop-cluster-docker  hadoops
root@host1:~#
```

图 7-8-5 下载 GitHub 仓库

2．运行容器和启动 Hadoop

1）启动容器。可以通过下载的 GitHub 启动容器，启动后直接进入容器（请注意命令提示符的变化），如图 7-8-6 所示。

```
root@host1:~# ls
hadoop-cluster-docker  hadoops
root@host1:~# cd hadoop-cluster-docker/
root@host1:~/hadoop-cluster-docker# ./start-container.sh
start hadoop-master container...
start hadoop-slave1 container...
start hadoop-slave2 container...
root@hadoop-master:~#
```

图 7-8-6 启动容器

2）启动 Hadoop，如图 7-8-7 所示。

```
root@hadoop-master:~# ls
hdfs  run-wordcount.sh  start-hadoop.sh
root@hadoop-master:~# ./start-hadoop.sh


Starting namenodes on [hadoop-master]
hadoop-master: Warning: Permanently added 'hadoop-master,172.18.0.
hadoop-master: starting namenode, logging to /usr/local/hadoop/logs
hadoop-slave2: Warning: Permanently added 'hadoop-slave2,172.18.0.
hadoop-slave1: Warning: Permanently added 'hadoop-slave1,172.18.0.
hadoop-slave1: starting datanode, logging to /usr/local/hadoop/logs
hadoop-slave2: starting datanode, logging to /usr/local/hadoop/logs
Starting secondary namenodes [0.0.0.0]
0.0.0.0: Warning: Permanently added '0.0.0.0' (ECDSA) to the list
0.0.0.0: starting secondarynamenode, logging to /usr/local/hadoop/
```

图 7-8-7 启动 Hadoop

3）检查 Hadoop 集群，访问宿主机的 50070 端口，如图 7-8-8 所示。

3．进入和退出容器

1）先用“docker ps”查询容器 ID，再使用“docker exec-it 容器 ID/bin/bash”进入容器。

2）使用“exit”命令或者按 <Ctrl+P+Q> 组合键退出容器但不会终止容器。

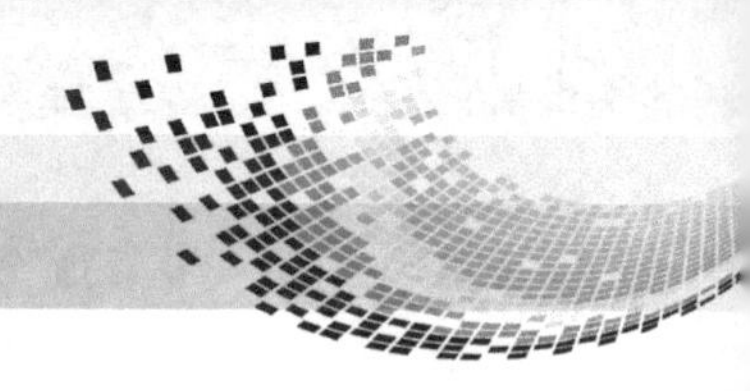

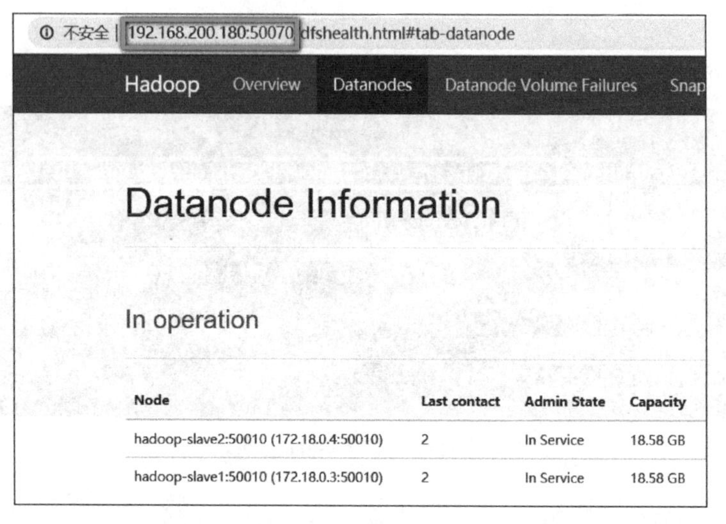

图 7-8-8 访问 Hadoop

（二）安装含 3 个节点的 Hadoop 集群

先下载 CentOS 镜像，再创建桥接模式的网络，然后启动 3 个容器并指定固定 IP 地址，保证 3 个容器与外网的连通，最后按照传统方式配置 Hadoop 集群。

1. 下载 CentOS 镜像、创建网络、启动 3 个容器

1）下载 CentOS 镜像，如图 7-8-9 所示。

```
root@host1:~# docker pull centos
Using default tag: latest
latest: Pulling from library/centos
d8d02d457314: Pull complete
Digest: sha256:307835c385f656ec2e2fec602cf093224173c51119bbebd602c53c3653a3d6eb
Status: Downloaded newer image for centos:latest
docker.io/library/centos:latest
root@host1:~# docker images
REPOSITORY          TAG                 IMAGE ID            CREATED             SIZE
centos              latest              67fa590cfc1c        6 days ago          202MB
root@host1:~#
```

图 7-8-9 下载 CentOS 镜像

2）创建桥接模式的 Hadoop 网络 192.168.10.0/24，如图 7-8-10 所示。

```
root@host1:~# docker network ls
NETWORK ID          NAME                DRIVER              SCOPE
e87fa8c8b51c        bridge              bridge              local
de1e2045ac35        host                host                local
e56dd9b6d927        none                null                local
root@host1:~# docker network create \
> --driver=bridge \
> --subnet=192.168.10.0/24 \
> hadoop
0a19e3503eaee4e12c4bc6923654068be8b3fdb986a9eb5f0254d611a28c8e49
root@host1:~# docker network ls
NETWORK ID          NAME                DRIVER              SCOPE
e87fa8c8b51c        bridge              bridge              local
0a19e3503eae        hadoop              bridge              local
de1e2045ac35        host                host                local
e56dd9b6d927        none                null                local
root@host1:~#
```

图 7-8-10 创建网络

3）开启3个容器：master、slave1、slave2，如图7-8-11～图7-8-14所示。

```
root@host1:~# docker run -d --privileged -ti \
> -v /sys/fs/cgroup:/sys/fs/cgroup  \
> --name master \
> -h master \
> --net hadoop \
> --ip 192.168.10.11 centos /usr/sbin/init
72e78dfadcb51d311d7c69202f3e91ae14595687071dfff454464a4b11bd4f62
root@host1:~#
```

图7-8-11　开启容器master

```
root@host1:~# docker run -d --privileged -ti \
> -v /sys/fs/cgroup:/sys/fs/cgroup \
> --name slave1 \
> -h slave1 \
> --net hadoop \
> --ip 192.168.10.12 centos /usr/sbin/init
215fc79ceaddc317ddd3df1629ed23c11cb1b0c1839ae61ac3a155f3a8159b82
root@host1:~#
```

图7-8-12　开启容器slave1

```
root@host1:~# docker run -d --privileged -ti \
> -v /sys/fs/cgroup:/sys/fs/cgroup \
> --name slave2 \
> -h slave2 \
> --net hadoop \
> --ip 192.168.10.13 centos /usr/sbin/init
7c4990a45945cad3a2036ee31b8e443a566d07ea6a1c317cf473f18c256b236e
root@host1:~#
```

图7-8-13　开启容器slave2

```
root@host1:~# docker ps -a
CONTAINER ID        IMAGE               COMMAND             CREATED
7c4990a45945        centos              "/usr/sbin/init"    10 seconds ago
215fc79ceadd        centos              "/usr/sbin/init"    6 minutes ago
72e78dfadcb5        centos              "/usr/sbin/init"    11 minutes ago
root@host1:~#
```

图7-8-14　已开启容器列表

2．配置3个容器的基础软件

需要安装的软件有openssh、wget、net-tools。进入容器后记得设置root的密码。此处只演示master容器的操作，slave1、slave2的操作与master完全相同。

1）进入容器master，如图7-8-15所示。

```
root@host1:~# docker exec -it master bash
[root@master /]#
[root@master /]#
```

图7-8-15　进入容器master

2）安装软件wget、openssh、net-tools，如图7-8-16所示。

3）设置root密码，如图7-8-17所示。

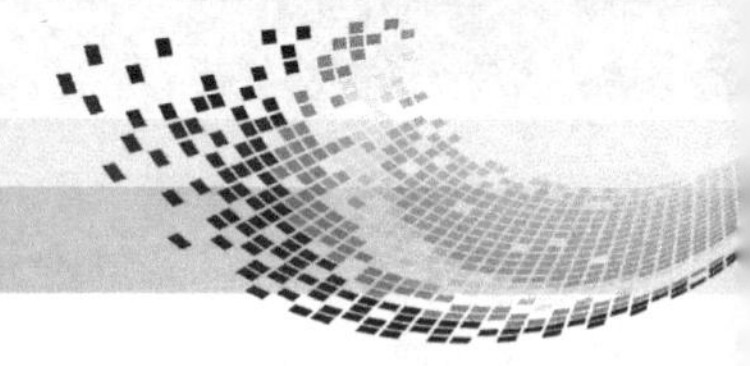

```
[root@master ~]# yum -y install wget
Loaded plugins: fastestmirror, ovl
Determining fastest mirrors
 * base: mirrors.aliyun.com
 * extras: mirrors.aliyun.com
 * updates: mirror.jdcloud.com
base
extras
updates
```

```
[root@master ~]# yum install openssh-server openssh-clients
Failed to set locale, defaulting to C
Loaded plugins: fastestmirror, ovl
Loading mirror speeds from cached hostfile
 * base: mirrors.aliyun.com
 * extras: mirrors.aliyun.com
 * updates: mirror.jdcloud.com
```

```
[root@master ~]# yum install net-tools
Failed to set locale, defaulting to C
Loaded plugins: fastestmirror, ovl
Loading mirror speeds from cached hostfile
 * base: mirrors.aliyun.com
 * extras: mirrors.aliyun.com
 * updates: mirror.jdcloud.com
```

图 7-8-16　安装 wget、openssh、net-tools

```
[root@master ~]# passwd
Changing password for user root.
New password:
BAD PASSWORD: The password is shorter than 8 characters
Retype new password:
passwd: all authentication tokens updated successfully.
[root@master ~]#
```

图 7-8-17　设置 root 密码

3．回到宿主机通过 scp 命令向容器传送 Hadoop、JDK 安装包

Hadoop 集群的安装过程参照前面的任务进行即可。

小　结

Docker 为用户实现应用虚拟化提供了一个很好的解决方案，在企业中有着广泛应用。但是，Docker 也有很多缺点：Docker 基于 Linux64，不支持 32 位 Linux；Docker 不是虚拟机，和宿主共享内核，所以无法支持 Windows 应用等；Docker 对硬盘的管理比较有限，容器随着用户进程的停止而销毁，容器中的日志等用户数据收集不方便等。

参考文献

[1] 中科普开．大数据技术基础 [M]．北京：清华大学出版社，2016.

[2] MITCHELL R. Python 网络数据采集 [M]．陶俊杰，陈小莉，译．北京：人民邮电出版社，2016.

[3] KARAU H, KON WINSKI A, WENDELL P, 等．Spark 快速大数据分析 [M]．王道远，译．北京：人民邮电出版社，2019.